Lean Digitization

Uwe Weinreich

Lean Digitization

Digitale Transformation durch agiles Management

Springer Gabler

Uwe Weinreich
Berlin, Deutschland

ISBN 978-3-662-50501-4 ISBN 978-3-662-50502-1 (eBook)
DOI 10.1007/978-3-662-50502-1

Die Deutsche Nationalbibliothek verzeichnet diese Publikation in der Deutschen Nationalbibliografie; detaillierte bibliografische Daten sind im Internet über http://dnb.d-nb.de abrufbar.

Springer Gabler

Einbandgestaltung: deblik, Berlin

Gedruckt auf säurefreiem und chlorfrei gebleichtem Papier

Springer Gabler ist Teil von Springer Nature
Die eingetragene Gesellschaft ist Springer-Verlag GmbH Berlin Heidelberg

Vorwort

Lean Digitization spannt einen großen Bogen über ein Thema, das derzeit allgegenwärtig ist. Natürlich ist es nicht möglich, alles, was es zu digitaler Transformation zu sagen gibt, zwischen Buchdeckel zu zwängen. Jedes Thema, das ich behandele, verdient eine intensive Vertiefung und es gibt für alles Experten, die helfen können. Der Anspruch des Werkes ist nicht die Tiefe im Einzelnen, sondern einerseits denjenigen, die den digitalen Wandel in Unternehmen managen müssen, einen fundierten Überblick zu geben, der hilft, sich nicht in den Details zu verlieren, und andererseits eine Methodik zu vermitteln, mit der es gelingt, den Transformationsprozess sicher, ressourcenschonend und erfolgreich zu gestalten.

Die Basis bilden agile Management-Methoden, wie sie in den letzten zwanzig Jahren entwickelt worden sind. Allen, die daran mitgewirkt haben, möchte ich meinen Dank ausdrücken. Ohne die Vorarbeiten wäre das Buch nicht möglich gewesen. Wo immer es möglich war, habe ich Originalautoren und ihre Veröffentlichungen benannt.

Weitere Inspirationsquellen sind im Nachhinein schwer einzelnen Personen zuzuordnen. Es sind die vielen Gespräche, die ich mit Experten geführt habe, die fachlichen Auseinandersetzungen und Diskussionen auf Kongressen und in großem Maße die Erfahrungen, die ich gemeinsam mit Kunden in ihren digitalen Projekten und Transformationsprozessen sammeln konnte. Ihnen allen sei gedankt für ihr Vertrauen und dafür, dass sie ihre Gedanken, Herausforderungen, Erfolge aber auch Geschichten des Scheiterns mit mir geteilt haben.

Besonders prägend waren meine eigenen unternehmerischen Aktivitäten zwischen 1996 und 2009, einer Zeit, in der ich mit meinem damaligen Team nacheinander drei digitale Geschäftsmodelle aufgebaut habe: einen B2B-Marktplatz, eine Survey-Plattform und ein Mobile-Learning-System. In der Zeit habe ich nicht nur tonnenweise mehr über Technologie lernen müssen, als ich vorher je für notwendig erachtet hätte, sondern ich habe am eigenen Leibe erlebt, durch welche Tiefen und Höhen Unternehmerinnen und Unternehmer gehen, die eingefahrenen Prozessen eine ganz neue Form geben. Ehrlich gesagt, es wäre extrem hilfreich gewesen, wenn ich schon ganz zu Anfang die in diesem Werk zitierten Menschen und ihre Ideen gekannt hätte, wie Alexander Osterwalders Business Model Generation, Jeff Sutherlands Veröffentlichungen zu Scrum oder

Eric Ries' validiertes Lernen. Das war damals leider nicht möglich, sodass ich Vieles selbst durch Experimentieren und teils schmerzhaftes Lernen erfahren musste, was heute Managern oder Gründern als elaboriertes und leicht anwendbares Vorgehensmodell vermittelt werden kann.

Wie kann dieses Buch für Leserinnen und Leser nützlich werden? Lean Digitization ist keine in sich geschlossene Methode, sondern eine Zusammenstellung von Werkzeugen aus technischem und Managementwissen, die gemeinsam schlanke Digitalisierung möglich machen. Lean Digitization ist aber auch kein Schweizer Taschenmesser der Digitalisierung, mit dem man alles machen kann, sondern eher das Inventar einer wohl ausgestatteten Werkstatt: Hier haben einfach anwendbare Werkzeuge ihren Platz, die jeder mit etwas Übung einsetzen kann. Es gibt aber auch Spezialwerkzeuge, die ohne Schulung und ein Minimum an Erfahrung keine befriedigenden Ergebnisse liefern.

Das Buch entwirft eine Landkarte, die hilft, in Projekten den Überblick zu behalten, die richtigen Aktivitäten anzustoßen, Experten und Partner fruchtbar einzubinden sowie die gesamte Entwicklung zu steuern. An einigen Stellen, insbesondere wenn es um technische und rechtliche Fragestellungen geht, aber auch bei der Gestaltung des Veränderungsmanagements wird es unvermeidlich sein, weitere Expertise heranzuziehen.

Ein großer Dank gilt allen, die mich bei der Erstellung des Buches unterstützt haben: Meiner Kollegin und CoObeya-Mitgründerin Flavia Bleuel für Zuspruch, Inspiration und kritische Reflexion, den Peer Reviewern Cornelia Niehoff und Viola Bensinger für die vielen hilfreichen Feedbacks und kritischen Anmerkungen und natürlich meiner Frau Dagmar für ihre Unterstützung, Geduld und dafür, dass sie mir während der Zeit des Schreibens so sehr den Rücken frei gehalten hat.

Noch ein Wort zur Sprache: Gerade für Autorinnen und Autoren deutschsprachiger Wirtschaftsfachbücher ist es stets eine Gratwanderung, Texte flüssig lesbar zu gestalten ohne in einer einseitig geschlechtsspezifisch geprägten Sprache verfangen zu bleiben. Ich habe es so gelöst, dass ich häufig sowohl die weibliche als auch die männliche Bezeichnung (z. B. Mitarbeiterinnen und Mitarbeiter) nutze, und – damit es nicht ermüdend wird – hin und wieder nur die männliche verwende. Gemeint sind in allen Fällen beide Geschlechter. Eine Ausnahme stellen die Begriffe Kunde, Anbieter und Partner dar, die stets in dieser Form benutzt werden, da sie nicht auf Personen begrenzt sind, sondern auch Unternehmen und Organisationen umfassen. Insofern sind sie – auch wenn die Nomen männlich sind – als neutrale Begriffe zu verstehen.

Berlin, Deutschland
im April 2016

Uwe Weinreich

Inhaltsverzeichnis

Abbildungsverzeichnis

Teil I
Basis

1 Inspiration: Neue Technik, neues Denken, neues Management

Zusammenfassung

Digitalisierung und Vernetzung haben in den letzten zwei Jahrzehnten für tief greifende Veränderungen in der Wirtschaft gesorgt. Entwicklungen sind beschleunigt, digitale Leistungen können immer mehr vom physischen getrennt werden, die Beziehungsstrukturen zwischen Kunden, Partnern und Unternehmen verändern sich und ehemals bestehende Grenzen – seien es physische, Branchen- oder organisationale Grenzen – verschwinden zusehends. Die Welt hat sich verändert. Sie ist volatiler unsicherer, komplexer und vieldeutiger geworden. Eine der Veränderungen ist die technische Entwicklung. Dabei zeigt sich, dass menschliche Kreativität Lösungen entwickelt, denen das Denken erst noch folgen muss. Um in diesen komplexen Umwelten zu bestehen, benötigen Unternehmen ein Management, das dem angepasst ist. Agiles Vorgehen und smarte Kollaboration sind Voraussetzung, um in den neu entstandenen Wertschöpfungs-Ökosystemen aus Kunden, Partnern und Unternehmen profitabel zu agieren.

Digitalisierungsprojekte schlanker umzusetzen ist reizvoll. In den vergangenen Jahrzehnten haben Unternehmen oftmals sehr viel Geld in IT gesteckt, ohne dass immer der erwartete Nutzen entstand. Lean Digitization ist mehr als eine Entlastung von Budget und Mitarbeiterressourcen. Damit Digitalisierung wirklich lean umgesetzt werden kann, bedarf es eines Umdenkens und einer Veränderung der Managementpraxis. Es ist es an der Zeit, das Management digitaler Projekte und Geschäftsmodelle so weit zu professionalisieren, dass es genauso ressourcenschonend, zuverlässig und erfolgsorientiert wird wie andere Managementdisziplinen auch. Ansätze aus dem klassischen Lean Management und agile Methoden, wie sie Start-up-Unternehmen weltweit verwenden, bilden eine hervorragende Grundlage dafür. Sicherheit und Steuerbarkeit von Digitalisierungsprojekten steigen dadurch enorm.

U. Weinreich, *Lean Digitization*, DOI 10.1007/978-3-662-50502-1_1

Schlüsselwörter
Digitalisierung · Wertschöpfungsnetzwerk · Wertschöpfungs-Ökosystem · Agilität · VUCA · Kollaboration · Digitale Transformation · Lean Management · Lean Digitization · Lean Start-up · Lean Thinking · Scrum · Design Thinking · Business Modell Generation · Geschäftsmodell · Kundenbeziehung · Trends

Samstagmorgen: Zwei-Meter-Zweiundzwanzig oder mehr. Das ist zu schaffen. In Winnipeg waren es nur Zwei-Meter-Neunzehn. Aber er hatte es fast schon einmal geschafft. In Montreal. Gut, auf 2300 m Höhe ist alles anders. Er hatte hart trainiert, sehr hart. Ja, er wusste, dass er es schaffen kann. Das wird seine Karriere krönen. Gold bei Olympia! Ed war seit zwei Jahren der unumstrittene Star. Weltweit. Keiner konnte ihm das Wasser reichen.

Samstagabend: Die Qualifikation war geschafft. Schwer war es nicht. Zwei-Meter-Vierzehn. Keine Herausforderung. Spannend, schon mal die Konkurrenten zu beobachten. Dick ist sicher der sonderbarste. Aber chancenlos. Ed hatte das schon vor zwei Jahren gesehen.

Sonntagmorgen: Leichtes Aufwärmtraining. Nichts übertreiben. Es läuft. Ja, es läuft gut. Ed spürt die Wettkampfanspannung. Genau das Maß, das man braucht, um Bestleistungen zu bringen.

Sonntagabend: Zwei-Meter-Zweiundzwanzig. Aber geschlagen. Unfassbar. Goldmedaillengewinner ist Dick Fosbury mit Zwei-Meter-Vierundzwanzig. Er, Edward Julius „Ed" Caruthers jr. – der Star – nur Zweiter. Eine Katastrophe.

Am Sonntag, dem 20. Oktober 1968 leitet der Amerikaner Dick Fosbury eine Revolution im Hochsprung ein. Der von ihm entwickelte Fosbury-Flop eroberte in den Folgejahren die Welt.

Über die persönliche Leistung Fosburys wurde viel gesagt. Spannender ist die Frage: Warum erst 1968? Warum ist nicht schon vorher jemand auf die Idee gekommen, das Gewohnte zu hinterfragen und einen komplett veränderten Bewegungsablauf zu erproben?

Eine andere Entwicklung musste vorausgehen. Bis weit in die 20er Jahre hinein sprangen die Athleten in eine Sandkuhle. Nach einem Fosbury-Flop würde da jeder den Rest des Lebens im Rollstuhl verbringen. Noch Anfang der 60er waren die Matten erschreckend dünn. Erst mit dicken, weichen Schaumstoffen war es möglich, Hochsprung – und vor allem den Fall danach – ganz neu zu denken. Schaumstoff, ein Chemieprodukt, als Wegbereiter für sportliche Höchstleistung.

In einer ähnlichen Situation wie Ed Caruthers am 20.10.1968 stecken derzeit viele Unternehmen. Das Internet als Wegbereiter für neue Geschäftsmodelle hat die Wirtschaft komplett verändert. Junge Unternehmen dringen mit unbeschreiblicher Leichtigkeit und Unverfrorenheit in bestehende Märkte ein und räumen ab.

Geschäft ganz neu zu denken und das Unternehmen digital zu transformieren, ist nicht trivial. In den nächsten Kapiteln betrachten wir Schritt für Schritt, wie bewährte Prinzipien aus dem Lean Management und moderne, agile Managementmethoden, wie sie von jungen Start-ups weltweit genutzt werden, helfen, den Wandel nicht nur erfolgreich, sondern mit hoher Sicherheit zu steuern. Neu denken und Gewohntes hinterfragen, bleibt unvermeidlich.

Auf dieser Reise werden wir Anna Jacobi begleiten, eine junge Digital-Managerin in einem mittelständischen, technologieorientierten Betrieb.

1.1 Digitale Transformation: Genauso agil denken, wie die Welt sich verändert

Es ist nicht das erste Mal, dass der Mensch mit seinem Erfindungsgeist Dinge erschafft, die so komplex sind, dass es schwer fällt, sie zu managen. Während beim Turmbau zu Babel noch göttliche Intervention zu Verwirrung führte, schaffen wir das heutzutage ganz allein. Doch der Mensch hat ebenso Fähigkeiten entwickelt, Lösungen zu finden. Der Haken ist jedoch, dass die heutigen kreativen Fertigkeiten zwar ausreichen, eine neue Ära zu erschaffen, die Managementfähigkeiten dafür erst während der neuen Ära gefunden werden können, genauso wie man Fahrradfahren erst lernen konnte, nachdem das erste Fahrrad gebaut war.

In genau solch einer Zeit des Findens neuer Möglichkeiten befinden wir uns. Das aktuelle weltweite Menschheitsprojekt ‚Digitalisierung und Vernetzung' schafft im Minutentakt neue Lösungen, die die Welt radikal verändern und uns herausfordern. Die Folgen sind so vielfältig, dass nur einige gestreift werden können, die die Grundlagen des Wirtschaftens komplett verändern (Abb. 1.1):

- **Vernetzung**
  Digitale Technologien und Computer sind nicht neu. Wenn über die rasanten Veränderungen in Wirtschaft und Gesellschaft gesprochen wird, sind damit in vielen Fällen nicht Computer, sondern die Wirkungen des Internets gemeint. Die globale technische Vernetzung hat zu neuen Formen des Informationsaustauschs, der Kooperation, des Wettbewerbs, des alltäglichen Verhaltens und des Funktionierens von Unternehmen und Gesellschaft geführt.
- **Entgrenzung**
  Durch die Vernetzung werden physische, regionale, Branchen-, Unternehmensgrenzen und zeitliche Einschränkungen unbedeutender. Unternehmen können mit minimalem Aufwand weltweit agieren und ganze Branchen neu definieren. Beispiele sind: AirBnB, Alibaba, Google.
- **Beschleunigung**
  Exponentielles Technologiewachstum und globale Märkte mit einer Vielzahl an Akteuren beschleunigen Innovations- und Produktzyklen.

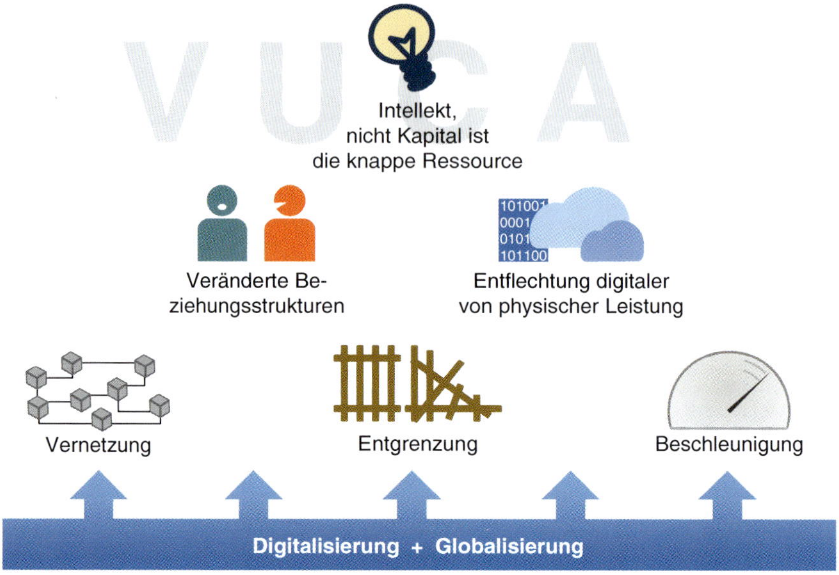

Abb. 1.1 Trends, die die Unternehmensumwelt verändern. (Quelle: Uwe Weinreich, CoObeya.net)

- **Veränderte Beziehungsstrukturen**
  Informationen werden transparenter, Beziehungen entwickeln sich multilateral und Vertrauen wird zu einem zentralen Faktor. Beispiele: Bewertungsportale, soziale Netzwerke, Sharing Economy.
- **Entflechtung der digitalen von der physischen Leistung:**
  Wesentliche Teile der Leistungserbringung (Produkt oder Service) wandern in den virtuell-digitalen Raum. Der Anteil der digitalen Wertschöpfung am Gesamtergebnis steigt. Die Tendenzen werden auch unter den Begriffen Zero Gravity und Dematerialisierung (Land und Kreutzer 2015) diskutiert. Beispiele: Uber ist der weltweit größte Mobilitätsanbieter, ohne ein einziges Fahrzeug zu besitzen oder Fahrer zu beschäftigen, AirBnB ist der weltweit größte Übernachtungsanbieter, ohne Hotels oder Ferienwohnungen zu besitzen oder Hotelpersonal zu beschäftigen.
- **Kapital ist nicht mehr die entscheidende knappe Ressource**
  Wissen und Innovationsfähigkeit werden wichtiger. Die Senkung der Kapitalschwelle für den Markteintritt schafft neue Wettbewerber. Beispiele: Vielfältige Internet-Start-ups, derzeit besonders interessant: sogenannte Fintech-Unternehmen, also junge technologiebasierte Start-ups, die Finanzdienstleistungen neu gestalten, ohne die für Banken sonst notwendigen Kapitaleinlagen aufbringen zu müssen.

Alle genannten Trends besitzen eine Gemeinsamkeit: Sie sind durch die neuen Technologien entstanden oder extrem beschleunigt worden.

Auswirkungen der digitalen Transformation auf Unternehmen
Wie manifestieren sich Trends und technologische Umwälzungen im Unternehmensalltag? Es sind sieben zentrale Entwicklungen (Abb. 1.2), die neue Anforderungen an Unternehmen stellen und für die Unternehmen Lösungen entwickeln sollten. Gleichzeitig bieten diese sieben Entwicklungen auch unternehmerische Chancen, in ein solches Feld mit neuen Lösungen und Produkten hineinzustoßen, einen Markt für sich zu erschließen oder einen ganz neuen Markt zu kreieren.

1. **Kunden**
   Die Rolle der Kunden verändert sich, sowohl im B2C- als auch im B2B-Segment. Kunden sind informierter und anspruchsvoller denn je und werden teilweise zu Prosumern, die sowohl Kunden als auch Wertschöpfungspartner sind.
2. **Produkte**
   Die Produkte selbst werden durch Technik smart und konnektiv. Sie unterstützen Nutzerinnen und Nutzer viel stärker als es bislang möglich war. Dadurch entsteht im Produkt selbst ein Service-Aspekt, der einen erheblichen Wert darstellt.
3. **Services**
   Services werden individuell und vorausschauend. Die Sammlung und Analyse großer Datenmengen in Echtzeit sorgt dafür, dass Systeme auf Präferenzen und konkretes Verhalten von Kunden und Nutzern reagieren, vom individualisierten Angebot bis hin zu treffenden Empfehlungen und automatische Aktionen.
4. **Produktion**
   Digitalisierung ermöglicht große Fortschritte in der Produktion selbst. Durch konnektive Produkte ergibt sich eine weitere Entwicklung. Das Produkt ist nie wirklich

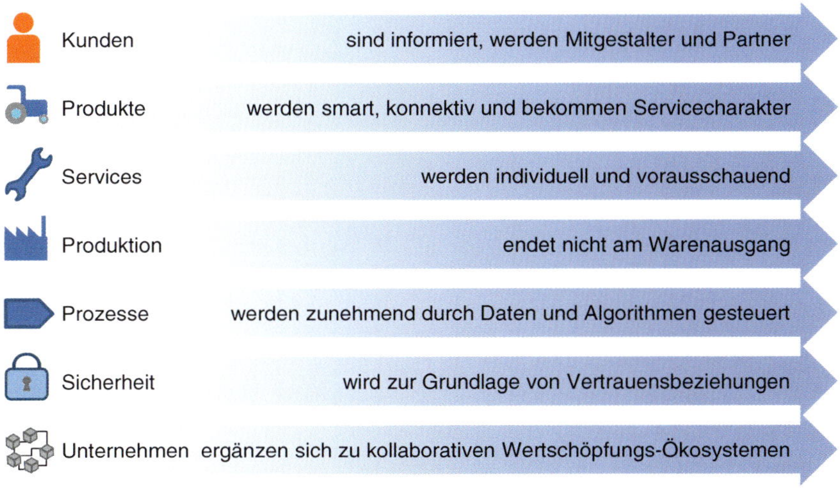

Abb. 1.2 Sieben Auswirkungen der digitalen Transformation für Unternehmen. (Quelle: Uwe Weinreich, CoObeya.net)

fertig, sondern wird auch im Gebrauch noch weiterentwickelt, indem neue Funktionen hinzukommen oder Fehler behoben werden, wie es beispielsweise Tesla mit der Fernwartung seiner Automobile praktiziert. Produktion endet damit nicht am Warenausgang.

5. **Prozesse**
   Die digitale Fabrik ist möglich, wenn auch längst noch nicht flächendeckend umgesetzt. Komplette Fertigungsprozesse können in Computern modelliert und Fertigungsanlagen danach gesteuert werden. Daraus erwächst ein enormes Effizienzpotenzial.
6. **Sicherheit**
   Digitale Systeme und Kommunikationskanäle bieten leider auch Angriffsflächen. Je digitaler ganze Wertschöpfungs-Ökosysteme werden, desto relevanter wird Sicherheit, um überhaupt vertrauensvolle Beziehungen mit Partnern und Kunden etablieren zu können.
7. **Unternehmensnetzwerke**
   Unternehmen gewinnen durch Digitalisierung Möglichkeiten hinzu, schnell, unkompliziert und effizient zu kooperieren und damit Leistungen zu generieren, die ein einzelnes Unternehmen vergleichbar nur mit Mühe erstellen kann. Das führt dazu, dass Leistungserbringung immer stärker in kollaborativen Wertschöpfungs-Ökosystemen stattfindet.

Zwei Aspekte verdienen eine besondere Betrachtung, da sie über den Rahmen des Unternehmens hinaus gehen und das Beziehungsgefüge verändern, in dem sich das Unternehmen bewegt. Das sind einerseits die kollaborativen Netzwerke von Unternehmen, die sich zu Wertschöpfungs-Ökosystemen verdichten und auf der anderen Seite die Beziehung zu Kunden, die auch Teil des Wertschöpfungsökosystems werden.

Wertschöpfungs-Ökosysteme

Bereits jetzt sind Entwicklungen zu erkennen, wie sich Strukturen, Prozesse und Beziehungen wandeln und eine neue Wirtschaftswelt schaffen (Abb. 1.3). Früher getrennte Welten von Kunden, Lieferanten und Partnern wachsen zu Wertschöpfungs-Ökosystemen zusammen. Grenzen zwischen den Rollen werden durchlässig und aus Einbahnstraßen der Wertschöpfung wird ein Netzwerk, das sich gegenseitig stützt und befruchtet. Nicht mehr Unternehmen treten miteinander in Wettbewerb, sondern komplette Wertschöpfungs-Netzwerke und -Ökosysteme, wie bereits 1997 von Moore prognostiziert (Moore 1997).

Digitale Wertschöpfungsnetzwerke zeichnen sich durch einige spezifische Charakteristika aus:

- **Offenes vs. geschlossenes Ökosystem**
  In digitalen Geschäftsmodellen besteht die Möglichkeit, Systemwelten in sich geschlossen zu halten, sodass sie nicht oder nur mit sehr wenigen anderen Systemen interagieren. Proprietäre Technologien und Schnittstellen sind dafür die Grundlage.

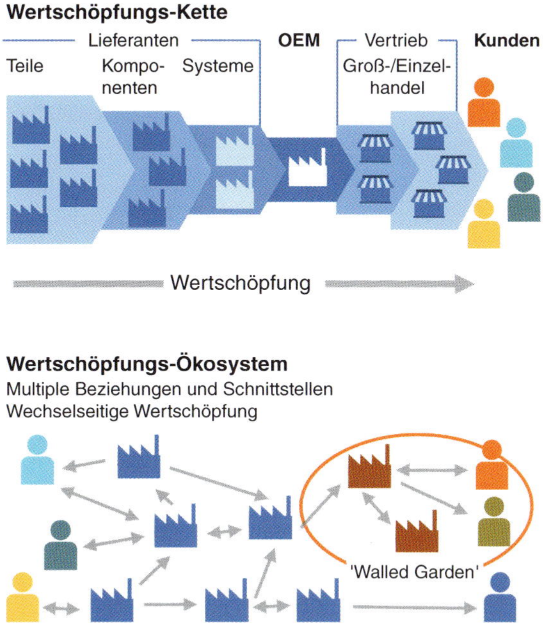

Abb. 1.3 Die Entwicklung von der Wertschöpfungskette zum Wertschöpfungs-Ökosystem erfordert neue Management-Kompetenzen. (Quelle: Uwe Weinreich, CoObeya.net)

Ein gutes Beispiel ist Apple. Geräte und Services liefern dem Kunden ein in sich geschlossenes und herausragend benutzerfreundliches Kundenerlebnis. Der Austausch mit oder Wechsel in eine andere Systemwelt gestaltet sich aber schwierig.

Geschlossen angelegte Ökosysteme (Walled Gardens) erhöhen die eigenen Kontroll- und Wertabschöpfungspotenziale. Die Strategie funktioniert nur für marktdominierende Unternehmen. Alle anderen fahren besser mit offenen Systemen, Schnittstellen und Standards.

Offene und geschlossene Systemwelten prägen den Charakter des Wertschöpfungs-Ökosystems.

- **Standards und Schnittstellen**
  In Ökosystemen ist es eine technische Daueraufgabe, Standards und Schnittstellen funktional zu halten. Mindestens genauso viel Aufmerksamkeit verdienen Standards und Schnittstellen, die direkt zum Kundenerlebnis beitragen.
- **Langfristige Bindung und Rollenverteilung**
  Ökosysteme wirken nur über längere Zeiträume und brauchen Bindungen, sowohl zu Kunden als auch zwischen den Partnern. Wer welchen Teil der Wertschöpfung übernimmt, ist nicht vollkommen starr.
- **Sharing**
  Geteilte Wertschöpfung führt zu geteilter Rentabilität. Wertschöpfungsnetzwerke kalibrieren sich so, dass teilnehmende Partner nach einiger Zeit in etwa dieselbe Rentabilität erzielen.

- **Co-Evolution der Strategien**
  Strategische Optionen öffnen sich innerhalb eines Ökosystems für die Beteiligten simultan und können am besten genutzt werden, wenn sie gemeinsam aufgegriffen werden.
- **Konvergenz der Branchen**
  Die leichte Verfügbarkeit digitaler Technologien führt dazu, dass Branchen sich annähern und Konkurrenz entsteht, wo früher keine war. Partner des Netzwerks können zu Konkurrenten werden.
- **Andere erfolgreich machen wird Erfolgskriterium**
  Galt in Zeiten singulären Wettbewerbs der Erfolg des eigenen Unternehmens als ausschließliches Kriterium, verschiebt sich nun der Fokus. Der Erfolg des Ökosystems als Ganzes trägt oft mehr zur eigenen Wertsteigerung bei als isolierte Aktionen.

In einem Wertschöpfungs-Ökosystem erfolgreich zu agieren, erfordert Kompetenz im Management der genannten Aspekte. Und es werden nicht die letzten Herausforderungen sein, denn wir sind mit Sicherheit noch nicht am Ende der Entwicklungen angelangt, sondern stecken mitten drin. Das heißt auch, dass genauso wenig die Management-Methoden fertig entwickelt sein können, die ein sinnvolles Agieren in der sich neu zusammenfügenden Welt ermöglichen.

Ein zweiter wichtiger Faktor ist die Art, wie wir zusammenarbeiten. Komplexe Wertschöpfungs-Ökosysteme bedingen einen hohen Grad der Kollaboration. Glücklicherweise sind wir als Menschen aufgrund unserer Entwicklungsgeschichte hervorragend dafür ausgestattet. Nur durch Zusammenarbeit war es möglich, Kultur und Technologie zu entwickeln.

Kunden als Teil des Wertschöpfungs-Ökosystems

Zumindest Baby-Boomer erinnern sich noch daran. Es gab eine Zeit, in der Kunden in Läden mit griesgrämigen Verkäufern und unzureichendem Sortiment Dinge kauften, die in etwa, aber nicht ganz ihren Vorstellungen entsprachen. Und das geschah wiederholt, weil es keine Alternative gab. Das war die große Zeit der Anbietermärkte, in denen Produzenten sicher sein konnten, dass sie mit ihren Massenprodukten viel Geld verdienen konnten, solange nur irgendwie ein offenes Bedürfnis der Kunden annähernd befriedigt wurde.

Die Zeiten sind vorbei. Es gibt kaum noch drängende unbefriedigte Bedürfnisse, stattdessen wollen Kunden mit neuen Angeboten begeistert werden. Lokale oder regionale Schutzräume existieren nicht mehr, sondern Kunden sind in der Lage, aus einem großen Angebot auszuwählen und ggf. internationale Bestellungen aufzugeben. Kunden sind nicht nur anspruchsvoller geworden, sondern sie besitzen durch die sozialen Medien Kanäle, um ihre Zufriedenheit oder Unzufriedenheit wirkungsstark kund zu tun.

Kunden genau zu verstehen und aktiv in die Entwicklung einzubinden, sind Kernelemente von Lean Digitization und ständige Aufgabe. Mittlerweile gibt es viele Möglichkeiten und Chancen, direkt aus Interaktionen mit Kunden und weiteren Partnern im

Wertschöpfungsökosystem zu lernen. Auf einer derart realitätsnahen Grundlage können Produkte und Services entwickelt werden, die genau jenen Unterschied aufzeigen, der am Markt darüber entscheidet, ob etwas ein Bestseller oder ein Flop wird.

In vielen, gerade europäischen Unternehmen herrscht jedoch noch eine andere Auffassung vor. Entwicklungen und Innovationen werden von Ingenieuren getrieben. Kunden sind immer noch die Abnehmer am Ende der Prozesskette. Dieses Denken zeigt eine Verhaftung in der industriellen Logik: Der Kunde als verlängerter industrieller Prozess, als letztes Gerät – ‚Abnehmer' – des Fließbandes.

Innovation wird stark technologieorientiert aus Abteilungen wie Forschung und Entwicklung getrieben. Das muss nicht schlecht sein, stellt aber nur eine Seite der Medaille dar. Für Markterfolg ist es wesentlich entscheidender, Kunden wirklich zu verstehen und sie aktiv in den Entwicklungsprozess einzubeziehen.

▶ Nur wenn es gelingt, einen Nutzen zu schaffen, den Kunden wirklich wertschätzen, und der ihnen bisher nicht oder zumindest nicht in überzeugender Form geboten wurde, wird ein herausragender Markterfolg kreiert.

Apple ist ein Unternehmen, das die Erwartungen an Funktionalität, Design und Handhabung mehrfach so weit übertroffen hat, dass daraus eigene Märkte entstanden sind. Natürlich standen technische Innovationen dahinter, aber nicht in dem Maße, dass sich der gesamte Erfolg daraus erklären lässt.

Der Erfolg des neuen Geschäftsmodells von Hilti begann erst damit, als erkannt wurde, dass das tiefere Anliegen der Kunden nicht der Besitz von Bohrmaschinen ist, sondern das richtige Werkzeug zur richtigen Zeit am richtigen Ort zu haben. So gelang es dem Unternehmen ein völlig neues und profitables Geschäftsmodell jenseits des Maschinenverkaufs aufzubauen: das Flottenmanagement von Maschinen (vgl. Gassmann 2013).

Die Rollen von Anbietern und Kunden verändern sich drastisch. Die Grenzen weichen gleich in mehrfacher Hinsicht auf. Kunden werden selbst zu Produzenten (Prosumern), so zum Beispiel alle Besitzer von Fotovoltaik-Anlagen, die ins Stromnetz einspeisen. Kunden sind Innovatoren und Entwickler, nicht nur beim T-Shirt-Anbieter Spreadshirt, der Kunden T-Shirts selbst designen lässt, sondern auch bei Unternehmen wie Tchibo und Procter & Gamble, die über Open Innovation neue Produkte entwickeln. Kunden agieren zudem wie früher nur Presseleute, indem sie differenzierte Kritiken und Meinungen im Internet verbreiten. Und Kunden können sogar zu werbenden Agenten für das Unternehmen werden.

Die Beziehung zwischen Unternehmen und Kunden ist längst keine Einbahnstraße mehr. Unternehmen, die es verstehen, neue Beziehungsqualitäten zu entwickeln, kreieren wirtschaftliche Ökosysteme, in denen Kunden eine tragende Rolle spielen und die Wertschöpfung aktiv mitgestalten. Das gilt nicht nur für B2C-Unternehmen. Im B2B-Sektor hat die Entwicklung sogar schon viel früher begonnen. Die Veränderungen werden durch digitale Technologien verstärkt und beschleunigt, ja teilweise sogar erst möglich.

- Es gibt immer mehr Wissen außerhalb des eigenen Unternehmens als innerhalb.

Der Trennschärfe-Effekt: Die Nadel schlägt schneller und stärker aus

Vor der Erfindung des digitalen Radios kannte jeder das ärgerliche Klangbild, wenn sich zwei Sender überlagerten. Der Wunschsender war einfach nicht sauber zu empfangen. Positiv formuliert: der störende Sender hatte ebenfalls eine Chance gehört zu werden. Mit digitalen Empfangsgeräten (DAB) gehört die Störung – oder positiv gesprochen die Chance des zweiten Senders – der Vergangenheit an. Die Trennschärfe ist perfekt. Der Wunschsender wird überragend zum Gewinner beim Kampf um die Gunst des Publikums.

Den gleichen Effekt erleben wir bei digitalen und digital vertriebenen Produkten. Digitale Angebote können ohne großen Aufwand und mit weltweiter Verfügbarkeit hergestellt werden. Das führt dazu, dass zeitgleich und ohne Unterschied im Aufwand eine Vielzahl ähnlicher Produkte für Kunden verfügbar ist. Wer im App-Store von Apple, Google oder Microsoft z. B. nach einer Wecker-App sucht, wird geradezu überflutet mit Angeboten. Durch Nutzerbewertungen und den Rang im Shop werden Unterschiede verstärkt Isfach und Johari (2013) haben den Effekt für den Apple App Store untersucht. Top Rankings führen dazu, dass eine App um ein Vielfaches öfter verkauft wird als andere und Kunden bereit sind mehr als das Vierfache dafür zu zahlen. Das macht deutlich, dass selbst kleine Unterschiede und Optimierungen höchste Aufmerksamkeit verdienen.

Es sind die Kunden, die den Unterschied machen. Es geht kein Weg daran vorbei: Unternehmen werden immer mehr Kunden in das wirtschaftliche Ökosystem hinein holen und zu Mitgestaltern machen, um Lösungen zu entwickeln, die jene kleinen Unterschiede aufweisen, die großen Unterschied im Markt ausmachen.

Zwei Management-Systeme

VUCA lautet die Bezeichnung, die am besten die aktuellen Management-Herausforderungen beschreibt. Der Begriff stammt aus der Militärsprache und bezeichnet Umwelten und Situationen, die volatil, unsicher, komplex und mehrdeutig sind. Das Akronym geht auf die englischen Begriffe zurück: **v**olatile, **u**ncertain, **c**omplex, **a**mbiguous. Militärstrategen mögen solche Konstellationen gar nicht, denn es ist fast unmöglich, vorherzusehen, was passieren wird. Entsprechend schwer fällt es, Aktionen zu planen.

Die beschriebenen Entwicklungen stellen Managerinnen und Manager vor Herausforderungen in Form von VUCA-Situationen. Traditionell ist Management auf die Entwicklung, Umsetzung und Ausführung von klar definierten Strategien und Prozessen ausgerichtet. Das ist ein sinnvolles Vorgehensmodell für eine verlässliche Umwelt. Linear-hierarchisches Management baut auf eine klare Strategie, klare Prozesse, einen hierarchischen Unternehmensaufbau und die möglichst präzise und effiziente Ausführung von Aufgaben. Das System bleibt durch beständige Optimierung angepasst und leistungsfähig. Es ist darauf ausgelegt, das Geschäft umfassend sicherzustellen.

Dieses ‚System 1‘ hat sich tief in unsere Vorstellung von einem funktionierenden Unternehmen eingebrannt. Erfolgreiche Unternehmensgeschichten von Ford bis General Electric belegen die Wirksamkeit. Allerdings verliert das Modell Schlagkraft, wenn die Umwelt sich ändert, wenig verlässlich wird und VUCA-Situationen provoziert. Ford spürte es in den Anfängen noch nicht, General Electric heute schon und musste durch eine mühsame Transformation gehen, die mittlerweile zu einem kontinuierlichen Prozess geworden ist und auf Lean Start-up Methodik setzt (Abschn. 1.2).

▶ Die Herausforderung, vor der wir stehen, liegt weniger darin, weitere Technologien zu entwickeln. Das wird sowieso geschehen. Die große Aufgabe besteht darin, in unserem Denken, in unserer Auffassungsgabe, unserem Mindset die neuen Möglichkeiten zu verankern und in gelungene Managementtechniken zu übersetzen.

In komplexen und hochdynamischen Umwelten versagen die traditionellen System-1-Managementmethoden. Zahlreiche Beispiele belegen das. So z. B. das Scheitern des Foto-Konzerns Kodak bei Entstehen der digitalen Fotografie, obwohl Kodak zu den Erfindern der neuen Technologie gehört. Ein anderes Beispiel ist der Niedergang von Nokia, das in den Neunzigerjahren der ungeschlagenen Marktführer bei Mobiltelefonen war, aber vom Smartphone-Boom überrascht wurde. Auf einmal erhielten Kunden ein komplett neues Nutzererlebnis, das Nokia nicht bieten konnte.

Viele Einblicke bietet der Fall RIM, der Firma, die den BlackBerry erfunden hat (McNish und Silcoff 2015). Die Gründer Jim Balsillie und Mike Lazaridis haben sehr viel richtig gemacht. Die Entwicklung eines Produktes mit überragenden Eigenschaften, die Umsetzung in einem integrierten Geschäftsmodell, geschicktes Partnermanagement und brillante Entwicklung des Marktes haben zu einem rasanten Aufstieg geführt, der für andere Unternehmen – darunter Nokia – die Geschäftsumwelt komplett verändert hat. Sie waren Angreifer und ‚Game Changer‘.

Die Rolle von RIM änderte sich komplett, als Apple sein Smartphone auf den Markt brachte. War das BlackBerry vorher der Inbegriff von Nutzerfreundlichkeit und High-End-Image, erlebte RIM, wie Touchscreens, elegantes Design, hoher Preis und zahlreiche nützliche Apps die Ansprüche an Smartphones innerhalb von Monaten komplett veränderten. So schnell war es nicht möglich, das eigene Produktkonzept anzupassen. Selbst in eine VUCA-Umwelt geworfen, gelang es dem RIM-Management nicht, die Herausforderung zu meistern. Der Fall ist in vielfältiger Weise ein Lehrstück, das die Möglichkeiten, aber auch Herausforderungen von Lean Digitization aufzeigt.

Jedes Unternehmen steht heute in der Gefahr, dass komplett marktverändernde neue Produkte und Geschäftsmodelle wie ein Schock die eigene Existenz gefährden. Eine globalisierte Wirtschaft und extrem beschleunigte Entwicklungszyklen lassen kaum mehr Raum für ein Überleben in einer regionalen oder Branchen-Nische.

▶ Es gibt zwei Möglichkeiten, produktiv mit einer VUCA-Wirtschaftswelt umzugehen: erstens die Fähigkeit entwickeln, sehr schnell auf Marktveränderungen zu reagieren, und zweitens, selbst den Markt verändern. Beides erfordert agiles Management.

Agiles Management bietet die Möglichkeiten, die es braucht, um in einem sich schnell verändernden, komplexen Umfeld nicht nur zu überleben, sondern daraus für das eigene Unternehmen Nutzen zu ziehen. Im Unternehmen muss dafür ein Bewusstsein und müssen Methoden etabliert werden, die in der Lage sind, Veränderungen aufzuspüren, ihre Risiken und Chancen auszuloten und sehr schnell Lösungen zu entwickeln.

Möglichkeiten und Herausforderungen zu kennen, erfordert eine kontinuierlich explorierende Suchbewegung, bei der Ereignisse, Entwicklungen und Trends nicht nur in der eigenen Branche, sondern mit einem sehr breiten Horizont daraufhin sondiert werden, inwiefern sie Bedrohungen oder Chancen für das eigene Unternehmen bewirken. Auch die Entwicklung von Antworten und Lösungen findet experimentell-explorierend und nicht linear statt. Förderlich sind der enge Kontakt zu Kunden und interdisziplinäres, netzwerkartiges Arbeiten. Mit dieser Ausrüstung ist es in System 2 möglich, komplett neuartige Lösungen zu finden und profitable Geschäftsmodelle zu entwickeln.

Manager, die vertraut sind mit System-1-Management, müssen sich erst an das System-2-Denken gewöhnen, bedeutet es doch, dass das Unternehmen – zumindest zum Teil – aus einem wohlorganisierten in einen dynamischen Zustand übergeht. Kontrolle geht scheinbar verloren. Das entspricht aber nicht der Wirklichkeit.

▶ In einer VUCA-Umwelt geht die Kontrolle nicht durch agiles Management verloren, sondern durch Komplexität und Dynamik im Umfeld.

Das ist ein sehr wichtiger Unterschied, denn ein Festhalten an Kontroll- und Managementmethoden, die aus verlässlichen Umwelten stammen, führt unweigerlich zu einem kompletten Kontrollverlust in VUCA-Umwelten, während agile Methoden die Möglichkeiten zu managen schrittweise zurückerobern.

Beide Systeme werden künftig in viel stärkerem Maße parallel in Unternehmen funktionieren müssen. Das beschreibt auch Kotter (2012). Es ist sowohl Aufgabe, das bestehende Geschäft auf möglichst effektive und effiziente Art sicher zu stellen, als auch kontinuierlich Innovationen zu schaffen und das Unternehmen, die Angebote, Prozesse und Kundenbeziehungen neuen Herausforderungen anzupassen (Abb. 1.4).

Das Agile Manifest

Es hilft, in VUCA- Konstellationen auf Bereiche zu schauen, die bereits längere Lernerfahrung damit besitzen. Insbesondere in der Softwareentwicklung wurden Methoden erprobt, die Möglichkeiten schaffen, schnell und wirksam auf Komplexität und Dynamik zu reagieren. Sie werden zusammengefasst unter dem Titel ‚agile Methoden'. Zentrale gemeinsame Charakteristika sind die drei Aspekte:

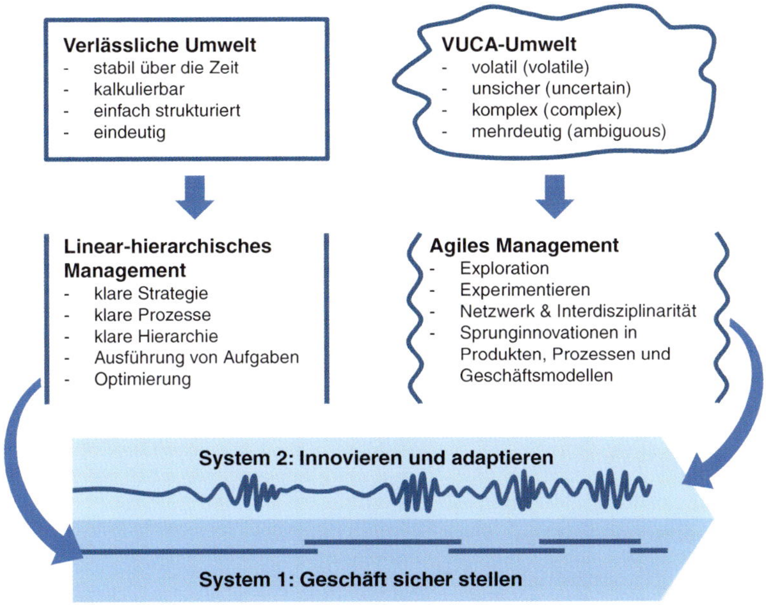

Abb. 1.4 Unterschiedliche Unternehmensumwelten erfordern unterschiedliches Management – Beide Systeme sind parallel notwendig. (Quelle: CoObeya.net, Uwe Weinreich)

- iteratives Vorgehen
- zeitnahe und transparente Kommunikation
- kundennahes Arbeiten

Im Februar 2001 veröffentlichte eine Gruppe von Softwareentwicklern ein Manifest agiler Softwareentwicklung, das einen Gegenpol zu der traditionell üblichen linearen Entwicklung darstellen sollte, bei der in langen Prozessen dicke Pflichten- und Lastenhefte erarbeitet werden, die einem Entwicklerteam zur Umsetzung in Programmcode übergeben werden. In dieser alten Welt war das ideale Entwicklerteam eines, das das Pflichtenheft möglichst elegant und ohne Abweichungen umsetzte, egal, ob das Ergebnis überzeugt.

Zwei riesige Probleme entstehen mit wachsender Komplexität: Erstens ist es kaum mehr möglich, in einer Dokumentation das komplette Verhalten der Software abzubilden. Es existieren zwangsläufig Lücken in der Beschreibung, auf die das Team erst in der Entwicklung stößt. Zum zweiten dauerte der Entwicklungsprozess Monate und vom Zeitpunkt der Beauftragung bis zur Fertigstellung der Software haben sich die Anforderungen in der realen Welt und die Möglichkeiten einer technischen Lösung oft schon radikal gewandelt. Das Produkt ist zum Zeitpunkt seiner Übergabe an den Auftraggeber bereits veraltet – und zwar nach Plan.

In den Neunzigerjahren wurden bereits andere Formen der Entwicklung erprobt, die diese beiden Kardinalprobleme umgingen, z. B. Scrum, Extreme Programming und andere. Die Vertreter agiler Entwicklungsmethoden brachten wesentlich bessere Software in wesentlich kürzerer Zeit hervor. Es gab nur ein Problem dabei: Sie verstießen gegen eine fundamentale Grundregel der alten Geschäftswelt, die lautet: Der Auftraggeber bestimmt und Teams haben auszuführen.

Eine Gruppe von 17 Autoren, die ‚Agile Allianz', hat mit der Veröffentlichung ihres Manifests ein Zeichen dafür gesetzt, dass Software-Entwicklung, die adaptive Funktionalität und Sinn stiftet, einen höheren Wert schafft als das rigide befolgen hierarchisch-linearer Prozesse.

Manifest für Agile Softwareentwicklung

Wir erschließen bessere Wege, Software zu entwickeln, indem wir es selbst tun und anderen dabei helfen. Durch diese Tätigkeit haben wir diese Werte zu schätzen gelernt:

Individuen und Interaktionen mehr als Prozesse und Werkzeuge.
Funktionierende Software mehr als umfassende Dokumentation.
Zusammenarbeit mit dem Kunden mehr als Vertragsverhandlung.
Reagieren auf Veränderung mehr als das Befolgen eines Plans.
Das heißt, obwohl wir die Werte auf der rechten Seite wichtig finden, schätzen wir die Werte auf der linken Seite höher ein.

Prinzipien hinter dem Agilen Manifest

Wir folgen diesen Prinzipien:

Unsere höchste Priorität ist es, den Kunden durch frühe und kontinuierliche Auslieferung wertvoller Software zufrieden zu stellen.
Heiße Anforderungsänderungen selbst spät in der Entwicklung willkommen. Agile Prozesse nutzen Veränderungen zum Wettbewerbsvorteil des Kunden.
Liefere funktionierende Software regelmäßig innerhalb weniger Wochen oder Monate und bevorzuge dabei die kürzere Zeitspanne.
Fachexperten und Entwickler müssen während des Projektes täglich zusammenarbeiten.
Errichte Projekte rund um motivierte Individuen. Gib ihnen das Umfeld und die Unterstützung, die sie benötigen und vertraue darauf, dass sie die Aufgabe erledigen.
Die effizienteste und effektivste Methode, Informationen an und innerhalb eines Entwicklungsteams zu übermitteln, ist im Gespräch von Angesicht zu Angesicht.
Funktionierende Software ist das wichtigste Fortschrittsmaß.
Agile Prozesse fördern nachhaltige Entwicklung. Die Auftraggeber, Entwickler und Benutzer sollten ein gleichmäßiges Tempo auf unbegrenzte Zeit halten können.
Ständiges Augenmerk auf technische Exzellenz und gutes Design fördert Agilität.
Einfachheit – die Kunst, die Menge nicht getaner Arbeit zu maximieren – ist essenziell.
Die besten Architekturen, Anforderungen und Entwürfe entstehen durch selbst organisierte Teams.

> In regelmäßigen Abständen reflektiert das Team, wie es effektiver werden kann, und passt sein Verhalten entsprechend an.
> Beck et al. (2001).

Die Veröffentlichung hat großes Aufsehen erregt, denn vielen erschien das beschriebene Vorgehen unkontrolliert, anarchisch und gefährlich. Mittlerweile haben Tausende das Manifest unterzeichnet, nicht nur Softwareentwickler.

Das Agile Manifest hat in kurzer Zeit Wirkung über die Softwareentwicklung hinaus entfaltet. Die Prinzipien lassen sich auf andere Anwendungsbereiche übertragen, die mit den Schwierigkeiten von Komplexität und Dynamik, also VUCA-Situationen zu kämpfen haben. Damit ist es zu einem der Fundamente agiler Methoden und agilen Managements geworden.

1.2 Lean Thinking und agiles Management

Lean Management

Die Begriffe Lean Thinking und Lean Management wurden 1990 mit dem Erscheinen des Buches „The machine that changed the world" von Womack et al. bekannt (Womack et al. 1990). Der Begriff ‚lean' wird im Deutschen hin und wieder mit ‚schlank' übersetzt. Das führt leicht zur Fehlinterpretation, dass damit ein Vorgehen gemeint wäre, dass nur wenig personelle und finanzielle Ressourcen erfordert. Insofern wurden immer wieder Kürzungsprogramme unter dem Begriff ‚lean' kommuniziert.

Der Kern des Lean Managements ist jedoch ein anderer. Darin steckt die Konzentration auf Wertschöpfung für Kunden und die Vermeidung von Verschwendung. Die Vorgehensweise stützt sich auf Entwicklungen in Japan, die bis in die Anfangszeit des letzten Jahrhunderts zurück reichen. Eine knappe Einführung in Lean Management liefern Gorecki und Pausch (2015).

Trotz der langen Geschichte und obwohl es zur Perfektionierung von System-1-Management innerhalb einer strengen und klar gefügten Hierarchie entwickelt wurde, ist Lean Management dennoch einer der bedeutendsten Wegbereiter für agiles Management. Viele Prinzipien wurden entwickelt, die auch unter System-2-Bedingungen hilfreich sind:

- **Nähe zum und Wertschöpfung für den Kunden:**
  Dazu zählen die Definition von Wertschöpfung aus Kundensicht mit Wertstromoptimierung und die Einführung des Pull-Prinzips in der Prozessorganisation. Das Pull-Prinzip besagt, dass jeder Teilprozess von dem nach ihm liegenden Teilprozess ausgelöst wird. Damit wird die Produktion ‚gezogen'. Im Endeffekt ist es der Kunde am Ende, der die gesamte Kette aktiviert.

Eines der höchsten Prinzipien im Lean Management ist die Vermeidung von Verschwendung. Das betrifft nicht nur den Mittel- und Materialeinsatz, sondern auch die Arbeit selbst. Jede Aktivität, die keinen Wert für Kunden schafft, wird als Verschwendung betrachtet.

- **Fehlerkultur:**
  Lean Management ist auf das Erreichen von Perfektion angelegt und verfolgt einen Null-Fehler-Ansatz. Der große Verdienst ist, dass die Existenz von Fehlern nicht einfach negiert oder verboten wurde. Es wird anerkannt, dass Fehler passieren, die dauerhaft zu beseitigen sind. Erst die von der westlichen Sichtweise durchaus signifikant abweichende Sicht auf Fehler hat die Entwicklung einer Vielzahl von Methoden zur dauerhaften Fehlerbeseitigung ermöglicht.
- **Visualisieren und greifbar machen:**
  Es sind zahlreiche Methoden entwickelt worden, die Arbeitsprozesse sichtbarer machen, so z. B. der Plan-Do-Check-Act-Zirkel (PDCA), Shadow Boards, unterschiedliche Visualisierungen von Messwerten und Reports. Die größte Verbreitung haben Key Performance Indicators (KPI) und Kanban-Boards (Visualisierung der Arbeitsfortschritte) erfahren.
- **Gegenständlichkeit:**
  Während sich Management in der westlichen Hemisphäre oft dadurch auszeichnete, dass es möglich abstrakt und fern der realen Prozesse stattfand, ist im Lean Management die Verbindung zum Gegenständlichen, zu den Prozessen, Geräten und Produkten wichtig. Das Lean-Prinzip, Geschehnisse selbst zu beobachten und zwar direkt am den Ort des Geschehens, gehörte lange nicht zum Selbstverständnis westlicher Manager und ist auch heute noch nicht selbstverständlich.
- **Teamarbeit:**
  Auch für die Organisation von Teamarbeit hat Lean Management wichtige Grundlagen geschaffen, indem Arbeitsabläufe neu strukturiert und insbesondere visuelle Kommunikationsmittel geschaffen wurden, die Abstimmungen erleichtern.

Scrum

Scrum ist die bekannteste agile Methode der Softwareentwicklung. Der Name leitet sich vom englischen Wort für ‚Gedränge' beim Rugby ab, dem Moment, wo alle Spieler eng zusammengedrängt stehen. Jeff Sutherland, einer der Wegbereiter von Scrum – gehörte zum Kreis der Autoren des Agilen Manifests. Einige Methoden aus Scrum, wie zum Beispiel das Scrum-Board (Abb. 1.5), das aus dem Kanban-Board des Lean Managements entstanden ist, oder die daily Scrums (kurze tägliche Besprechungen im Stehen) wurden rasch in andere Anwendungsfelder übernommen.

Interessant sind weitere Grundlagen (vgl. Sutherland 2014):

- **Starkes Team**
  Besonders deutlich ist der Fokus auf Teamarbeit und eine große Freiheit der Teammitglieder in der Art wie sie Aufgaben erledigen.

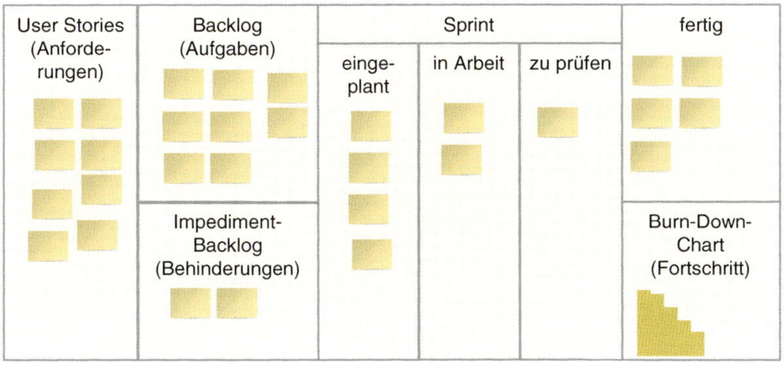

Abb. 1.5 Scrum-Board: Aufgaben und Arbeitsfortschritte visualisiert managen. (Quelle: Uwe Weinreich, CoObeya.net)

- **Regelmäßiges Feedback und Lernschleifen**
  Durch das kurzfristige und regelmäßige Feedback ist der Projektstand stets klar und es kann jederzeit angemessen auf veränderte Bedingungen und Anforderungen reagiert werden. Lernschleifen sind keine Ausnahme, sondern integraler Bestandteil, um eine optimale Lösung zu entwickeln.
- **Visualisieren des Arbeitsfortschritts**
  Das Scrum-Board ist die Grundlage dafür, dass alle Teammitglieder jederzeit den Stand des Projektes, geleistete Fortschritte und Hindernisse erkennen können. Neben der reinen Arbeitsorganisation übt die Visualisierung eine stark motivierende Wirkung aus.
- **Vermeiden von Verschwendung und Ablenkung**
  Ähnlich wie bei Lean Management wird bei Scrum darauf geachtet, dass keine Verschwendung produziert wird. Das agile Arbeiten mit User Stories, Backlog und Feedback-Schleifen statt Pflichtenheften ist wichtig, um nicht nutzlose Arbeit zu leisten, die für Kunden keinen Wert schafft.

Scrum hat zwar seine Wurzeln in der Softwareentwicklung, ist aber mittlerweile in viele andere Anwendungsbereiche vorgedrungen, in denen agiles Projektmanagement hilfreich ist.

Design Thinking
David Kelley hat 1991 in Palo Alto, Kalifornien ein Unternehmen für Produktdesign gegründet: IDEO. In dem schnell wachsenden Umfeld des Silicon Valleys fand es namhafte Kunden und konnte mit ihnen rasch wachsen. Kelley und sein Team haben eine ganz spezielle Herangehensweise für Produktdesign entwickelt, die sich deutlich vom akademischen Ansatz unterschied (Kelley und Littman 2004; Kelley und Kelley 2013). Der Prozess des Verstehens und Beobachtens erhielt einen deutlich höheren Stellenwert.

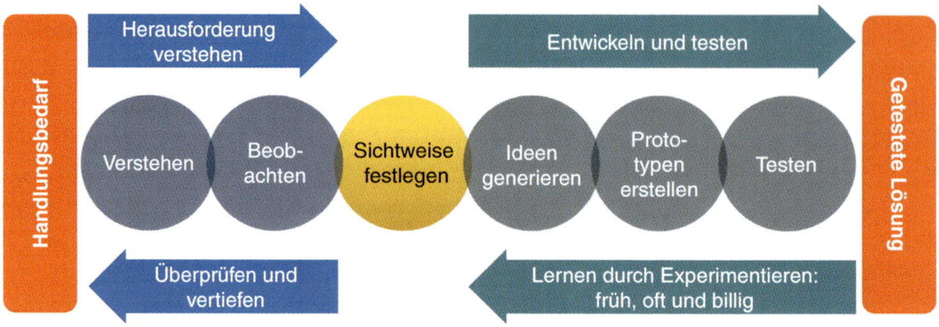

Abb. 1.6 Der Design Thinking Prozess der Innovation. (Quelle: Flavia Bleuel und Uwe Weinreich, CoObeya.net)

Kunden werden nicht nur befragt, sondern intensiv bei der Nutzung von Produkten beobachtet.

Die Entwicklung von Lösungen ist durch schnelle, iterative Prototypentwicklung und Testen geprägt, ein Vorgehen, das sich gerade bei der Entwicklung von Produkten für den sich dynamisch entwickelnden IT-Sektor als hervorragend geeignet herausstellte. Damit hob sich IDEO von den Reißbrett-Entwürfen anderer Produktentwickler deutlich ab.

Der gesamte Innovationsprozess ist iterativ angelegt (Abb. 1.6). Zurückzuspringen, Lernerfahrungen zu revidieren und die Sicht auf die Dinge nochmal ganz neu zu definieren sind essentielle Bestandteile des Prozesses und Wegbereiter für das Entwickeln. Lösungen, die mithilfe des Vorgehens entwickelt werden, besitzen oftmals einen deutlichen Vorsprung dem Wettbewerb gegenüber. Dieser Erfolg hat, genauso wie bei Scrum, Aufmerksamkeit weit über das Produktdesign hinaus ausgelöst. Design Thinking wird von immer mehr Firmen als Innovationsmethode entdeckt und entwickelt sich mehr und mehr zu einer Managementtechnik.

Lean Startup

2006 erschien Steve Blanks Buch ‚The Four Steps to the Epiphany' (Blank 2006). Darin erläutert er einen agilen Weg, ein Geschäftsmodell zu entwickeln und ein Unternehmen zu gründen. Es war der Startpunkt der Lean-Startup-Bewegung. 2011 macht Eric Ries das Konzept mit seinem Buch „The Lean Startup" (Ries 2011) weltweit bekannt. Darin schilderte er seine Erfahrungen und Erkenntnisse als Start-up-Unternehmer und welche Konsequenzen er daraus für den Aufbau von Innovationen gewonnen hat. Ein wesentlicher Kern ist das sogenannte validierte Lernen (Abb. 1.7), das auch Schrage (2014) publiziert hat. Ähnlich wie bei Scrum oder Design Thinking wird eine Idee sehr schnell in einfache Prototypen umgesetzt (Realisieren) und mit echten Kunden getestet. Durch Beobachten und Messen entstehen Daten, die zur Weiterentwicklung des Produktes oder Services genutzt werden. Auf diese Weise können die Hypothesen, die hinter einer

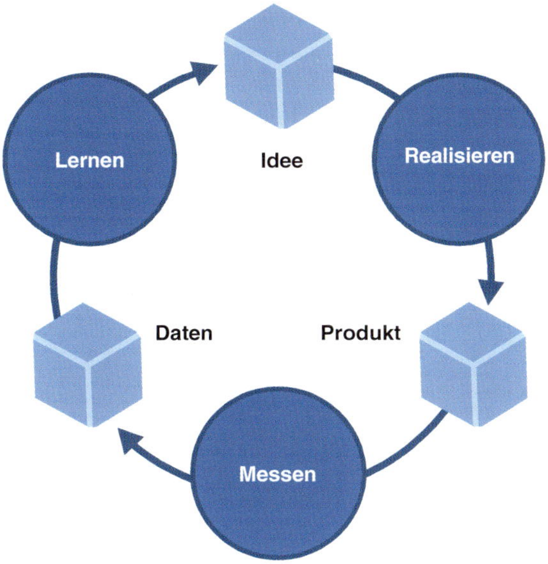

Abb. 1.7 Validiertes Lernen im Lean Startup nach Eric Ries. (Quelle: Uwe Weinreich, CoObeya.net)

Produktidee stehen, systematisch getestet werden. Das Vorgehen entspricht einem wissenschaftlichen Ansatz, bei dem Hypothesen durch Experimente getestet werden.

Mit Lean Start-up gelingt es, in Iterationen eine immer bessere Passung zwischen dem Problem, das eine Lösung beheben soll, und der Lösung selbst herzustellen (Problem-Lösungs-Passung, im Design Thinking auch Desirability genannt).

Die Methode hilft nicht nur, Produkte und Services zu optimieren, sondern mit demselben Vorgehen kann auch die Passung von Produkten zum Markt optimiert werden (Produkt-Markt-Passung, im Design Thinking auch Viability genannt).

Das Buch von Ries war mit dem Ziel erschienen, Start-ups eine Hilfestellung zu geben. Innerhalb kürzester Zeit fand es aber auch Eingang in die Managementetagen etablierter Unternehmen. Der wesentliche Vorteil, bei der Realisierung von Innovationen Risiken zu senken und die Erfolgswahrscheinlichkeit zu erhöhen, funktioniert hier durch das iterative und lernorientierte Vorgehen. Dass eine Idee die Konfrontation mit der Realität nicht überlebt, gehört dazu, aber es geschieht frühzeitig und billig. Eine Korrektur ist dann rechtzeitig möglich.

Business Model Generation

Osterwalder und Pigneur (2010) starten von der strategischen Seite. Sie haben mit Business Model Canvas ein einfach anzuwendendes Werkzeug geschaffen, mit dem neun Aspekte der Geschäftsmodellentwicklung übersichtlich dargestellt und die Dynamik zwischen den einzelnen Elementen verdeutlicht werden kann (siehe auch Kap. 10).

Wesentliche Vorteile des Business Model Canvas sind:

- **Einfachheit und Schnelligkeit:**
  Das Instrumentarium lässt sich leicht vermitteln, ist einfach anwendbar und Ergebnisse liegen schnell vor.
- **Kompakte Visualisierung:**
  Alle Informationen sind auf einer Wand (Canvas) darstellbar
- **Teameignung:**
  Geschäftsmodellentwicklung ist mit dem Business Model Canvas im Team möglich.
- **Gemeinsame Sprache:**
  Teilnehmerinnen und Teilnehmer an einem Workshop teilen die gleiche Sprache und können sich so präziser über das Geschäftsmodell austauschen

Aktuell liegt mit Value Proposition Design eine Ergänzung zur Business Model Generation vor, die sich auf die Entwicklung des Wertangebots konzentriert, und mit der Culture Map vom selben Autorenteam und Buchautor Dave Gray ist ein Instrument in Entwicklung, das das Change-Management im Unternehmen unterstützt.

Auf dem Weg zum agilen Management
Alle dargestellten agilen Konzepte inklusive des für System 1 entwickelten Lean Managements weisen Gemeinsamkeiten auf, die einen Paradigmenwechsel im Management darstellen:

- **Kundenorientierung statt erfinderorientierter Umsetzung**
  Agile Konzepte gehen stets davon aus, dass es die Kunden sind, die bestimmen, worin der Wert einer Leistung besteht. Kunden sind die besten Signalgeber dafür, ob Unternehmen mit einer Entwicklung auf dem richtigen Wege sind oder korrigieren müssen.
- **Lernen und Evidenz durch Experimentieren und Messen statt blindes Hoffen auf Erfolg**
  Probieren geht über Studieren und Fakten sind aussagekräftiger als Meinungen. Agile Verfahren setzen darauf, schnell Prototypen zu entwickeln und sie mit echten Kunden zu testen. Nur so ist es möglich, verlässliche Daten zu bekommen, die die der eigenen Idee unterliegenden Grundannahmen und Hypothesen bestätigen oder widerlegen. Dadurch entsteht ständige, iterative Veränderung und Weiterentwicklung statt starres Abarbeiten von Plänen.
- **Werte schaffen statt Verschwendung**:
  Verschwendung in jeder Form wird verabscheut. Es gibt zwar immer wieder Schleifen in der Bearbeitung, die aber nur einem Ziel dienen, nämlich der Lösung näher zu kommen. Verschwendung durch unproduktive Meetings, langes Planen ohne Testen oder Entwicklung am Kundennutzen vorbei hat keinen Platz.

▶ Unternehmen, die agile Methoden anwenden, sind ihren Wettbewerbern in einem VUCA-Umfeld überlegen.

Agile Methoden stellen eine ideale Grundlage für die derzeitige Transformation der gesamten Wirtschaft in digitale Strukturen dar. Lean Digitization ist die Anwendung der Prinzipien auf Digitalisierung, um schnell, sicher und ressourcenschonend zu Lösungen zu gelangen, die überzeugen.

1.3 Lean Digitization

Die digitale Transformation hat mittlerweile fast alle Branchen erfasst, teilweise mit großer Wucht. Die Anforderung steigt, das Management digitaler Geschäftsmodelle so weit zu professionalisieren, dass es so zuverlässig, ressourcenschonend und erfolgsorientiert angewendet werden kann, wie andere Managementdisziplinen auch. Wir stehen an einem Wendepunkt. Waren die ersten Leuchtturmprojekte bis in die Anfänge des Jahrhunderts hinein noch davon geprägt, dass mit der Digitalisierung Neuland betreten wurde und die Projekte dementsprechend aufwendig und teuer waren, ist jetzt der Zeitpunkt gekommen, digitale Projekte schlanker und sicherer aufzusetzen. Es bietet sich an, dafür Prinzipien des Lean Managements zu verwenden, die bereits seit langem in Unternehmen etabliert sind.

▶ Lean Digitization beschreibt den Managementprozess, der unter Nutzung agiler Methoden ein Unternehmen in die digitale Zukunft führt, sei es durch Digitalisierung von Prozessen, digitaler Interaktion mit Kunden, Partnern und Mitarbeitern oder der Entwicklung und Vermarktung digitaler Services oder Produkte.

Agile Methoden werden mittlerweile von vielen Start-ups, nicht nur in Kalifornien, sondern auch Berlin, London, Tel Aviv und an vielen weiteren Orten in der Welt verwendet. Das, was sich zu einem schnellen und erfolgreichen Managementsystem für Gründer entwickelt hat, ist auch für etablierte Unternehmen nützlich, auch und gerade wenn es darum geht, das eigene Geschäftsmodell digital aufzustellen, zu erweitern oder neue Felder zu betreten.

Digitale Transformation ist Innovation

Digitale Transformation beschreibt sechs unterschiedliche Aspekte von Innovation. Dabei wird zwischen Optimierungen (Schrittinnovationen) und Innovationen im engeren Sinne (Sprunginnovationen) unterschieden. Optimierungen stellen eine Verbesserung des Bestehenden dar, während Innovationen im engeren Sinne, das Bestehende komplett verändern und ggf. verdrängen.

1. **Produktoptimierung**

   Bestehende Produkte werden aufgewertet, indem digitale Technik, erweiterte Funktionalität und Konnektivität ergänzt werden. Ein Beispiel dafür sind Rauchmelder, die nicht nur allein durch eine Sirene warnen, sondern auch andere Melder informieren, sodass der Alarm im gesamten Haus zu hören ist. Am Markt stehen reine Produktoptimierungen immer noch im Wettbewerb mit den ursprünglichen Lösungen.

2. **Produktinnovationen**
   Es werden neue Produkte entwickelt, die entweder bestehende Bedürfnisse auf eine ganz neue und überzeugende Art und Weise befriedigen oder ganz neue Bedürfnisse entstehen lassen. Eine solche Innovation sind die Thermostate von Nest, die zwar wie andere Thermostate auch die Temperatur regeln, aber gleichzeitig Sicherheits- und Automatisierungsfunktionen bieten, sodass sie mit herkömmlichen Thermostaten nicht mehr verglichen werden können.
3. **Prozessoptimierung**
   Prozesse werden in der Industrie kontinuierlich optimiert. Digitale Technik ist dabei eine wirksame Hilfe. Bei umfangreichen Digitalisierungsprojekten werden komplette Wertschöpfungsketten digital modelliert. Für jede Produktionsstufe existiert eine Repräsentanz in einem Computermodell. Damit können jetzt nicht nur Produktionsstufen optimiert, sondern über ein Manufacturing Execution System (MES) auch gesteuert werden. Beispiele sind Produktionsstraßen, die mit Robotern betrieben werden, aber nicht grundsätzlich den Produktionsablauf ändern.
4. **Prozessinnovation**
   Prozessinnovationen kommen zwar zu einem ähnlichen Ergebnis wie herkömmliche Prozesse, allerdings auf einem anderen, wesentlich besseren, schnelleren oder ressourcenschonenderen Weg. Diese Innovationen verändern bestimmte Vorgehensweisen grundsätzlich. Bestes Beispiel dafür ist E-Mail. Sie erreicht denselben Zweck wie ein Brief – Informationen werden von einem Menschen an einen anderen gesandt –, aber auf eine wesentlich schnellere Art.

   Service-Innovationen sind in der Regel auch Prozess-Innovationen und es gibt Kombinationen mit Produktinnovationen.
5. **Geschäftsmodelloptimierung**
   Auch Geschäftsmodelle können optimiert werden. Schon wer Preise optimiert, verändert sein Geschäftsmodell. Genauso können einzelne Serviceaspekte des Geschäftsmodells verbessert werden. Ein Beispiel für die digitale Optimierung von Geschäftsmodellen ist dynamisches Pricing, bei dem Preise durch Algorithmen in Echtzeit variiert werden.
6. **Geschäftsmodellinnovation**
   Besonders diskutiert werden im Zusammenhang mit digitaler Transformation Geschäftsmodellinnovationen, bei denen die Mechanismen der Wertschöpfung und Wertabschöpfung komplett neu gestaltet werden. Dazu gehört auch das Beispiel des Personentransportvermittlers Uber, der es geschafft hat, ein lukratives Stück des Verdienstes beim Personentransport aus der eigentlichen Dienstleistung herauszulösen und als Vermittlungsdienst auf einer Internetplattform zu realisieren.

Bausteine für Lean Digitization

Lean Digitization ist keine Methode, sondern ein Managementansatz, der verschiedene agile Herangehensweisen mit der Entwicklung einer Gesamtstrategie verbindet. Mit diesem Werkzeugkasten gelingt es, die Herausforderungen der digitalen Transformation in der Wirtschaft zu meistern (Abb. 1.8).

Die Basis: Prinzipien des agilen Managements

1. **Inspiration:**
   Ein gemeinsames Grundverständnis verantwortlicher Personen im Unternehmen für agiles Vorgehen in einer komplexen und dynamischen Unternehmensumwelt.
2. **Werte schaffen statt Verschwendung produzieren:**
   Konsequentes Ausrichten der Entwicklung und Umsetzung digitaler Lösungen darauf, dass sie für Kunden Wert schaffen.
3. **Validiertes Lernen:**
   Ein experimentelles Vorgehen, bei dem iterativ aus Erfahrungen und Daten gelernt wird.

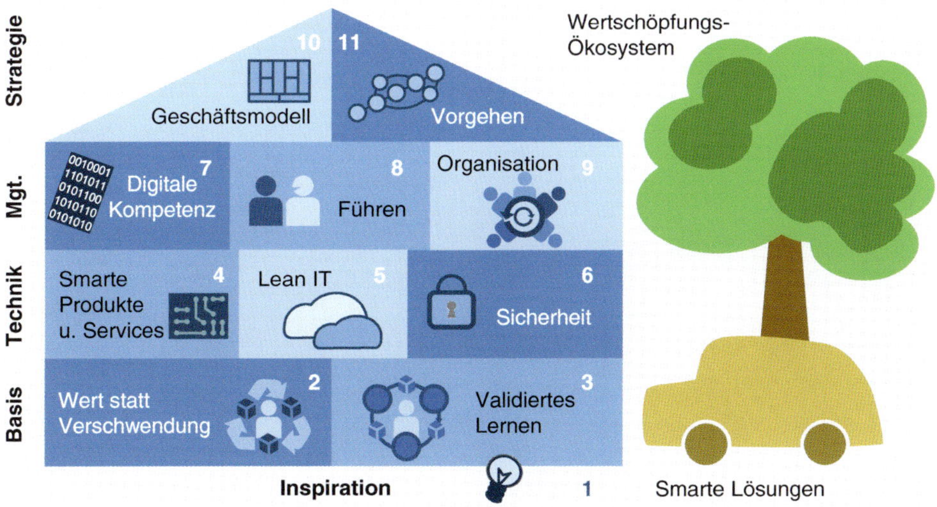

Abb. 1.8 Bausteine für Lean Digitization. (Quelle: Uwe Weinreich, CoObeya.net)

Technologiespezifische Aspekte

4. **Smarte Produkte und Services:**
   Produkte und Services sind reich an wertgenerierenden Funktionen, besitzen Konnektivität und können kontextsensitiv agieren.
5. **Lean IT:**
   Schaffen von smarten digitalen Lösungen, die überzeugen, und verschwendungsfreier Umgang mit den technologischen Grundlagen.
6. **Sicherheit:**
   Beachten der notwendigen technischen Sicherheits- und Datenschutzmaßnahmen.

Agiles Management

7. **Digitale kompetenz:**
   Verständnis für den Wert von Daten sowie Kompetenz in Daten- und Analysestrategien und digitalen Algorithmen.
8. **Führen:**
   Veränderungen bewältigen, Mitarbeiter motivieren und begleiten auf dem Weg in die digitale Zukunft.
9. **Organisation:**
   Anpassen von Arbeitsstrukturen, sodass sie zu den neuen Prozessen passen und agiles Arbeiten unterstützen.

Steuerung der Entwicklung unter einem strategischen Dach

10. **Geschäftsmodell:**
    Entwickeln von Geschäftsmodellen, die aus digitalen Lösungen Wert für Kunden, Unternehmen und Partner im Wertschöpfungs-Ökosystem generieren.
11. **Strategisches Vorgehen:**
    Übersetzung der digitalen Lösung und des Geschäftsmodells in Handlung

Lean Digitization verbindet Elemente des Lean Managements und des Lean-Start-up-Ansatzes sowie weiterer agiler Managementmethoden. Tab. 1.1 zeigt wesentliche Unterschiede zwischen den verschiedenen Ansätzen.

Tab. 1.1 Unterschiede und Gemeinsamkeiten der drei Ansätze Lean Management, Lean Startup und Lean Digitization

	Lean Management	Lean Start-up	Lean Digitization
Situation des Unternehmens	Etabliertes Unternehmen mit klarem Geschäftsmodell und definierten Prozessen	Neues Unternehmen in der Phase der Selbstfindung in jeder Beziehung: Geschäftsmodell, Prozesse, Team, Kunden,…	Etabliertes Unternehmen, das sein Geschäftsmodell gezielt erweitern will
Herausforderung	Bestehende Prozesse sicher umsetzen und verbessern	Erfolg versprechendes Business Modell finden (Engine of Growth)	Neue, digitale Lösungen und Prozesse entwickeln ohne das Bestandsgeschäft zu gefährden
Management-Fokus	Interner Prozess	Geschäftsmodell	Wertschöpfungs-Ökosystem
Kundenfokus	Alle Kunden	Early Mover, Neukunden	Bestandskunden und neue Märkte
Prozess	Qualität sicher stellen und steigern (KVP: Kontinuierlicher Verbesserungsprozess)	Geschäftsmodell-Varianten prüfen und optimieren (validiertes Lernen; Richtungswechsel)	Geschäftsmodell-Varianten prüfen und optimieren; Passung zu bestehendem Geschäft wahren
Lean-Aspekt	Verschwendung und damit Aufwand und Kosten vermeiden	Schnell und mit geringem Aufwand ein Unternehmen aufbauen	Schnell und mit vertretbarem Aufwand digitale Geschäftsbereiche erschließen
Fehlerkultur	Null-Fehler-Ansatz	Frühzeitig, oft und billig experimentieren, um daraus zu lernen – Fehler sind Teil des Lernprozesses	Frühzeitig, oft und billig experimentieren, um daraus zu lernen – Fehler sind Teil des Lernprozesses
Angestrebter Produktstatus	Ausgereiftes Produkt höchster Qualität, das nahezu fehlerfrei ist	Sequenziell erstellte, vorläufige Produkte als Markttests (MVP: minimal verkaufbare Produkte), die durchaus fehlerhaft sein können und Schritt für Schritt besser werden	MVP: Minimal verkaufbares Produkt – ein zwar minimales, aber ausreichend ausgereiftes Produkt, das die Marke des Unternehmens unterstützt und nicht gefährdet

Literatur

Beck K et al (2001) Manifest für Agile Softwareentwicklung. http://agilemanifesto.org/iso/de/. Zugegriffen: 25. Febr. 2016

Blank S (2006) The four steps to the epiphany. Cafepress.com, Foster City

Gassmann O (2013) Keine halben Sachen. Harvard Bus Manag 2(2013):32–33

Gorecki P, Pautsch P (2015) Lean management. Hanser, München

Isfach B, Johari R (2013) Content on the go: the economics of the market for mobile apps. Media X, 2013. mediax.stanford.edu/POD/johari_F2013.pdf. Zugegriffen: 8. März 2016

Kelley T, Littman J (2004) The art of innovation: lessons in creativity from IDEO. America's Leading Design Firm. Profile Books Ltd., London

Kelley T, Kelley D (2013) Creative confidence: unleashing the creative potential within us all. Crown Business, New York

Kotter JP (2012) Die Kraft der zwei Systeme. HBM 12(2012):22–36

Land K-H, Kreutzer RT (2015) Dematerialisierung – Die Neuverteilung der Welt in Zeiten des digitalen Darwinismus. Futurevisionpress, Köln

McNish J, Silcoff S (2015) Losing the signal: the untold story behind the extraordinary rise and spectacular fall of blackBerry. Flatiron Books, New York

Moore JF (1997) The death of competition: leadership and strategy in the age of business ecosystems. Wiley, New York

Osterwalder A, Pigneur Y (2010) Business model generation: a handbook for visionaries, game changers, and challengers. Wiley, New York

o.V. (o.J.) Creative Commons – Attribution-ShareAlike 3.0 Unported (CC BY-SA 3.0). https://creativecommons.org/licenses/by-sa/3.0/. Zugegriffen: 20. Febr. 2016

Ries E (2011) The lean startup: how today's entrepreneurs use continuous innovation to create radically successful businesses. Penguin, New York

Schrage M (2014) The innovator's hypothesis: how cheap experiments are worth more than good ideas. The MIT Press, Cambridge

Sutherland J (2014) Scrum: the art of doing twice the work in half the time. Crown Business, New York

Womack J, Jones D, Roos D (1990) The machine that changed the world – the story of lean production. Harper Collins, New York

Keine Verschwendung

2

Zusammenfassung

Verschwendung zu vermeiden ist eines der wichtigsten Prinzipien bei Lean Digitization. Auch der Weg in die Digitalisierung kann und sollte mit kleinen Schritten und radikal vereinfachten Lösungen beginnen, die iteratives Lernen ermöglichen. Agile Methoden helfen dabei, das Projektmanagement schlank zu halten und schnell zu Erfolgen zu kommen. Genauso wichtig ist es, frühzeitig eine sinnvolle Zusammenarbeit mit internen und externen Partnern zu etablieren. Mit diesen Maßnahmen werden überbordende Investitionen und Aktivitäten vermieden.

Schlüsselwörter

Agiles Projektmanagement · Agile Entwicklung · Agile Methoden · Vereinfachen · Experimentieren · Kooperation · Kollaboration · Projektcontrolling · Verschwendung · Zusammenarbeit · Projektmanagement

Es ist zu schaffen. Fünfzehn Minuten bis zur Kinderkrippe, vielleicht zwanzig. Also maximal zehn Minuten zu spät. Das toleriert die Krippe gerade noch. Anna Jacobi spurtet auf den Parkplatz. Das Meeting hat lange gedauert. Zu lange. Wagen starten, schnell los. Vollbremsung an der Werksausfahrt. Fast hätte sie den Radfahrer erwischt. Sie hört ihr Herz in den Ohren pochen. Wie konnte sie ihn übersehen? Erst als sie mit Ihrer Tochter zu Hause am Tisch sitzt, fällt die Spannung etwas ab. Dass es für sie und ihren Mann anstrengend werden würde, war vorher klar. Aber so aufzehrend? Das hatten sich die beiden nicht vorgestellt.

Nach der Baby-Pause wieder bei Zemec Präzisionstechnik einsteigen zu dürfen, war eine riesen Chance. Anna war klar, dass Geschäftsführer Sattler ihr mit der

U. Weinreich, *Lean Digitization,* DOI 10.1007/978-3-662-50502-1_2

neu geschaffenen Stelle als ‚Koordinatorin Digital Business' eine goldene Brücke gebaut hat. Für eine Wirtschaftsinformatikerin klingt der Titel passend, aber es gab weder eine Stellenbeschreibung noch ein definiertes Ziel. Ihre Stelle hing irgendwie in der Luft. Trotzdem, sie würde ihr Bestes geben.

Als die Kleine im Bett ist, telefoniert sie mit ihrer Freundin Steffi. Anna liebte die Leichtigkeit, mit der sie das Leben meisterte. „Und wie viel hast du heute wieder für die Tonne gearbeitet?" Die ironische Bemerkung ihrer Freundin sollte für Anna eigentlich nicht überraschend sein, dennoch muss sie schlucken. In gewisser Weise hatte Steffi Recht. Eine ganze Menge Stress und vergeudete Zeit entstanden durch Aktivitäten, die wenig produktiv waren: Meetings, mangelnde Abstimmung, unkoordinierte Arbeit…

Endlich im Bett liegt Anna noch lange wach. Zu viele Gedanken gehen ihr durch den Kopf, obwohl sie weiß, dass sie eigentlich schlafen müsste. Endlich, viel zu spät sackt sie langsam in Halbschlaf. Im Geiste rast ein Radfahrer vor ihr Auto und brüllt durch die Frontscheibe: „Alles für die Tonne? Alles für die Tonne?" Anna ist sofort hellwach. Ihr Puls rast. Und plötzlich ist ihr klar: ‚Verschwendung ist kein Konzept für mein Leben. Ich muss Verschwendung abbauen. Konsequent und nachhaltig.' Das war zwar noch keine Lösung, aber ein Plan, ein Weg zur Lösung. Diese Gewissheit lässt sie endlich in tiefen Schlaf fallen.

Das Prinzip, Verschwendung so weit wie möglich zu vermeiden, ist für Digitalisierungsprojekte von großer Bedeutung. In den vergangenen Jahrzehnten sind hohe Summen für IT Projekte ausgegeben worden, die in vielen Fällen nicht zum gewünschten Ergebnis geführt haben. Es sollte leicht sein, für das Prinzip ‚Keine Verschwendung' zu werben. Doch leider ist es nicht immer so einfach wie es scheint. Es gibt Paradoxien, die zu Verunsicherung und Diskussionen Anlass geben.

▶ Wer für das Vermeiden von Verschwendung in Digitalisierungsprojekten sensibilisiert ist, wird leicht Ansatzpunkte finden. In vielen Fällen ist eine Lösung sogar mit geringem Aufwand möglich.

2.1 Klein anfangen

Wer ein digitales Projekt startet, will in der Regel etwas Großes schaffen. Die Vorbilder sind Legion: Amazon, Facebook, Google, AirBnB, Uber und viele andere. Alles Unternehmen, die mit digitalen Lösungen weltweite Bedeutung erzielt haben. Die Tatsache, dass die Unternehmen derart große Konzerne geworden sind, legt die Vermutung nahe, dass digitale Unternehmen sofort in einer solch großen Dimension gedacht und aufgebaut werden müssen. Zugegeben, in der Managementliteratur der vergangenen Jahre ist das Thema ‚Think Big' immer wieder betont worden.

Bei genauerem Hinschauen wird jedoch deutlich, dass gerade die großen Unternehmen dadurch erfolgreich wurden, dass sie klein begonnen haben. Amazon hat anfangs nur Bücher verkauft, Facebook war nichts weiter als eine Plattform für eine kleine Gruppe von Menschen, nämlich Studentinnen und Studenten der Harvard Universität. Die Gründer von AirBnB begannen damit, ihre eigenen Räume an Gäste zu vermieten, Twitter war Gimmick einer einzigen Konferenz und Uber eine aus der Not geborene Lösung, um in San Francisco Menschen den Weg von A nach B zu ermöglichen.

Klein zu beginnen hat große Vorteile gerade für Unternehmen die später stark wachsen wollen. In einem überschaubaren Umfeld ist es viel leichter, Lösungen so weit zu entwickeln, dass sie eine optimale Passung zu den Problemen und Bedürfnissen der Kunden bekommen. Um das zu erreichen, bedarf es vieler Korrekturschleifen, die in einem großen Markt sofort immense Kosten, Aufwand und Irritation der Nutzerinnen und Nutzer verursachen würden. Es hilft sehr, mit einer genau definierten, kleinen Zielgruppe oder auch nur einem einzigen Kunden zu beginnen. Aufwand und Kosten werden deutlich reduziert. Wenn in diesem überschaubaren Umfeld das Angebot so weit entwickelt ist, dass es überzeugt, findet ein Wachstumsprozess wesentlich reibungsloser und erfolgreicher statt. Klein zu beginnen, vermeidet Verschwendung – nicht nur in der Entwicklungsphase, sondern auch im späteren Wachstumsprozess – und sorgt für Schnelligkeit.

2.2 Radikal vereinfachen

Mit Software ist sehr viel möglich, oftmals viel zu viel. Digitale Lösungen neigen dazu, ein Maß an Komplexität zu generieren, das von Nutzerinnen und Nutzern nicht mehr ausgeschöpft wird. Damit generieren die Lösungen keinen Vorteil. Im Gegenteil, die Vielfalt führt unter Umständen zu Verwirrung und lässt das Produkt schlechter dastehen als es tatsächlich ist. Radikale Vereinfachung ist ein guter Weg, um Überkomplexität zu vermeiden, und bietet – wie wir später sehen werden – in der Weiterentwicklung der Lösung unschlagbare Vorteile.

Zwei Ansätze helfen:

1. **Konzentrieren auf die Lösung eines zentralen Kundenproblems**
   Die Versuchung mag groß sein, gleich mehrere Kundenprobleme zu lösen, und digital ist da viel machbar. Dennoch ist es sinnvoll, sich zunächst auf ein einziges Kundenproblem zu fokussieren. Google konzentrierte sich auf das Finden relevanter Inhalte im World Wide Web, Facebook auf die Vernetzung von Personen. Erst als die Kernaufgaben so hervorragend gelöst wurden, dass kein Wettbewerber mehr mithalten konnte, wurden Services sukzessive erweitert.
2. **Radikales Vereinfachen von Prozessen**
   Viel zu häufig werden Prozesse aus der analogen Welt ohne große Änderungen in die digitale übernommen. Dann wird die Chance verspielt, Prozesse radikal zu vereinfachen und wesentlich nutzerfreundlicher zu machen.

Früher wurden Fotos auf Film aufgenommen, die Ergebnisse waren erst nach Wochen zu sehen und die Weitergabe war durch zusätzliche Abzüge teuer und umständlich. Heutzutage sind digitale Bilder nicht nur sofort verfügbar, sondern Kameras neuerer Generation bieten die Möglichkeit, sie per W-LAN direkt in soziale Netzwerke hochzuladen und das bei vernachlässigbaren Kosten. Das Nutzererlebnis hat sich exponentiell verbessert.

Fintech-Unternehmen arbeiten daran, Geldtransfer so einfach zu gestalten, dass es nur noch weniger Aktivität des Nutzers bedarf, um sie auszuführen. Eine 22-stellige IBAN muss sich niemand mehr merken und auch nicht maximale Konzentration darauf verwenden, sie fehlerfrei von einer Rechnung in ein Formular zu übertragen.

▶ Radikale Vereinfachungen von Prozessen begeistert Kunden. Das führt zu einer herausragenden Marktstellung.

Radikales Vereinfachen kann durchaus zu komplexen Lösungen führen. Allerdings ist die Lösung nur auf dem Server komplex, für Nutzerinnen und Nutzer dagegen überzeugend simpel.

2.3 Agil vorgehen

Industrielle Produktion ist traditionell durch ballistisches Vorgehen geprägt. Man startet etwas, das eine eigene Flugbahn nimmt, und erst bei erneutem Kontakt mit der Erde ist das Ergebnis sichtbar. Steuern zwischendrin ist nicht möglich. Ursache ist lineares System-1-Denken. Am Anfang derart gestalteter Projekte steht eine Idee, darauf folgt die Produktentwicklung, auf die Marketing und Vertrieb aufsatteln. Erst dann, wenn das Produkt im Verkauf ist, erhält das Unternehmen Feedback darüber, ob es Kunden begeistert, nur Mittelmaß ist oder komplett durchfällt. Bis zu diesem Markttest ist bereits sehr viel Geld ausgegeben worden. Im industriellen Zeitalter mit Anbietermärkten war das ein sinnvolles Vorgehen, da selbst mittelmäßige Produkte durchaus eine hübsche Rendite abwerfen konnten.

Die Zeiten sind vorbei. Märkte sind weitgehend gesättigt und Kunden erwarten Herausragendes. Nur Mittelmaß zu produzieren, bedeutet immense Verschwendung, da es einem Flopp gleich kommt.

Eine begeisternde Lösung verwirklicht zwei Ziele: eine maximale Passung zwischen Problem und Lösung und eine überzeugende Passung zwischen Produkt und Markt. Beides ist nur möglich, wenn Kunden wirklich verstanden und in die Entwicklung aktiv einbezogen werden. Mittlerweile steht eine ganze Reihe wirksamer Methoden dafür zur Verfügung, die in Kap. 3 beschrieben werden.

Gelingt es, durch tiefes Kundenverständnis hervorragende Passung zum zu lösenden Kundenproblem auf der einen Seite und zum Markt auf der anderen zu generieren, wird nicht nur Verschwendung vermieden, sondern es entstehen Produkte herausragender

Qualität und Überzeugungskraft. Apple wurde schon als Beispiel benannt. Intuit ist ein weiteres Unternehmen, das seine Buchhaltungssoftware konsequent in einem agilen Lernprozess mit Kunden optimiert.

Für Digitalisierungsvorhaben ergeben sich umfangreiche Möglichkeiten, Verschwendung zu vermeiden, indem Kunden frühzeitig eingebunden und agile Methoden genutzt werden. Interviews mit ausgewählten Kunden, teilnehmende Beobachtung im Anwendungsfeld, Befragungen, Fokus-Gruppen und immer wieder Anwendertests liefern wertvolle Erkenntnisse, um digitale Lösungen so zu konstruieren, dass sie eine möglichst perfekte Passung zum zu lösenden Problem und zum Markt aufweisen. Das vermeidet nicht nur teure und langwierige Fehlentwicklungen, sondern erleichtert auch den Markteintritt erheblich.

Agile Entwicklung statt Wasserfall-Logik

Ingenieurkunst sieht passend zu System-1-Vorgehen vor, dass Lösungen entworfen, dann in Einzelschritte zerlegt und die Bearbeitung in eine zeitliche Reihenfolge mit unterschiedlichen Zuständigkeiten gebracht werden. Diagramme, die in dem Prozess entstehen, sehen wie ein Wasserfall aus. Diese Logik dominiert die Organisation von Unternehmen und Arbeitsprozessen seit Frederick Winslow Taylors Veröffentlichung seiner „Principles of Scientific Management" (1911) und hat in den letzten hundert Jahren große Werte geschaffen.

Digitalisierungsprojekte profitieren in der Regel nicht von dieser Vorgehensweise. Das liegt zu einem großen Teil an den besonderen Charakteristika von Digital-Projekten und der Geschwindigkeit, in der sich die digitale Welt verändert. Wasserfallprojekte produzieren folgende Probleme:

- Welche Herausforderungen in der Entwicklung entstehen, ist in der Planungsphase nur selten absehbar.
- Kundenanforderungen ändern sich so schnell, dass das fertige Produkt nicht mehr marktfähig ist, wenn die Planungen abgearbeitet sind.
- Feststehende Planungen schränken den kreativen Beitrag der beteiligten Entwickler ein und es wird nur noch nach Vorgabe, nicht mehr nach Vernunft gearbeitet.
- Abteilungsdenken wird zementiert.
- Erfolg wird an Einhaltung eines Planes bemessen, nicht jedoch daran, ob das Ergebnis für Kunden einen Wert darstellt.

Gibt es eine Alternative zu Wasserfall-Projekten? In der Softwareentwicklung sind die Probleme seit langem bekannt. Um sie zu minimieren haben sich agile Methoden durchgesetzt (Abschn. 1.2), die aufgrund ihres Erfolges immer stärker in andere Projekte und das allgemeine Management Eingang finden.

Ein wichtiger Vorteil des Konzepts von Schrage (2014) und des Lean-Start-up-Ansatzes von Ries (2011) liegt darin, Innovation mess- und steuerbar zu machen. Das

Business Model Canvas von Osterwalder und Pigneur (2010) hat das Entwerfen von Geschäftsmodellen radikal vereinfacht.

Alle agilen Methoden verzichten auf ein Wasserfallmodell und gehen stattdessen in sehr schnellen Zyklen iterativ vor. Das schafft Flexibilität, um auf geänderte Kundenanforderungen zu reagieren oder unerwartete Schwierigkeiten zu umschiffen. Modelle und Prototypen helfen nicht nur, rasch einen visuell-haptischen Eindruck vom möglichen Endprodukt zu bekommen, sondern machen schnelles Nutzerfeedback möglich.

Der Vorteil liegt klar auf der Hand. Wenn Entwicklungen in eine falsche Richtung laufen, wird das schnell erkannt und kann korrigiert werden. Verschwendung durch zu langes Festhalten an unzureichenden oder fehlerhaften Lösungen wird vermieden. Das reduziert Verschwendung deutlich.

2.4 Auf Leistungen anderer bauen

In kaum einem anderen Feld verändern sich Technologien und Werkzeuge so rasant wie in der Digitalisierung. Der tägliche Zuwachs an Wissen und Werkzeugen, die genutzt werden können, ist immens. Es würde wohl niemand auf die Idee kommen, selbst ein System zur Verwaltung der Datenspeicher auf Festplattenlaufwerken zu programmieren, es sei denn man heißt Google und das eigene Geschäftsmodell hängt davon ab, dass Datenzugriffe in Nanosekunden stattfinden. Datenspeicherlösungen werden gekauft und eingesetzt. Fertig. Gleiches gilt heutzutage für Hardware, Datenbanken und unterschiedliche Programmmodule. Niemand muss mehr erfinden, was es schon gibt (Abb. 2.1).

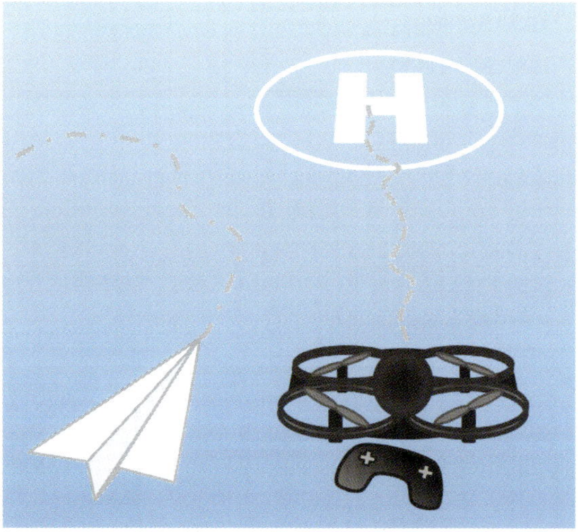

Abb. 2.1 Bei Innovationen ist ballistisches Vorgehen iterativ gesteuerten Methoden deutlich unterlegen – gerade wenn es windig wird. (Quelle: Uwe Weinreich, CoObeya.net)

▶ Wer digital mitspielen will, darf es sich nicht erlauben, alles selbst zu erfinden, sondern ist gut beraten, auf das aufzusetzen, was andere bereits entwickelt haben.

Durch Aufsetzen auf Leistungen anderer sind gewaltige Fortschritte und Beschleunigungen in der Entwicklung von Lösungen möglich geworden. Deutlich wird das zum Beispiel bei Big Data Lösungen, also Systemen, die sich um die Erfassung, Speicherung und Analyse von sehr großen Datenmengen kümmern. Die ersten Pionierunternehmen, die Big Data einsetzten, mussten Hardwarecluster in Eigenarbeit zusammenstellen, das System zur physischen Verwaltung der verteilten Speicher, z. B. Hadoop, das auf Prinzipien des oben genannten Google-Dateisystems aufsetzt, installieren und einrichten und Routinen für den Zugriff auf die Daten entwerfen. Solche Projekte dauerten Monate.

Mittlerweile ist es möglich, auf die Leistungen anderer aufzubauen. Es sind Standardprodukte vorhanden, die in kurzer Zeit installiert werden können und noch dazu performanter sind als selbst gestrickte Lösungen. Der nächste Schritt ist auch schon eingeleitet: Big Data Lösungen gibt es mittlerweile als Cloud-Service. Der Aufwand, die eigene IT daran anzupassen, entfällt komplett.

Bei Lean Digitization sollte genau abgewogen werden, welcher Weg beschritten wird und Schlankheit darf nicht mit Sparsamkeit verwechselt werden. Abb. 2.2 zeigt schematisch, wie sich interner Aufwand und externe Kosten je nach gewählter Lösung entwickeln.

Eine komplett selbst entwickelte Lösung produziert zwar keine externen Kosten, ist aber derart aufwendig, langwierig und risikoreich, dass es sich nur in Fällen lohnt, wo keine oder keine akzeptable Lösung vorhanden ist, auf die aufgebaut wird. Mit dem Einsatz von frei verfügbarer Software (Open Source) beispielsweise kann der Aufwand auf einen Bruchteil verringert werden, ohne externe Kosten zu generieren. Zwar ist es möglich, für Prototypen auf Open-Source-Lösungen zu setzen, allerdings produzieren sie, bis sie laufen und auf die eigenen Anforderungen adaptiert sind, einen signifikanten

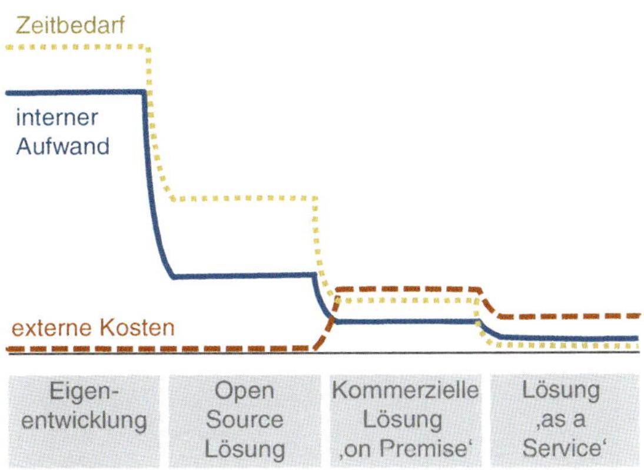

Abb. 2.2 Interner Aufwand, externe Kosten und Zeitbedarf unterschiedlicher Entwicklungsumgebungen im Vergleich. (Quelle: Uwe Weinreich, CoObeya.net)

Aufwand für das Entwicklungsteam. Das macht sich im Zeitbedarf bis zur Markteinführung negativ bemerkbar.

Die Installation eines kommerziellen Systems reduziert zwar den administrativen Aufwand deutlich, erfordert aber meistens eine durchaus nennenswerte Investition und einen nicht zu vernachlässigenden administrativen Anfangsaufwand. Der Zeitbedarf variiert: je umfangreicher und komplexer die Installation, desto länger wird es dauern. Außerdem gerät das Unternehmen u. U. in eine Pfadabhängigkeit. Das heißt, es entsteht eine Abhängigkeit von einer bestimmten Technologie, manchmal sogar einem einzelnen Anbieter, sodass es nur mit hohem Aufwand und erheblichen Kosten möglich ist, später zu einem anderen System zu wechseln. Für Entwicklung und Prototypen sind Standardsysteme nur sinnvoll, wenn sie wirklich bereits zu einem günstigen Preis verfügbar oder sowieso im Unternehmen vorhanden sind.

Werkzeuge, die als Cloud-Service angeboten werden, sind interessanter. Der administrative Aufwand sinkt auf ein Minimum, sodass die Lösung schnell und sicher eingesetzt werden kann. Der Service-Provider sorgt für das Funktionieren und lässt sich das entsprechend bezahlen. Cloud-Lösungen werden aber temporär genutzt und lassen sich gut skalieren. Deshalb rechnen sie sich gerade für Entwicklungsprojekte und Prototypen. Die absoluten Kosten liegen wegen der begrenzten Nutzung deutlich unter denen für ein fest eingeführtes Standardsystem. Übrigens gilt durchaus auch für die Nutzung von Cloud-Services im Produktiv-Modus. Ein unschlagbarer Vorteil von Lösungen ‚as-a-Service' ist die Schnelligkeit mit der sie genutzt werden können.

Auf jeden Fall sollten die Kosten, die Ressourcenbeanspruchung und der Zeitbedarf für die vier Varianten geprüft werden, sodass eine Entscheidung auf Basis aussagekräftiger Daten stattfindet.

2.5 Harte Projektgrenzen setzen

Budget

Innovationsprojekte profitieren nicht unbedingt von mehr Geld. Weder die Geschwindigkeit noch die Qualität der Lösung hängen vom Budget ab. Im Gegenteil. Es scheint so, als ob gerade knappe Budgets kreative Lösungen fördern.

Es bleibt eine schwierige Aufgabe, die Budgethöhe genau festzulegen. Sie hängt von Größe und Typ des Unternehmens und der gestellten Aufgabe ab. Einige Firmen sind dazu übergegangen Faustregeln aufzustellen, mit denen gute Erfahrungen gemacht wurden. So gab es bei Google bis vor kurzem die 20 % Regel, nach der jeder 20 % seiner Zeit für eigene Projekte verwenden konnte. Michael Schrage (2014) hat die 5×-Methode entwickelt, bei der fünf Personen in fünf Tagen fünf Designs für Business-Experimente entwickeln, deren Umsetzung nicht länger als fünf Wochen dauert, nicht mehr als je 5000 EUR kosten und ein Potenzial besitzen, 5 Mio. EUR Wachstum oder Effizienzgewinn zu realisieren.

Zeit

Der Ansatz von Schrage zeigt bereits, dass auch die Zeit begrenzt sein sollte. Genauso wie ein begrenztes Budget hilft, den Innovationsprozess produktiv zu halten, sind auch Zeitbegrenzungen sinnvoll. Wird ein Digitalisierungsprojekt ohne Zeitbegrenzung begonnen, ist es so gut wie sicher, dass es die Arbeit daran bei der nächstbesten Möglichkeit verschoben wird, sei es dass ein Quartalsabschluss drückt oder ein anderes Projekt in Schieflage gerät.

▶ Tatsächlich ist ein Vorhaben ohne Zeitbegrenzung gleichzusetzen mit einer Aufgabe allerniedrigster Priorität.

Je nach Managementansatz werden zum Teil sehr unterschiedliche Zeiten benannt. Wesentlicher als Theorien ist jedoch, wie digitale Innovation im Unternehmen organisiert ist (Kap. 9). Und es spielt natürlich eine Rolle, welches Ergebnis am Ende stehen soll. In Tab 2.1 sind ein paar Erfahrungswerte aufgelistet:

Tab. 2.1 Grobe Zeitangaben für Lean Digitization Projekte

Ziel	Typische Dauer
Produktidee und grobes Geschäftsmodell skizzieren	1–5 Tage
Idee experimentell testen und verfeinern (Problem-Lösungs-Passung)	2 Wochen bis 3 Monate
MVP erstellen	2 Wochen bis 6 Monate
Lösungs-Markt-Passung experimentell erkunden	3 bis 6 Monate
Funktionsfähiges Produkt erstellen	6 Monate bis 2 Jahre

Die angegebenen Zeiten sind nur vage Angaben. Für jeden Schritt gibt es Beispiele, die deutlich davon abweichen. Wer moderne Methoden der Innovation und des Innovationsmanagements beherrscht und ein agiles und förderliches Unternehmensumfeld vorfindet, kann durchaus innerhalb eines halben Jahres eine komplett neue Lösung bis zur Marktreife führen.

Projekte beenden

Seien wir ehrlich. Es gibt sie in jedem Unternehmen, die Projekte, die nur noch durchgeschleppt werden. Vor Zeiten haben sie mit einer großartigen Idee begonnen. Doch irgendwann geriet der Prozess ins Stocken. Vielleicht haben Personen gewechselt, vielleicht war das Budget nicht ausreichend oder die Prioritäten haben sich verschoben. Doch weil das Herz von irgendwem daran hängt, leben sie als Scheintote weiter.

Zombie-Projekte zu beenden, ist ein sinnvoller, aber kein leichter Schritt. Irgendjemand wird protestieren. Trotzdem, es lohnt sich die Zombies zu identifizieren und beizeiten zu stoppen. Natürlich gibt es eine Schmerzreaktion, heftigen Widerstand und lautstarke Diskussionen, aber bereits nach einer kurzen Zeit der Trauer wird spürbar, wie die vorher gebundene Energie frei wird und in andere sinnvolle Aktivitäten fließen kann.

Projekte beenden muss nicht unproduktiv sein. Es lohnt sich zu schauen, ob eine andere als die ursprünglich angestrebte Art der Wertschöpfung möglich ist, zum Beispiel:

- **Lizenzierung oder Verkauf von bereits realisierten (Teil-)Lösungen an Dritte**
  Vielleicht wurde das Projektziel nicht erreicht, aber es ist etwas entstanden, das für andere wertvoll ist. Es lohnt sich, im Wertschöpfungs-Ökosystem die Augen offen zu halten, ob es jemanden gibt, der Nutzen aus der Entwicklung ziehen kann.
- **Zweitverwertung im eigenen Unternehmen**
  Wenn nicht das herausgekommen ist, was sich das Team vorher vorgestellt hat, ist unter Umständen doch etwas entstanden, das dem Unternehmen nutzt. Die wohl bekannteste Zweitverwertung ist die eines völlig misslungenen Klebstoffs, der einfach nicht richtig haften wollte. 3M hat daraus seine berühmten Haftnotizen entwickelt.
- **Öffentlich machen**
  Manchmal ist es erstaunlich, was passiert, wenn man eine Idee einfach öffentlich macht, indem sie als Open Source Software einer Community zugänglich gemacht oder in eine Open Innovation Plattform eingestellt wird. Daraus können völlig neue Lösungen entstehen, an die bisher niemand gedacht hatte. Das weltweit größte Projekt, das aus so einem Schritt in die Öffentlichkeit entstanden ist, ist Linux, das mittlerweile als Betriebssystem auf Millionen Servern und Rechnern läuft, den Kern für das weltweit am weitesten verbreitete Smartphone-Betriebssystem Android bereit stellt und gerade immer mehr Raum in vernetzten Geräten, wie Fernsehern und Geräten, die selbstständig mit anderen im Internet der Dinge (Internet of Things – IoT) kommunizieren. Der Finne Linus Torvalds hatte es 1991 als rudimentäres, selbst entwickeltes Betriebssystem öffentlich gemacht. In den Folgejahren wurde es von tausenden freiwilligen Entwicklern zu einem der leistungsfähigsten und sichersten Betriebssysteme weiterentwickelt.

2.6 Checkliste ‚Verschwendung vermeiden'

☐	Wir haben einen klaren Fokus bezüglich Kundensegment und Region für die Entwicklung gesetzt
☐	Wir kennen *das* zentrale Kundenproblem genau und konzentrieren uns darauf
☐	Wir konzentrieren uns zunächst ausschließlich auf die wichtigste Funktion der digitalen Lösung
☐	Der Prozess, der in der Lösung umgesetzt werden soll, ist vorher mit Papier und Bleistift und einfachen Modellen so radikal vereinfacht worden, dass eine weitere Reduktion nicht mehr möglich ist
☐	Alles, was keinen Wert für Kunden generiert, ist radikal gestrichen

- ☐ Sollte es ein Wasserfall-Diagramm für die Umsetzung gegeben haben, haben wir es aus dem Projektraum entfernt
- ☐ Wir bauen auf Leistungen anderer, wo es geht, auch bei Nutzung von IT
- ☐ Wir haben alle verfügbaren Daten, die uns helfen, besorgt und ausgewertet
- ☐ Wir entwickeln zunächst durch Visualisierung im Raum ohne IT
- ☐ Wir haben tragfähige persönliche Beziehungen in alle Abteilungen im Unternehmen aufgebaut, die für unser Projekt wichtig sind und die von Digitalisierung betroffen sein werden
- ☐ Wir verfügen über ein klares Budget, das zwar knapp aber ausreichend ist
- ☐ Wir haben eine klare und sportliche Zeitvorgabe
- ☐ Es ist sichergestellt, dass Projektmitglieder während dieser Zeit nicht für andere Aufgaben abgezogen werden
- ☐ Zombie-Projekte sind beendet

Literatur

Osterwalder A, Pigneur Y (2010) Business model generation: a handbook for visionaries, game changers, and challengers. Wiley, New York

Ries E (2011) The lean startup: how today's entrepreneurs use continuous innovation to create radically successful businesses. Penguin, New York

Schrage M (2014) The innovator's hypothesis: how cheap experiments are worth more than good ideas. MIT Press, Cambridge

Taylor FW (1911) The principles of scientific management. Harper & Brothers, London

Validiertes Lernen

3

Zusammenfassung

Alle Geschäftsmodelle basieren zu einem Teil auf ungeprüften Annahmen. Manche treffen zu, andere erweisen sich als unpassend. Die heutige internationale Wettbewerbssituation lässt nicht mehr zu, erst bei Markteintritt zu erkennen, ob man richtig gelegen hat. Daher ist es sinnvoll, bereits während der Entwicklung von Produkten und Geschäftsmodellen Annahmen zu testen, zu korrigieren und so einen kontinuierlichen Lern- und Verbesserungsprozess zu durchlaufen. Validiertes Lernen. Kundenorientierung und enges Einbeziehen von Kunden in die auf Experimente und Tests gestützte Entwicklung sind entscheidend. Dabei werden nicht, wie in der Marktforschung üblich, nur Erkenntnisse über Meinungen und Verhalten erhoben, sondern in der Auseinandersetzung mit Prototypen und minimal verkaufbaren Produkten wird Kundenverhalten erlebbar und die Lösungen können optimal den Kundenanforderungen und dem Markt angepasst werden. Dieses agile Entwickeln erfordert auch einen neuen Umgang mit Fehlern. Sie sind kein Scheitern, sondern liefern wichtige Informationen für den Erfolg der Entwicklung.

Schlüsselwörter

Agiles Management · Validiertes Lernen · Experiment · Business-Experiment · Evidenzbasiertes Management · Wachstum · Hypothesen · Hypothesentest · Lösungsentwicklung · Produktentwicklung · Geschäftsfeldentwicklung · Skalieren · Tests · A/B-Tests · Split-Tests · Prototypen · MVP · Minimum Viable Product · Minimal Verkaufbares Produkt · Fehler · Fehlerkultur · Metrik · Controlling · Kennzahlen · KPI · VUCA · Problem-Solution-Fit · Problem-Lösungs-Passung · Product-Market-Fit · Produkt-Markt-Passung · Kundenorientierung · Customer Insights · Kundenanalyse · Kundenkommunikation · Open Innovation · Smart Data

U. Weinreich, *Lean Digitization*, DOI 10.1007/978-3-662-50502-1_3

„Und? Wie hat Sattler auf deinen Vorschlag reagiert, Digitalisierung ohne Verschwendung voran zu treiben?“

Anna genoss es, wenn es ihr gelang, mit ihrem Mann Frank abends einfach mal ruhig bei einem Wein zusammen zu sitzen. Leider waren die Momente selten geworden und sie muss sich auch jetzt beherrschen, nicht doch noch schnell ein paar Mails zu schreiben. „Oh, er war begeistert! Schließlich arbeiten wir ja in der Produktion schon mit Lean-Management-Methoden. Da passt Lean Digitization perfekt.“

Frank lächelt freundlich: „Na dann ist ja alles bestens und wir haben bald wieder mehr Zeit miteinander“.

Anna seufzt: „Das Problem liegt an einer ganz anderen Stelle. Er hat mich natürlich sofort gefragt, was das denn bedeutet. Ich wusste, dass die Frage kommt und hatte den ganzen Tag darüber gebrütet.“

„Und?“

„Nichts und. Es ist wirklich verzwickt. Ich weiß nicht wo anfangen. Das einzig Konkrete ist, dass wir Besprechungen zur Digitalstrategie jetzt pünktlich beginnen und enden lassen. Und wir führen sie im Stehen durch. Das habe ich noch aus meiner damaligen Scrum-Fortbildung mitgenommen. Bei den Projekten ist es schwieriger. Ich kann nicht einschätzen, welche Projekte wirklich wichtig sind, wo vielleicht zu viel Energie investiert wird. Es gibt so viele Ansatzpunkte, dass ich den Überblick nicht bekomme.“

„Na, wenn du keinen Durchblick bekommst, solltest du vielleicht eure Kunden fragen.“

Anna stöhnt: „Du machst es dir ja mal wieder leicht. Typisch. Man merkt, dass du aus dem Einzelhandel kommst. Bei uns ist das alles etwas komplizierter …“

„Nein, im Ernst, denk mal drüber nach. Im Endeffekt geht es doch bei euch genauso wie bei uns darum, möglichst erfolgreich zu sein. Das geht nur, wenn eure Kunden begeistert sind. Und die sind nur begeistert, wenn ihr deren Anforderungen und Bedürfnisse möglichst gut versteht. Wer, wenn nicht die Kunden selbst, können dir sagen, wo ihr mehr und wo weniger Energie investieren solltet?“

„Ja, das stimmt schon. Das ist aber überhaupt nicht der Stil von Zemec. Irgendwie herrscht da die Meinung vor, wir müssten erraten, was die Kunden wollen, unsere genialen Ingenieure schaffen im Geheimen eine begeisternde Lösung, die dann mit großem Tamtam den Kunden vorgestellt wird.“

„Habt ihr denn gar keine Marktdaten, Ergebnisse aus Kundenbefragungen oder ähnliches? Und ich finde, mit ein paar besonders wichtigen Kunden solltest du unbedingt persönlich sprechen. Nur so bekommst einen Eindruck von dem, was wirklich wichtig ist.“

„Ich weiß nicht. Ich werde mal im Marketing nachfragen, ob die was haben. Wenn ich mit Kunden sprechen will, muss ich mir unbedingt erst die Erlaubnis von Sattler einholen. Ich denke mal drüber nach.“

3.1 Mit Hypothesen und Business-Experimenten arbeiten

Die Entwicklung neuer Produkte, Services und Geschäftsmodelle spielt sich naturgemäß in einem Feld großer Unsicherheit ab. Es existieren noch keine verlässlichen Daten und Erfolge lassen sich nicht aus Vergangenheitswerten ableiten. Das macht Innovation zu einem risikoreichen Unterfangen.

Das Risiko kann minimiert und die Erfolgswahrscheinlichkeit erhöht werden, wenn mit Business-Experimenten ein Verfahren genutzt wird, das aus der Wissenschaft stammt. Evidenzbasiertes Vorgehen und Experimente, die Hypothesen widerlegen oder bestätigen, sind für Wissenschaftlerinnen und Wissenschaftler Alltag und im Management ungewohnt. Es lohnt sich jedoch, sich damit auseinanderzusetzen, denn so gestaltete Lernprozesse generieren hohen Nutzen: Sie generieren kontinuierlich neue Erkenntnisse, sorgen dafür, dass nicht an Kunden vorbei entwickelt wird und machen die Entwicklung schnell und sicher.

Business-Experimente

Billige Experimente sind wertvoller als gute Ideen (Michael Schrage).

Das Ziel eines Business-Experiments ist, das bisherige Modell darüber, wie etwas funktioniert, zu überprüfen, die Annahmen, die dem Geschäftsmodell zugrunde liegen, zu hinterfragen und weiter zu präzisieren. Experimente entstehen nicht aus dem Nichts, sondern bauen auf das auf, was bisher als Erkenntnis – bzw. ganz zu Anfang als Intuition – bereits vorhanden ist. Es braucht eine ganze Reihe von Experimentier- und Lernzyklen bis genügend Sicherheit entsteht.

▶ Ein einziges Experiment ist nie ausreichend, um ein Modell so weit zu entwickeln, dass es als Grundlage für künftiges Geschäft genutzt werden kann.

Experimente sind deutlich zu unterscheiden von einem Machbarkeitsnachweis (Proof of Concept) bei Innovationsvorhaben. Bei einem Proof of Concept soll nur eine Hypothese bestätigt werden: ‚Die Idee funktioniert'. Eine so formulierte Fragestellung eröffnet kein Entwicklungspotenzial und ist anfällig für Verzerrungen durch Erwartungshaltungen (selbsterfüllende Prophezeiung). Experimente sind hingegen ergebnisoffen und zielen auf eine Optimierung der Idee ab, selbst wenn sie sich komplett verändern muss.

Experimente mögen auf den ersten Blick aufwendig erscheinen, bieten aber großes Potenzial, um Verschwendung zu vermeiden. Durch ein frühzeitiges Experiment wird schnell klar, was möglich ist, wo Kunden verwirrt werden und was weiter optimiert werden muss. Gerade digital lassen sich Experimente schnell und kostengünstig realisieren. Die Erkenntnisse daraus sind wahre Schätze. Amazon beispielsweise führt jeden Tag Experimente im dreistelligen Bereich durch. Dabei werden alternative Layout-Varianten, die Kundenführung im Check-Out-Prozess, die Gestaltung von Buttons, die Preisbildung und vieles andere mehr variiert.

Grundannahmen und Hypothesen

Jedes Geschäftsmodell basiert auf einer Grundannahme. In der Regel sind es sogar mehrere Annahmen. Wenn sie in testbare Form überführt werden können, werden sie als Hypothesen bezeichnet. Es ist gar nicht so einfach, die Grundannahmen zu identifizieren. Gerade, wenn sie als plausibel und allgemeingültig gelten (z. B.: Kunden wollen immer den günstigsten Preis'), bleiben sie lange unentdeckt und ungetestet. Eine gesunde Skepsis Dingen gegenüber, die als selbstverständlich angenommen werden, gehört zu evidenzbasierten Entwicklungsprozessen, die von Eric Ries (2011) als validiertes Lernen bezeichnet werden.

Einen guten Hinweis liefern Wenn-dann-Beziehungen. Steckt im Geschäftsmodell beispielsweise die Aussage ,wenn wir unseren Preis senken, werden mehr Kunden kaufen', lässt sich das schnell als Hypothese identifizieren. Und dann gibt es nur einen sinnvollen Weg, mit ihr umzugehen: Sofern sie für das Geschäftsmodell wichtig ist, muss sie überprüft werden.

▶ Es geht um Geschäft, nicht um Erkenntnis: Eine Hypothese ist die überprüfbare Version einer Grundannahme darüber, wie das Unternehmen in Zukunft Geld verdient.

Es ist verständlich, dass bei der Initiierung eines digitalen Geschäftes Euphorie im Spiel ist. Jemand hat eine gute Idee. Andere steigen mit ein und gemeinsam wird an einer Lösung gearbeitet, um sie dem Markt zu präsentieren. Die Euphorie-Phase ist gefährlich, denn leicht wird übersehen, auf wie vielen Annahmen das Konzept basiert. Disziplin und konsequente Hypothesenprüfung durch Realisieren-Messen-Lernen-Zyklen sind wichtig.

Die innovativsten Unternehmen führen bezeichnenderweise die besten Experimente durch (Michael Schrage 2014).

Der Experimentierplan

Damit Lernprozesse schnell und produktiv verlaufen, ist ein Experimentierplan sinnvoll. Er lässt sich leicht mit folgenden Schritten erstellen:

- Grundannahmen identifizieren und in testbare Hypothesen überführen.
- Hypothesen nach Relevanz für die Produktentwicklung oder das Geschäftsmodell ordnen.
- Hypothesen mit höchster Relevanz als Erstes in Experimenten testen. Danach die weiteren. Die Hypothese, die für den Erfolg der Idee am kritischsten ist, sollte ganz oben stehen.

Für jeden einzelnen Experimentierzyklus wird ein Testplan mit folgenden Schritten aufgestellt:

Realisieren	Hypothese so ausformulieren, dass sie messbar wird, z. B.: Wenn wir A tun, dann wird B passieren. Das erkennen wird daran, dass X % unserer Kunden sich verhalten wie Y'
	Experiment vorbereiten: So schnell wie möglich das absolute Minimum dessen herstellen, was notwendig ist, um die Hypothese zu testen
Messen	Das Verhalten beschreiben, das beobachtet werden soll, und dafür eine Metrik festlegen.
	Einen minimalen Zielwert festlegen, dessen Erreichen als Erfolg gilt. Der Wert sollte ruhig ambitioniert sein, also so hoch, dass das Team begeistert ist, wenn er erreicht wird
	Experiment in möglichst realitätsnahem Setting durchführen
	Ergebnisse festhalten und aufbereiten
Lernen	Hintergrundinformationen, wie Schilderungen von Teilnehmerinnen und Teilnehmern, beobachtetes Verhalten etc. beachten und Erklärungsansätze entwickeln, die aufdecken, warum das Experiment genau so verlaufen ist. Dabei insbesondere auch Nebenergebnisse und Unerwartetes mitprotokollieren
	Erkenntnisse, die die Sicht auf die Idee oder die Kunden verändern, herausarbeiten. Informationen und Erkenntnisse aus dem Experiment festhalten
	Eine Entscheidung treffen, wie weiter vorgegangen wird

Damit ist ein kompletter validierter Lernzyklus beschrieben. Zur Visualisierung eignet sich das CoObeya Experiment Board (Abb. 3.1). Es ist eine Weiterentwicklung der Experiment Loop Map von Brant Cooper (2014) und des Javelin Validation Boards. Es kann mit Haftnotizen leicht an einer Wand realisiert werden und sichert stets den Überblick über Experimente und den Stand des Lernfortschritts.

▶ Es gibt keine gescheiterten Experimente, sondern nur solche mit unerwartetem Ausgang. Sie ermöglichen oft die wichtigsten Lernfortschritte.

Nehmen wir als Beispiel den Cloud-Speicheranbieter Dropbox. Als Drew Houston und Arash Ferdowsi 2007 Dropbox gründeten, sind sie von der Hypothese ausgegangen, dass Nutzer sehr daran interessiert sind, dass die eigenen Dateien zu jeder Zeit auf jedem ihrer Rechner verfügbar sind, egal wo er steht und ohne selbst für eine Synchronisierung sorgen zu müssen. Die Inspiration dafür entstand übrigens aus eigener Erfahrung. Drew Houston hatte einen USB-Stick mit Daten vergessen, als er sich auf eine mehrstündige Reise begab, während der er eigentlich arbeiten wollte.

Die Idee für eine Lösung war geboren, die im Hintergrund ständig für Synchronisation der Daten mit einem Cloud-Speicher sorgt. Auf der Fahrt entstanden die ersten Zeilen Code für Dropbox. Doch bevor die Gründer dafür eine erste einfache Lösung marktreif programmierten, erstellte Drew Houston (2007) ein Video, das die Funktionalität zeigte, und stellte es online. Das war ihr ganzes minimal verkaufbares Produkt. Die Operationalisierung der Hypothese bestand darin, zu messen, wie viele Personen auf

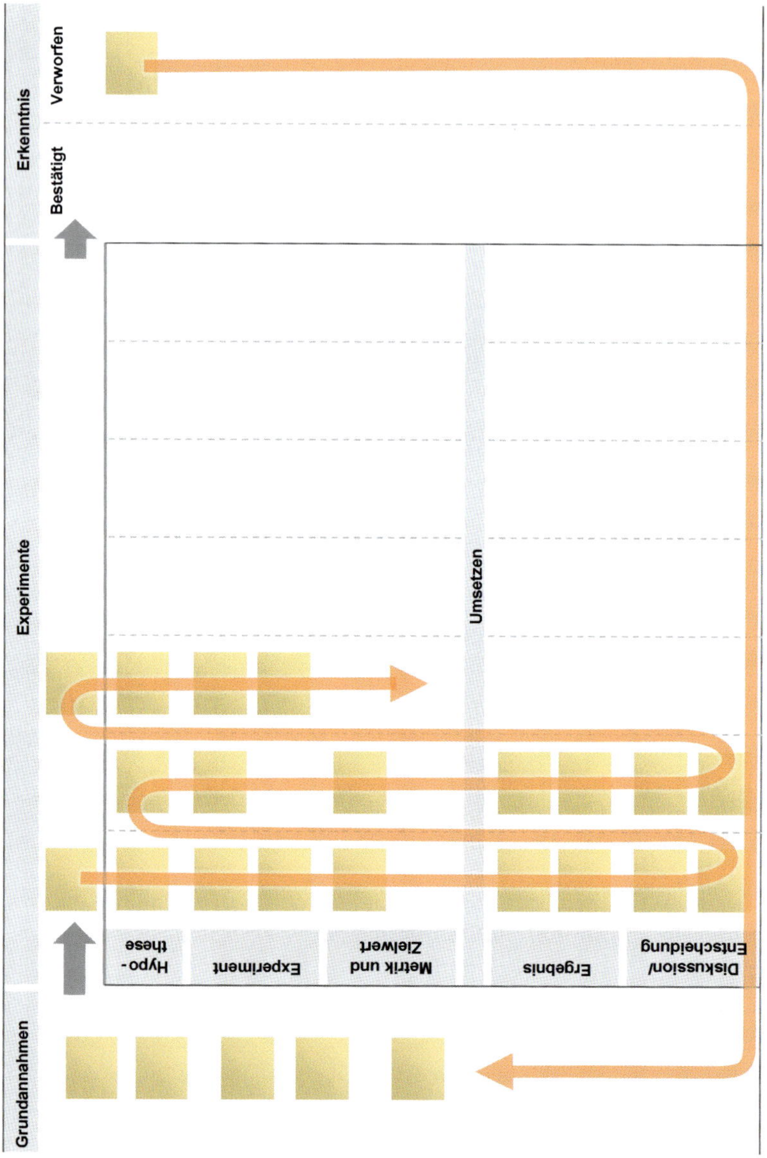

Abb. 3.1 CoObeya Experiment Board. (Quelle: Uwe Weinreich, CoObeya.net. Verwendung lizensiert unter Creative Commons BY-SA v 3.0)

einen Link klicken, um sich als Beta-Tester für den Service zu registrieren. Über Nacht waren das mehrere Zehntausend Personen. Die Hypothese war mit überragendem Ergebnis bestätigt. Das führte dazu, dass die Gründer noch im selben Jahr 1,7 Mio. US$ als Risikokapital einwerben konnten.

Prototypen

Prototypen sind ein wichtiges Element in Lean Digitization. Sie sollten so früh wie möglich erstellt werden. In frühen Entwicklungs- und Experimentierphasen ist es kein Vorteil, bereits auf eine digitale Version des Prototyps zu setzen. Im Gegenteil. Die Entwicklung läuft schneller, intuitiver und dynamischer, wenn mit schnellen, papierbasierten Funktionsmodellen oder anderen einfachen Realisierungen gearbeitet wird. Das zeigt das genannte Beispiel des Dropbox-Videos.

- Prototypen sind Form gewordene Hypothesen.

Schon mit einfachsten Prototypen (Abb. 3.2) ist es möglich, die Funktionen mit Testern durchzuprobieren. Werden Bildschirme einer Lösung beispielsweise einfach gezeichnet, spielt in der Testsituation eine Mitarbeiterin oder ein Mitarbeiter sozusagen den Rechner im Hintergrund, der dafür sorgt, dass bei den simulierten Klicks auf der Papieroberfläche der nächste passende Bildschirm präsentiert wird. Wenn es nötig ist, kann die ‚Server-Person' ergänzende Erklärungen zu Funktionsweisen geben.

Mindestens ein zweites Teammitglied sollte intensiv beobachten, wie Testpersonen mit den simulierten Interaktionen umgehen. Wo treten Unsicherheiten auf? Wo werden Elemente gesucht, die nicht zu finden sind? Wo verirren sich Testpersonen? Wo sind sie verwirrt und fragen nach? Die Beobachtungen geben Antwort darauf, wie die Lösung verbessert werden kann.

Erst wenn eine gewisse Stabilität in der grundsätzlichen Funktionsweise und der Nutzer Schnittstelle erreicht ist, sollte der Sprung zu einer digitalen Version gewagt werden. Auch hier ist eine schlanke Lösung sinnvoll, die schnell und ohne großen Aufwand

Abb. 3.2 Selbst einfachste Realisationen ermöglichen validiertes Lernen. (Quelle: Uwe Weinreich, CoObeya.net)

abgeändert und erneut getestet werden kann. Daher ist jetzt noch nicht die Realisierung auf einer großen und komplexen Plattform sinnvoll. Der Schritt ist der endgültigen Implementierung vorbehalten.

Prototypen haben explorativen Charakter. Sie sind in der Fragestellung nicht eindeutig, sondern ermöglichen vielfältiges Beobachten. Daher sind sie besonders geeignet zur Erforschung von Kundenverhalten und Anwendungsszenarien sowie zur Entwicklung neuer Lösungen.

Das minimal verkaufbare Produkt (MVP): Lernen in realistischem Setting
Irgendwann ist bei der iterativen Weiterentwicklung der Prototypen der Status erreicht, bei dem eine minimale Version prinzipiell verkauft werden kann. Ein minimal verkaufbares Produkt (englisch: minimum viable product) ist keine kleine Version der endgültigen Lösung, sondern etwas, mit dem man am Markt teilnimmt und wofür Kunden im besten Falle Geld bezahlen. Mit dem jetzt erreichten Status ist es möglich, Prototypen tatsächlich in einem realistischen Setting zu testen. Es reicht oftmals völlig, eine Simulation zu haben wie das Dropbox-Video und damit bereits erste Bestellungen oder Vormerkungen auszulösen. Selbst wenn Kunden warten müssen, ist die Qualität der so gewonnen Daten von unschätzbarem Wert. Sie sind nämlich bereits Annäherungen an das tatsächliche Kaufverhalten, das später den Erfolg des Produktes bestimmen wird.

▶ Ein MVP ist die Form gewordene Hypothese, dass Kunden die Lösung kaufen werden.

Ein wesentlicher Punkt eines minimal verkaufbaren Produktes ist, dass es tatsächlich verkaufbar ist. Ja, in vielen Fällen ist es sinnvoll, bereits für ein MVP Geld zu verlangen. Ein Kunde erwirbt ja tatsächlich mit einem MVP bereits ein Produkt, das zumindest einen Teil seiner Nutzenerwartung erfüllt. Dafür sollte er bereit sein zu zahlen. Tests ohne Verkaufsaspekt liefern wesentlich weniger valide Informationen darüber, ob die Hypothese zutrifft, dass Kunden bereit sind, für die entwickelte digitale Lösung zu zahlen. Der Erkenntnisgewinn eines Experiments mit MVP ist um ein Vielfaches größer als in künstlichen Testsituationen. Sie sollten so schnell wie möglich eingesetzt werden.

Nun kann man der Entwicklung den natürlichen Lauf lassen und schauen, wann ein Prototyp die Reife für ein MVP erreicht hat. Besser und wesentlich schneller ist es, wenn von Anfang an überlegt wird, welche Merkmale ein MVP haben muss, und gezielt darauf hingearbeitet wird.

Wenn du ein Produkt zum ersten Mal auf den Markt bringst und dich nicht dafür schämst, hast du es zu spät auf den Markt gebracht (Oft zitierter Spruch der Lean-Startup-Szene).

Diese Einstellung ist für etablierte Unternehmen, die mit Digitalisierung neue Geschäftsbereiche erschließen wollen, bedrohlich. Sie haben einen Namen und einen Ruf als Qualitätsanbieter zu verlieren. Start-ups können damit wesentlich lockerer umgehen. Dennoch ist es auch für etablierte Unternehmen sinnvoll, über MVP nachzudenken. So werden z. B. B2B-Anbieter mindestens einen Kunden haben, der ein außerordentlich großes Interesse an der Lösung hat, die gerade entwickelt wird. Er wird wahrscheinlich offen sein für ein Gespräch darüber, eine geeignete Lösung frühzeitig zu testen, schon bevor sie Marktreife erreicht hat.

Der Gedanke, dass Marke und Ansehen des Unternehmens Schaden nehmen könnten, ist nicht grundsätzlich von der Hand zu weisen. Daher sollten bei etablierten Unternehmen folgende Fragen mit berücksichtigt werden:

- Können wir den Test auf einen regionalen Markt begrenzen?
- Können wir den Test mit handverlesenen Nutzern durchführen, z. B. sehr engen Kunden oder Kunden, die ein fast schon existenzielles Interesse an der Lösung haben?
- Wie kann ein MVP kommunikativ abgesichert werden?
- Wenn alle vorgenannten, risikoreduzierenden Maßnahmen realisiert werden, was wäre dann die Definition von ‚minimal'?

MVP sind eine spezielle Form von Prototypen und besitzen damit auch explorativen Charakter.

Split-Tests

Das Angebot schnell und vielfältig zu variieren, ist in digitalen Angeboten leichter, als bei klassischen Produkten und Angeboten. Der Vorteil sollte unbedingt genutzt werden. So können zum Beispiel zwei oder mehr Varianten einer Bedienoberfläche oder eines Webangebotes in Tests einfließen. Allein Platzierung, Farbe, Gestaltung und Beschriftung eines Kauf-Buttons können hunderte Tests erfordern bis eine Lösung gefunden ist, die zu nicht mehr steigerbaren Konversionsraten führt. Der Aufwand lohnt sich. Digitale Geschäftsmodelle leben in der Regel davon, dass Lösungen nicht nur einmalig sondern tausend- bis millionenfach verkauft werden. Jede noch so kleine Steigerung von Nutzen, Attraktivität, Bedienbarkeit und letztendlich der Verkaufsrate zahlt sich aus, nicht zuletzt durch den Trennschärfe-Effekt (Abschn. 1.1). Split-Tests (auch A/B-Tests genannt) gehören zum Grundrepertoire des Experimentierens in Lean Digitization. Abb. 3.3 zeigt den schematischen Ablauf.

Besonders effizient werden Split-Tests, wenn sie in automatisierte, digitale Lernprozesse eingebunden werden. Der chinesische Handelskonzern Alibaba hat beispielsweise selbstoptimierende Algorithmen breit in seine Plattform integriert (Reeves et al. 2016). Die Algorithmen sorgen nicht nur für das Variieren der Gestaltung und das Registrieren der Vorlieben von Kunden, sondern sie optimieren sich selbst. Damit das gelingt, reagieren sie auf das Umfeld, zum Beispiel indem es bei Neukunden automatisch mehr

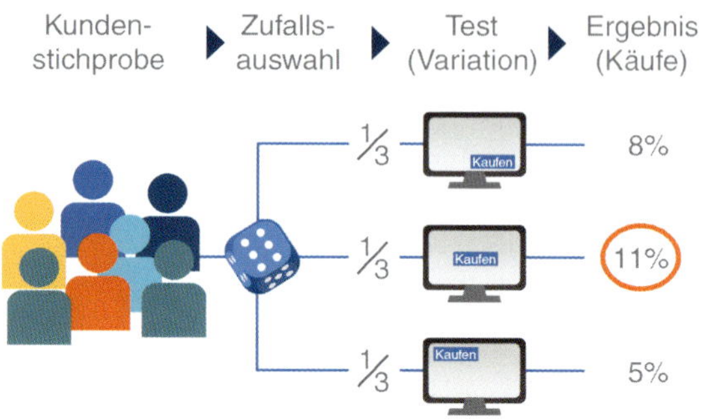

Abb. 3.3 Schematischer Ablauf von Split-Tests. (Quelle: Uwe Weinreich, CoObeya.net)

Versuche durchführen, um schneller zu lernen. Das macht außerordentlich schnelle Lernprozesse möglich, die mit händischen A/B-Tests nicht möglich wären.

Damit Split-Tests eindeutige Ergebnisse liefern, sollte pro Test nur ein Merkmal geändert werden, zum Beispiel nur die Farbe oder nur die Position des Kauf-Buttons. Im Prinzip ist es zwar möglich, mehrere Variationen zu testen, allerdings müssen sehr viel mehr Datensätze erzeugt werden – das heißt, mehr Nutzerinnen und Nutzer müssen auf die Seite gelangen – und die Auswertung ist methodisch wesentlich anspruchsvoller. Besser ist es daher, sehr viele Tests mit jeweils nur einer Variation in sehr schneller Zeitfolge durchzuführen.

Der Kreativität sind bei Split-Tests kaum Grenzen gesetzt. Hier ein paar Beispiele:

- Schalten von variierten Keyword-Anzeigen und Auswertung der jeweiligen Klick-Raten
- Erstellen variierter Landingpages und Auswerten der unterschiedlichen Click-Through-Raten
- Variieren der Inhalte von Newslettern und Auswerten der Response-Raten
- Erstellen und Testen von unterschiedlichen Designs für Websites oder Produkte
- Entwickeln von Verpackungsentwürfen, Produktbeschreibungen und Spezifikationslisten
- Testen der Auswirkung von verschiedenen Preisen auf die Verkaufszahlen

Split-Tests sind in der Fragestellung auf Entscheidung zwischen zwei oder mehr Alternativen beschränkt. daher sind sie besonders geeignet zur Optimierung einer bereits festgelegten Grundrichtung, nicht jedoch zur Exploration. Sie finden daher in den Entwicklungsphasen ‚Experimentieren' und ‚Wachsen' (Abschn. 3.2) ihre Anwendung.

▶ Jedes Handeln eines Unternehmens ist ein Experiment. Die Frage ist nur, ob bewusst, systematisch und zeitnah daraus gelernt wird (validiertes Lernen) oder erst spät und zufällig Erkenntnisse daraus entstehen (ballistisches Vorgehen).

3.2 Innovationen evidenzbasiert entwickeln

Wenn Veränderung außerhalb des Unternehmens schneller verläuft als innerhalb, ist das Ende nah (Jack Welch).

Das, wovor Jack Welch gewarnt hat, ist mittlerweile für die meisten Unternehmen Realität. Rasante technologische Entwicklung und Globalisierung sorgen dafür, dass die Entwicklung außerhalb des Unternehmens wesentlich schneller verläuft, als innerhalb. Einen Vorteil besitzen Unternehmen, die eine klare Fokussierung und Spezialisierung aufweisen. In ihrem Spezialgebiet sind sie oft Schrittmacher der Entwicklung. Dennoch bleiben auch sie nicht von der Dynamik angrenzender Entwicklungen verschont. Der einzige Weg, der Situation adäquat zu begegnen, ist, die Lerngeschwindigkeit innerhalb des Unternehmens zu erhöhen.

Für diese Management-Herausforderung bietet Lean Digitization eine Methode, die von Eric Ries (2011) als validiertes Lernen bekannt gemacht wurde, deren Prinzipien sich auch in anderen agilen Methoden wiederfinden. Durch Experimentieren werden in realistischem Umfeld sehr frühzeitig Daten gesammelt, um die Entwicklung in einem iterativen Lernprozess zu optimieren.

Lernen wird zum Kernbestandteil von Lean Digitization und zwar gleich in mehrfacher Hinsicht. Um nicht an Kunden vorbei zu entwickeln, ist es unverzichtbar, die Kunden, ihre Bedürfnisse und ihr Verhalten genau kennen zu lernen. Markt- und Kundenforschung durchzuführen, ist auch bei linearen Entwicklungsprozessen aus System-1-Kulturen durchaus üblich. Allerdings bleibt das oft eine Einbahnstraße: Es wird geforscht, dann entwickelt, dann die Lösung in den Markt geworfen. Das kann gut gehen, muss es aber nicht, denn selbst mit Kundenforschung und -analysen handelt es sich wieder um ein ballistisches Vorgehen (Abschn. 2.3).

Lean Digitization setzt methodisch anders an. Kunden zu verstehen ist ein wichtiger Baustein, aber keiner, der am Anfang als abgeschlossener Block abgehakt wird. Im Gegenteil, Kunden werden über den gesamten Entwicklungsprozess hinweg eingebunden und immer wieder mit Zwischenergebnissen konfrontiert. Das ermöglicht iterative Lernprozesse und schnelle Korrekturen. Innovation wird aus einer ballistischen Vorgehensweise befreit. Projekte erzielen nicht nur Ergebnisse, die begeistern, sondern sie werden auch wesentlich schneller. Das Risiko zu scheitern sinkt deutlich. Grundannahmen und Hypothesen, die der eigenen Lösungsentwicklung unterliegen, werden zeitnah überprüft, bestätigt oder verworfen.

Das Grundprinzip ist einfach. Es ist ein Dreischritt aus Realisieren, Messen und Lernen, der iterativ im Kreis durchlaufen wird (Abb. 3.4). Das Vorgehen hebt sich grundsätzlich von linearen Entwicklungsprozessen ab:

- Die Planungsphase entfällt. Planen ist integriert in den Prozess der Realisierung, in dem schnell Visualisierungen, und erste Prototypen als vorläufige Produkte entstehen.

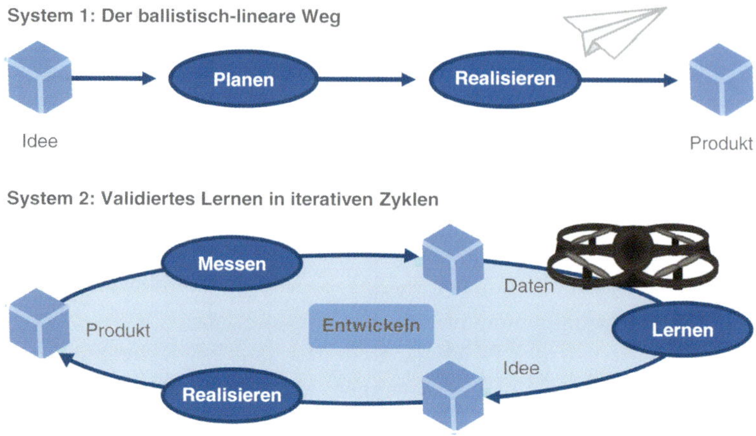

Abb. 3.4 Lineare Entwicklung im Vergleich zu validiertem Lernen. (Quelle: Uwe Weinreich, CoObeya.net)

- Die ersten, rudimentären Produkte werden möglichst mit echten Kunden und in realistischem Umfeld getestet, um daraus durch Messen Daten zu gewinnen (Abschn. 3.1).
- Die Daten stellen die Grundlage für den nächsten Lern- und Entwicklungsschritt dar.

Die Schleife wird möglichst oft und so schnell wie möglich durchlaufen, sodass innerhalb kurzer Zeit sehr viele Informationen darüber verfügbar sind, wie das Produkt optimal die Probleme von Kunden lösen kann.

Beim linear-ballistischen Vorgehen ist am Ende der Kette die Enttäuschung groß, wenn die Idee von Kunden nicht als so hilfreich wahrgenommen wird, wie sie gedacht war. Die iterativen Experimente lassen dagegen schon früh erkennen, wann Grundannahmen der Idee nicht zutreffen und die Richtung wird schnell korrigiert.

Bei Lean Digitization spielt der experimentelle Ansatz während der Entwicklung neuer Produkte, Geschäftsfelder und der gesamten digitalen Transformation eines Unternehmens eine grundlegende Rolle. Je nach Phase, in der sich die Entwicklung befindet, unterscheiden sich die Benennungen, die Objekte der Experimente und die Aufgaben der einzelnen Stationen. Das Prinzip bleibt stets gleich: Realisieren, Messen und Lernen.

Drei wichtige Phasen der digitalen Transformation können unterschieden werden: Das Suchen nach einer Lösung, das Entwickeln der Lösung und, wenn sie gefunden ist, das Wachstum mit Hilfe der Lösung. In allen drei Phasen ist validiertes Lernen einsetzbar (Abb. 3.5):

Im Folgenden gehen wir die einzelnen Schritte anhand eines Praxisbeispiels durch, der Verbreitung von Filesharing mit ihren Konsequenzen für die Musikindustrie (vgl. Rogers 2013).

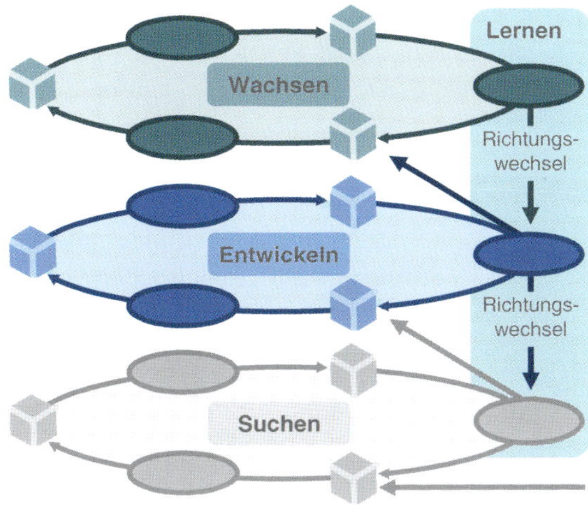

Abb. 3.5 Validiertes Lernen ist auf allen Entwicklungsstufen der digitalen Transformation möglich. (Quelle: Uwe Weinreich, CoObeya.net)

Suchen
Zu Beginn befinden sich Unternehmen in der Regel in einer explorativen Suchbewegung. Eine Idee ist manchmal schon da, in einigen Fällen beginnt der Zyklus in Form von Recherchen und Beobachtungen, was eine Sonderform des Messens darstellt (Abb. 3.6).

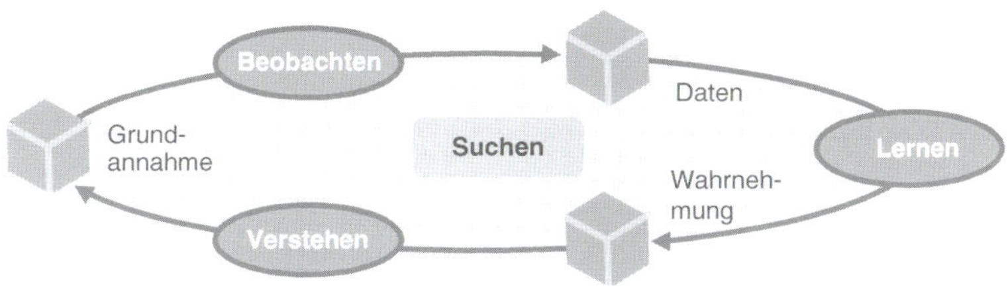

Abb. 3.6 Validiertes Lernen in der Phase des Suchens und Orientierens. (Quelle: Uwe Weinreich, CoObeya.net)

Wahrnehmung
Neuland zu erkunden, beginnt häufig damit, dass etwas in die Wahrnehmung tritt und einen Kontrast zum Bisherigen darstellt: Ein neuer Wettbewerber, verändertes Kundenverhalten, eine neue Technologie oder eine Kennzahl, die sich verändert.

Beispiel
Bereits Mitte der Neunzigerjahre begann von der Musikindustrie unbemerkt bzw. ignoriert ein Trend, dass sich junge Leute Musik kostenfrei aus dem Internet herunterluden. Musik-Downloads stiegen so stark an, dass die großen Musikkonzerne die Entwicklung irgendwann nicht mehr ignorieren konnten. Das Problem war in das Wahrnehmungsfeld gedrungen. 1999 wurde die Musiktauschbörse Napster gegründet, die es Nutzerinnen und Nutzern erlaubte auf noch einfachere Art und Weise MP3-Dateien auszutauschen.

Verstehen

Der erste Schritt ist der Versuch, zu verstehen, was tatsächlich vor sich geht. Sind Ursachen zu identifizieren? Hat sich im Umfeld der Kunden etwas verändert? Haben sich die wirtschaftlichen Rahmenbedingungen verändert?

Beispiel

Im Fall Filesharing wurde schnell klar, dass sich eine neue Verhaltensweise etablierte, die der Industrie einen wirtschaftlichen Schaden zufügen wird. Es war nicht absehbar, dass der Trend schnell vorbei sein würde.

Grundannahme

Aufgrund der ersten Erklärungsversuche entsteht eine implizite Theorie darüber, was geschieht. Dabei stehen oft eine oder mehrere Grundannahmen hinter der Theorie, die bisher nicht bewiesen sind, aber plausibel klingen. Kundenverhalten ändert sich, weil …, Wettbewerber sind stärker, weil …, die neue Technologie führt dazu, dass …

Beispiel

In der frühen Phase des Filesharings gab es zwei zentrale Grundannahmen:

- Schaden wird der Industrie zugefügt, da Menschen in illegale Musikbeschaffungswege abdriften, das aber nicht als Rechtsverstoß erleben, sondern als Kavaliersdelikt.
- Durch konsequente und harte Verfolgung können die Personen kriminalisiert und isoliert werden, sodass dadurch eine ausreichend abschreckende Wirkung auf andere ausgeübt wird.

Bei traditionelllinearem System-1-Management ist mit dem Schritt die Suchbewegung abgeschlossen. Da die Grundannahmen in sich plausibel erscheinen, werden entsprechende Maßnahmen eingeleitet und der Effekt erst nach Abschluss bewertet.

Beobachten

Agiles Management und validiertes Lernen gehen weiter. Sind Grundannahmen getroffen, ist die erste Pflicht agiler Manager und Managerinnen, sie sofort infrage zu stellen. Kann das tatsächlich so sein? Wie kann ich die Hypothese überprüfen? Aktive Beobachtung dessen, was geschieht, ist das Mittel der Wahl. Das kann durch direkte Beobachtung von Menschen in den relevanten Situationen passieren, aber auch durch Fokusgruppen oder Literaturrecherche. Die Leitfrage ist: Welche Beobachtungen stützen unsere Hypothesen und welche widerlegen sie?

Beispiel

An dieser Stelle hätte die Musikindustrie mehr tun können. Zum Beispiel wäre es sinnvoll gewesen, die digitale Lebensweise Jugendlicher, die die hauptsächlichen Filesharing-Nutzer waren, tiefer zu verstehen. Die Versuche waren leider nur rudimentär. Sonst hätte die Industrie erkannt, dass nicht das Spannungsfeld Illegalität-Strafe zu einer Lösung des Problems führt, sondern sich die Lebenswelt und das Verhalten grundlegend verändert haben.

Daten

Beobachtungen liefern Daten, die geordnet, kritisch gesichtet und ausgewertet werden. Je nach Art der Daten stehen dafür unterschiedliche Methoden zur Verfügung: Einfaches Clustern von Erkenntnissen, Textanalysen und, wenn quantitative Daten von ausreichender Qualität und Menge vorliegen, auch Verfahren wie lineare Regression, Korrelations- und Faktorenanalysen, Signifikanztests und andere. Egal, welche Verfahren gewählt werden, sollten die Ergebnisse in prägnanter Form visualisiert werden, damit sie anschaulich werden und gemeinsam diskutiert werden können.

Beispiel

Für die Musikindustrie wäre es sinnvoll gewesen, wenn sie zumindest mit Methoden der Sozialforschung versucht hätte, digitale Lebenswelten zu erfassen. Versuche gab es zwar – nicht nur von der Musikindustrie, sondern auch von Zukunftsforschern – aber sie fanden viel zu spät statt.

Lernen

Daten und aufbereitete Ergebnisse bleiben wertlos, wenn sie nicht in einen Lernprozess einfließen. Lernen funktioniert jetzt am besten als sozialer Prozess in einem diversen und funktionsübergreifenden Team. Gemeinsam werden die Ergebnisse diskutiert und das Bild, das bisher von der Situation bestand, erweitert, präzisiert und korrigiert. Widerlegte Hypothesen werden begraben und neue Hypothesen entwickelt. Die kollektive Wahrnehmung der Situation wird besser und präziser. Eine gemeinsame Sichtweise auf die Herausforderung bildet sich heraus, wird bestätigt, revidiert oder präzisiert. Auf jeden Fall erwachsen daraus neue Hypothesen. Sie werden im nächsten Zyklus getestet.

Beispiel

Da die Musikkonzerne ballistisch vorgegangen waren, kam der Lernprozess spät und er war hart. Die Erkenntnis: die Kriminalisierung hatte nicht den gewünschten Effekt. Napster wurde zwar geschlossen, doch die Communities wichen immer wieder auf andere Plattformen aus. Außerdem war mittlerweile Apple mit iTunes auf den Markt getreten und trieb die Konzerne mit dem Angebot in die Ecke, denn iTunes zeigte, dass viele Filesharer nicht Musik illegal herunterluden, weil sie kein Geld dafür ausgeben wollten, sondern weil es vor iTunes keine legale und akzeptable Möglichkeit gab. Online-Musik war zu einem Faktor geworden, der nicht ignoriert werden konnte und die Musikindustrie realisierte, dass sie die Entwicklung verschlafen und Geschäftsmodelle nicht rechtzeitig angepasst hatte.

Nach mehreren Durchläufen des Suchzyklus verdichtet sich das Bild so weit, dass es möglich ist, in die nächste Stufe zu springen: Entwickeln. Tatsächlich ist es so, dass die Suchbewegung oft sehr kurz bleibt und schnell in nächste Stufe gesprungen wird. Manchmal reicht dafür schon ein halber Tag.

Entwickeln
Jetzt werden konkrete Lösungen entwickelt. Validiertes Lernen spielt hier seine vollen Stärken aus und sorgt durch die ständige Rückkoppelung dafür, dass die Lösung verschwendungsfrei, ohne Umwege und in höchster Güte entwickelt wird. Die Stationen des Zyklus sind bereits in Abb. 3.4 auf S. 52 dargestellt worden.

Idee
Es wird konkret. Eine Idee liegt vor, mit der ein bestimmtes Kundenproblem gelöst oder ein bisher unbefriedigtes Kundenbedürfnis bedient wird. Ob es tatsächlich so ist und eine gute Problem-Lösungs-Passung realisiert wird, bleibt erst einmal unklar. Das zu testen und die Passung weiterzuentwickeln ist Aufgabe dieses Zyklus.

Beispiel

Die Transformation der Musikindustrie hat zu einer ganzen Reihe unterschiedlicher Ideen geführt. Parallel zum Weg der Strafverfolgung kam die Idee auf, einerseits technisch gegen Raubkopien vorzugehen und andererseits auf den Zug des Musik-Downloads aufzuspringen und mit eigenen Angeboten an den Markt zu gehen.

Realisieren
Wie bei Scrum, Design Thinking oder Lean Start-up auch, geht es bei Lean Digitization jetzt darum, so schnell wie möglich eine Umsetzung der Idee zu realisieren, mit der experimentiert und Feedback eingeholt wird. Dabei steht nicht nur Produktentwicklung im Fokus, sondern auch die Gestaltung von Geschäftsmodellen. Dazu mehr in Kap. 10.

Beispiel

Große Musikkonzerne taten sich schwer damit, auf den Wandel zu reagieren. Zwar wurden Initiativen wie die Secure Digital Music Initiative (SDMI) gegründet, an der mehr als 200 Unternehmen beteiligt waren, aber die Abstimmungen in der Industrie liefen schleppend und im Nachhinein betrachtet recht fantasielos.

Produkt
In den ersten Runden des Entwickeln-Zyklus sind die ‚Produkte' noch keine Hardware- oder Software-Lösungen. Im Gegenteil, um Verschwendung zu vermeiden, wird mit einfachen Repräsentationen gearbeitet: Modelle aus Bausteinen, Schaumstoff oder Papier, Feature-Listen, vorläufige Produktbeschreibungen bis hin zu simulierten Produkt-Faltblättern oder Angebotsseiten im Internet, die bereits die Stufe eines minimal verkaufbaren Produktes erreichen (Abschn. 3.1). Je schneller die Lösungen hergestellt werden, desto schneller kann Feedback eingeholt werden. Das gilt sowohl für Produkt- und Service-Prototypen als auch für Geschäftsmodellentwürfe.

Beispiel

Musikkonzerne entwarfen 1996 ein Digital Rights Management (DMR), setzten auf Lobbyarbeit, die in den USA 1998 zum Digital Millennium Copyright Act (DMCA) führte, und hofften damit das Problem zu lösen, da nun eine rechtliche Verfolgung möglich wurde. Ein weiterer Ansatz bestand darin, eigene Download-Angebote zu starten. 1998 wurde auf der CeBIT Music on Demand (MoD) von einem Konsortium aus Bundesverband Phono, GEMA, Telekom und anderen vorgestellt. Das Angebot überzeugte allerdings nicht, da die Preise heruntergeladener Stücke deutlich über den CD-Preisen lagen, Downloads lange dauerten und nur für T-Online-Kunden möglich waren.

Messen

Teams, die Experimente durchführen, sollten bereits im Vorfeld festlegen, was sie messen wollen und wie das möglich ist. Von zentraler Bedeutung ist es, eine konkrete Hypothese zu formulieren und Kriterien festzulegen, bei deren Erreichen sie angenommen, und ab wann sie verworfen wird. Die Messungen selbst können sehr unterschiedlicher Natur sein: Von einfacher Beobachtung bis hin zu komplexen quantitativen Daten. Eine detaillierte Darstellung findet sich in Abschn. 3.1.

Beispiel

Es ist wenig darüber bekannt, ob und was tatsächlich von der Musikindustrie gemessen wurde. Wahrscheinlich war es wenig, da die Handlungslogik zu sehr am linear-ballistischen System-1-Management ausgerichtet war. Damit entfallen Experimente und Messen. Folgen werden erst nach langer – oft zu langer – Zeit festgestellt.

Daten

Daten können vielfältiger Natur sein. Wichtig ist, dass transparent wird, wie sie entstanden sind, da eine Auswertung und Interpretation sonst nicht möglich ist. Es gibt eine ganze Reihe von Fehlern und Verzerrungen, die sich einschleichen können. An die Auswertung der Daten sollte daher mit ausreichender Datenkompetenz herangegangen werden (Kap. 7). Wie schon im vorher beschriebenen Zyklus ist eine Aufbereitung der Daten sinnvoll, die es leicht macht, mit ihnen weiterzuarbeiten.

Beispiel

Daten waren in der Musikindustrie z. B. die Verkaufszahlen und Statistiken über Musikdownloads. Die Ergebnisse waren enttäuschend. Das Digital Rights Management führte nicht zu einem durchschlagenden Erfolg, da Wege gefunden wurden, DRM technisch auszuhebeln. Eigene Download-Möglichkeiten zeigten nicht, dass die Konzerne den Weg zurück in die Renditen früherer Jahre finden konnten.

Lernen

In der Lernphase werden Schlüsse aus dem Business-Experiment (Abschn. 3.1) und den dadurch gewonnen Daten gezogen. Selbst bei eindeutigen Daten wird es divergierende Deutungen geben. Das führt zu einem diskursiven Prozess, in den unterschiedliche Perspektiven einfließen. Ziel sollte nicht sein, eine ‚Wahrheit' zu finden, sondern die Hypothesen zu bestimmen und zu präzisieren, die im nächsten Durchlauf des Experimentierzyklus getestet werden.

Beispiel

Die Musikindustrie hätte aus ihren Lösungsversuchen viel schneller lernen können, als sie es getan hat. Die Lösungen waren nicht als Hypothesentests und Experimente angelegt, sondern Manager sind davon ausgegangen, dass die angedachten Lösungen gleich das fertige Resultat sein werden. Es gab keinen dezidierten Lernprozess. Es dauert halt länger, bis die Realität in das Gedankengebäude einbricht. Dafür wird es umso heftiger.

Was hätte die Industrie lernen können? Zum Beispiel, dass das Internet nicht einfach nur ein neuer Verkaufskanal ist, über den man dieselben Dinge zu denselben Preisen an dieselben Personen verkauft. Tatsächlich haben sich durch das Internet das Leben der Menschen und ihr Umgang mit Medien dramatisch verändert. Songs und Alben aus dem Internet herunterzuladen und dafür wohlmöglich sogar noch mehr zu zahlen als beim Kauf einer CD war ein Anachronismus. Wie sehr sich Erwartungen und Nutzerverhalten geändert haben, zeigte sich bei der nächsten Welle disruptiver Veränderungen: dem Streaming.

Insgesamt hatte die Musikindustrie über viel zu lange Zeit verschlafen, Kunden wirklich zu verstehen und darauf aufbauend neue, moderne und den Kundenbedürfnissen angemessene Geschäftsmodelle zu entwickeln. Ein typisches Ergebnis von System-1-Management in Zeiten komplexer und dynamischer Veränderung.

Wachsen

Ist ein Produkt gefunden, das seine Passung zu Kundenproblemen und Kundenbedürfnissen im Entwicklungszyklus bewiesen hat, ist noch nicht alles erledigt. Selbst wenn die Problem-Lösungs-Passung optimal ist, kann es sein, dass der Verkauf der Lösung nicht befriedigend verläuft. Vielleicht ist die Lösung zu teuer, vielleicht haben Wettbewerber mittlerweile durchaus ernst zu nehmende Konkurrenz auf den Markt gebracht oder Kunden zögern, das Produkt zu kaufen, da es ihnen zu exotisch erscheint.

Das Experimentieren und Optimieren hilft auch in dieser Phase (Abb. 3.7). Jetzt rückt stärker als bisher die Passung zwischen Produkt und Markt in den Vordergrund. Für welche Kunden ist das Angebot interessant? Wie können sie gewonnen werden? Wie kann bei Kunden Begeisterung und ein Kaufimpuls ausgelöst werden? Wie wird eine typische Customer-Journey, der Weg des Kunden bis zum Kauf, für das Leistungsangebot aussehen? Welche Modifikationen müssen im Angebot noch realisiert werden? Welche Skalierungsmöglichkeiten haben wir auf Seiten der Leistungserbringung und im Vertrieb?

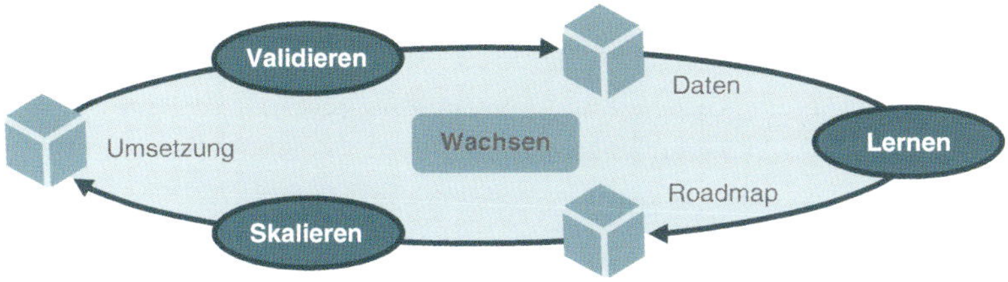

Abb. 3.7 Validiertes Lernen in der Wachstumsphase. (Quelle: Uwe Weinreich, CoObeya.net)

Es sind viele Fragen, die beantwortet werden müssen, um ein Leistungsangebot erfolgreich im Markt zu platzieren und signifikantes Wachstum auszulösen. Auch dafür eignet sich validiertes Lernen. Das Prinzip bleibt gleich: Es werden Hypothesen getestet. Das Umfeld und der Charakter der Experimente ändern sich jedoch, denn jetzt findet das Experimentieren in Realsituationen im Markt statt. Das braucht höchste Aufmerksamkeit und Sensibilität. Ein Schutzraum existiert nicht mehr.

Roadmap (Vorgehensmodell)
Der Übergang aus der Entwicklung in die Wachstumsphase findet in der Regel mit einem Umsetzungsplan (Roadmap) für die Vermarktung statt. Sie basiert auf Hypothesen darüber, wie Kunden auf das Angebot reagieren werden. Sie gilt es zu überprüfen. Mit jedem Durchlauf des Lernzyklus werden Roadmap und die daraus abgeleiteten Umsetzungen besser und der Markterfolg steigt.

Beispiel

Das große Problem der Musikindustrie war über Jahre, dass sie kein Vorgehensmodell hatten. Die Musikkonzerne wollten einfach dahin zurück, wo sie hergekommen waren, mehr nicht. Eine solche Roadmap entspricht jedoch der Beschreibung eines Weges, der mittlerweile längst durch Erdbeben und Fluten unpassierbar geworden ist. Brücken sind fortgerissen und tiefe Schluchten tun sich auf, wo früher fester Grund war.

Eine Roadmap ist nur sinnvoll, wenn sie sich auf das heutige Gelände bezieht und nicht auf das, wie es vor der letzten Eiszeit ausgesehen hat. Die Musikindustrie war gefordert, sich neu zu erfinden, und zwar zu einer Zeit, da sich bereits neue Angreifer, die Streamingdienste wie Spotify, aufgemacht hatten, das Geschäft noch einmal komplett umzukrempeln.

Skalieren
Eine wichtige Übung bei Markteintritt und Wachstum ist es, die richtige Größe des Marktes festzulegen. Wenn in den Zyklen des Entwickelns gute Arbeit geleistet wurde, sind bereits die Möglichkeiten beschrieben, wie die erdachte Lösung skaliert werden kann, sowohl was die internen Prozesse der Leistungserbringung angeht, als auch die

Ansprache der Kunden. Tatsächlich ist es nicht verkehrt, mit einem begrenzten Markt zu beginnen und die ersten Erfahrungen zu sammeln. Das vermeidet Verschwendung, denn es kann mit geringem Aufwand und Investment zielgenau getestet werden. Wenn in einem so begrenzten Markt genügend Sicherheit gewonnen wurde, kann die Reichweite erhöht werden.

Beispiel

Für die traditionelle Musikindustrie war nach dem Jahrtausendwechsel eine Zeit der negativen Skalierung eingetreten, also eines Rückgangs des bewehrten Geschäfts. Neue Spieler auf dem Markt nutzten die Gelegenheit. Der 2006 in Stockholm gegründete Musik-Streaming-Dienst Spotify skalierte schrittweise über die Erschließung neuer regionaler Märkte. Der Fehler, sofort global anzubieten, war vermieden worden, sodass Lernschritte von Land zu Land ausgewertet und in die Strategie eingebracht werden konnten.

Umsetzung

Für die Umsetzung werden Ressourcen benötigt. Dazu gehören Marketingaktivitäten, Verkaufsprozesse und Vertriebspersonal. Der Ressourcenbedarf hängt davon ab, welche Skalierungsgröße beim jeweiligen Durchlauf des Zyklus angestrebt wird.

Die Umsetzung selbst findet in den Prozessen statt, die später zu den Standardvertriebsprozessen für die Lösung werden. Hier formt sich die Organisation des Unternehmens für das neue Leistungsangebot.

Beispiel

Spotify setzte in der Wachstumsphase auf ein breites Feld von Maßnahmen. Ein wichtiger Faktor war von Anfang an die virale Verbreitung des Dienstes. Die Gründer hatten es geschafft, in der Entwicklungsphase ein Angebot zu schaffen, das eine hervorragende Passung zu den Kundenbedürfnissen aufwies und das von Nutzerinnen und Nutzern als cool erlebt wurde. Diese Basis wurde geschickt ausgebaut, indem Vertriebspartnerschaften mit Unternehmen, wie z. B. Getränkeherstellern, aufgebaut wurden, die nicht nur ein vergleichbares Image aufwiesen und dieselbe Zielgruppe ansprachen, sondern die Kunden in genau der Situation erreichten, in der Spotify relevant ist, z. B. bei Feiern.

Validieren

In der Wachstumsphase werden viele Daten bereits automatisch erhoben, zum Beispiel Verkaufszahlen, Reaktionen auf Werbemaßnahmen etc. Zusätzlich sollten insbesondere Daten erhoben werden, die als Prädiktoren für die weitere Entwicklung des Umsatzes taugen. Reine Umsätze oder Verkaufszahlen messen nur das Ergebnis, nicht jedoch was die Umsätze treibt. Dazu sind andere Metriken und Experimente notwendig, z. B. das Variieren von Preisen, unterschiedliche Beschreibungen des Produktes und differenzierte Daten darüber, welche Kundengruppe warum und wie auf das Angebot reagiert (siehe auch Abschn. 3.3).

Beispiel

Aufgrund der technischen Basis von Spotify und der digitalen Umsetzung ist klar, dass der Dienst dichte und aussagekräftige Daten sammeln kann, auch wenn, wie bei vielen Diensten üblich, nicht klar ist, was tatsächlich analytisch damit angestellt wird.

Daten

Experimentieren liegt jetzt nicht mehr ausschließlich in der Hand des Entwicklungsteams, sondern wird eine funktionsübergreifende Aufgabe. Daten aus unterschiedlichen Quellen müssen zusammengeführt werden, damit sinnvolle Auswertungen stattfinden, z. B. aus Customer Relationship Systemen (CRM) und Warenwirtschaft (ERP), begleitende Marktforschungsdaten, Serverlogs, Klickpfaden und vielem mehr. Die Datenaufbereitung kann so erheblich sein, dass Big-Data- oder Business-Intelligence-Lösungen benötigt werden, die in der Lage ist, die Vielfalt zu verarbeiten. Mehr dazu in Abschn. 5.5

Beispiel

Während etablierte Musikkonzerne in der Regel auf Daten aus Marktforschung beschränkt bleiben, haben Streaming-Dienste Zugriff auf reichhaltige Daten (Rich Data), wie z. B. auch Facebook oder Google. Daten werden in einem Maße zum Kern und Motor von Geschäft und Wachstum, wie es bei traditionellen Unternehmen nicht möglich ist.

Lernen

Die Markterfahrungen werden ausgewertet, um festzulegen, wie der nächste Entwicklungsschritt der Roadmap aussehen wird. Konnten beispielsweise wichtige Hypothesen bestätigt werden, die eine Internationalisierung als sinnvoll erscheinen lassen? Sind neue Kundengruppen in den Fokus getreten, die bisher nicht berücksichtigt wurden? Und geben die Organisation des Unternehmens und seine Einbindung in das Wertschöpfungs-Ökosystem überhaupt die Möglichkeit her, die nächste Skalierungsstufe zu erreichen?

Beispiel

Welche Lehren lassen sich aus den dramatischen Veränderungen in der Musikindustrie ziehen? Die Frage ist relevant, da andere Industrien aktuell ähnlichen Veränderungen unterworfen sind. Letztendlich wird wohl keine Branche verschont bleiben. Die Musikindustrie war einfach nur eher dran als andere.

- Das Rad lässt sich nicht zurückdrehen. Festhalten am alten Geschäftsmodell und hoffen rettet keine Industrie.
- Neue Lösungen müssen sich radikal daran orientieren, wie Kunden Angebote nutzen.
- Nur wenn Geschäftsmodelle neu gedacht werden, neue Technologien überzeugen und Kunden begeistern, werden sie zukunftsfähig.

Richtungswechsel
Es gehört zur Natur des Experimentierens und Hypothesentestens, dass sich einige Grundannahmen als falsch herausstellen. Dass so etwas passiert, ist einkalkuliert und gewollt. Es sollte sogar so früh wie möglich geschehen, damit die Richtung zu einem Zeitpunkt korrigiert wird, an dem weder viel Arbeit noch viel Geld in die Entwicklung geflossen ist.

Richtungswechsel können so fundamental sein, dass sogar eine ganze Phase – manchmal sogar zwei – zurückgegangen werden muss. Wenn in der Phase ‚Entwickeln' deutlich wird, dass die Grundrichtung nicht stimmt, muss unter Umständen in den Suchzyklus zurückgesprungen werden, um die Herausforderung mit neuen Beobachtungen noch einmal grundsätzlich anders zu verstehen. Wenn Prototypen in der Phase ‚Entwickeln' wunderbar bei Testpersonen angekommen sind, die Markteinführung aber zeigt, dass selbst mit mehreren Zyklen kein Wachsen zu erzeugen ist, kann noch einmal zurückgesprungen werden zur Phase ‚Entwickeln' oder es muss sogar das Verständnis der Herausforderung komplett überprüft werden durch einen oder mehrere Such-Zyklen.

Fehler zu Freunden machen
Lernen ist nicht möglich, ohne Fehler zu machen. Niemand lernt Fahrradfahren ohne hinzufallen, oder eine neue Sprache ohne amüsante Vokabel- und Grammatikfehler zu begehen. Das gleiche gilt für den wesentlich komplexeren Weg, digitale Innovationen ins Leben zu rufen. Validiertes Lernen ist nicht möglich, ohne Fehler zu begehen. Im Gegenteil, Fehler werden gemacht und sie müssen gemacht werden. Daraus zu lernen ist nur möglich, wenn die Fehlerkultur im Unternehmen sich entsprechend ändert. Fehler dürfen kein Makel sein, sondern sie sind etwas, worüber offen diskutiert werden sollte, das den Blick öffnet und wertvolles Lernen ermöglicht.

Anders als beim klassischen Lean Management steht bei Lean Digitization ein Entwicklungs- und kein Produktionsprozess im Zentrum. Damit verändert sich der Umgang mit Fehlern grundlegend. In Produktionsprozessen sollten sie strikt gegen null streben. Im Entwicklungsprozess hingegen sind sie unvermeidlich, ja sie stellen sogar eine große und einzigartige Chance und Ressource dar, wenn es darum geht, schnell zu lernen, die Passung des eigenen Angebots zum Kundenbedürfnis und zum Markt zu optimieren und Entwicklungsschritte zu steuern.

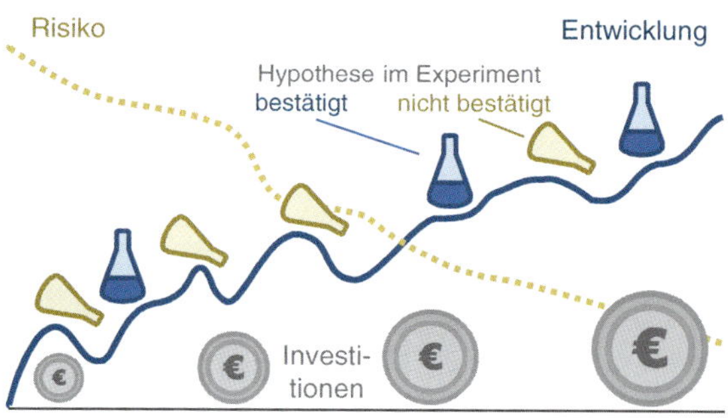

Abb. 3.8 Selbst wenn Experimente dazu führen, dass eine Hypothese widerlegt wird, sinkt durch Experimentieren das Risiko kontinuierlich. Sukzessive kann mehr Geld in das Projekt investiert werden. (Quelle: Uwe Weinreich, CoObeya.net)

Wie Abb. 3.8 zeigt, führen sowohl Experimente, die die Hypothese bestätigen, als auch solche, die sie wiederlegen, dazu, dass gelernt wird, damit das Risiko sinkt und sukzessive mehr in das Projekt investiert werden kann.

3.3 Die richtigen Metriken finden

Management, Controlling und Projektmanagement sind von Kennzahlen durchzogen. Ist damit nicht bereits eine ausreichende Basis gelegt, um Fortschritte der Zyklen des validierten Lernens zu erfassen? Leider nicht, denn viele Metriken und Parameter, die in Kennzahlen verwendet werden, messen das Falsche. Wer einmal kritisch auf Standardwerke schaut, wird feststellen, dass sich Management und Controlling vorwiegend mit Kennzahlen beschäftigen, die das Ergebnis operativen Handelns darstellen, wie Return on Investment, Time und Cost to Market, Marktanteil uvm. Ergebniszahlen sind wichtig. Sie entstehen aber zu einem Zeitpunkt, der so spät liegt, dass mit ihnen eine schnelle und feine Steuerung von Lernzyklen nicht mehr möglich ist.

Ein gutes Beispiel dafür ist der Standard für die Beurteilung von Projekten in Unternehmen. Gefragt wird in der Regel, ob ein Projekt innerhalb des Budgets und des Zeitplans liegt und es die vorgegebenen Ziele erreicht. Was ist daran falsch? Im Prinzip nichts, solange man bereit ist, sich auf die rein interne Projektlogik und einmal festgesetzte Ziele zu beschränken. Für klar definierte Prozesse, wie zum Beispiel den Bau einer Brücke oder einer Maschinenhalle sind die Metriken vollkommen akzeptabel. Sobald ein Projekt jedoch in einer VUCA-Umgebung arbeitet, wie es bei Innovationsprojekten im digitalen Raum unvermeidlich ist, reichen die Kennzahlen bei weitem nicht aus. Es wird notwendig, über den engen Projektrahmen hinaus zu blicken und die beiden wichtigen Anpassungen zwischen Problem und Lösung auf der einen Seite sowie Produkt und Markt auf der anderen mit in das Kennzahlensystem einzubeziehen. Zentral wäre z. B. zu erfassen, welcher Wert für Kunden mit einer neuen Lösung geschaffen wird und welcher Motor das Wachstum antreibt.

Es ist verführerisch, nur Messgrößen zu verwenden, die leicht zugänglich sind. Sicherlich liefern sie Daten, aber es ist fraglich, ob es die richtigen und die wichtigsten Daten sind. Beispielsweise sind Kundenmeinungen in Befragungen nur ein unzuverlässiger Indikator dafür, ob die digitale Lösung am Markt erfolgreich sein wird. Wirklich aussagekräftig ist nur tatsächliches Kaufverhalten, wie es beispielsweise mit einem MVP ermittelt wird.

Weitere Metriken, die in die Irre führen, sind die Zahl der Posts der eigenen Marketingabteilung in sozialen Medien statt Kundenreaktionen, Klicks, Likes und Retweets statt der Zahl potenzieller Kunden sowie Newsletter-Empfänger statt Käufer.

▶ Unangemessene Metriken führen zu Selbstbetrug und verhindern, dass Chancen genutzt werden, Digitalisierung schnell umzusetzen und sicher zu steuern.

Es ist nicht leicht, die richtigen Metriken zu finden. Sie müssen zum Geschäftsmodell, zu den Kunden und der Art passen, wie Kunden entwickelt werden. So ist es durchaus sinnvoll, in einem sozialen Netzwerk Follower zu gewinnen, wenn es gleichzeitig gelingt, sie zu weiteren Schritten zu motivieren z. B. in direkte Kommunikation mit dem Unternehmen einzutreten einen Test-Account zu aktivieren und später einen regulären Account zu nutzen. Diese Übergänge sind Prüfsteine, deren Auswirkung mit geeigneten Metriken gemessen werden sollten.

Metriken für die Beurteilung der Problem-Lösungs-Passung

Welches sind die Metriken, die einem Unternehmen in der Phase der digitalen Transformation die Sicherheit geben, die es braucht, um den Prozess zeitnah zu steuern? Auch hier sind es Kennzahlen, die dicht an Kunden und vor allem an ihrem Verhalten orientiert sind.

Der zentrale Punkt ist, ob ein digitales Angebot oder eine digitale Struktur für Kunden Wert generiert. Erst wenn das Wertangebot klar erfasst ist, lassen sich passende Maßzahlen entwickeln. Ein Projekt lässt sich zum Beispiel danach beurteilen, inwieweit es darin Fortschritte macht, für Kunden Wert zu erzielen, statt danach, inwiefern es Vorgaben bezüglich Budget, Zeit und Zielerreichung erfüllt.

Tatsächlich sind metrische Bewertungen erst spät möglich. Im frühen Stadium helfen im Wesentlichen qualitative Daten. Bei der Entwicklung digitaler Lösungen ist es leicht, Kunden frühzeitig mit Zwischenständen und unterschiedlichen Versionen einer Lösung zu konfrontieren und Feedback einzuholen. Die Daten sind zunächst qualitativer Natur, indem sie beschreiben, wie Kunden mit der Lösung umgehen und sie erleben.

Ein Übertragen von Erfahrungen aus anderen Feldern ist mit Risiken besetzt. So musste Gilette bei der Entwicklung eines Rasierers für den indischen Markt zum Beispiel lernen, dass die Geschwindigkeit der Rasur keine geeignete Metrik ist, um zu bewerten, inwiefern ein neues Produkt Wert für den Kunden liefert. Indische Männer nehmen sich viel mehr Zeit als Amerikaner oder Europäer. Eine viel größere Rolle spielten stattdessen Verletzungssicherheit der Rasur – bisherige Klingen in Indien bargen ein hohes Risiko – und leichte Reinigung der Klinge, da fließendes Wasser ein kostbares Gut ist (Winter und Govindarajan 2016).

Es bedarf umfassender Beobachtung und eines gewissen Maßes an Kreativität, um die passenden Metriken zu finden. KPI von der Stange helfen nicht weiter. Im Laufe der Zeit kristallisieren sich jedoch Kriterien heraus, aus denen sich auch quantitative Bewertungen ableiten lassen. Wenn das gelingt, können sie in messbare Werte übersetzt werden. Dafür stehen folgende Formen zur Verfügung:

- **Häufigkeiten**
  Beispiele: Anzahl der Nutzer, die erklären, das Produkt helfe ihnen, ein drängendes Problem zu lösen, oder die sich registrieren, Anzahl der kritischen Äußerungen/Beschwerden,
- **Bewertungen durch Kunden (Ratings)**
  Beispiel: „Wie hilfreich ist die Lösung? Bitte bewerten Sie auf einer Skala von 1–10.“ Ratings sind insbesondere sinnvoll, wenn unterschiedliche Lösungen oder Varianten einer Lösung miteinander verglichen werden. Zur Konstruktion von Rating-Fragen siehe Weinreich und von Lindern (2008).

- **Messungen während Nutzerinnen und Nutzer die Lösung anwenden**
  Beispiele: Gestoppte Zeit zwischen Beginn der Nutzung und Ende, Anzahl der Blickbewegungen/Mauszeigerbewegungen bis das gewünschte Element gefunden wurde, Zahl der Flüche vor dem Bildschirm.

Messungen, die stattfinden, während Nutzer die Lösung anwenden, sind am aussagekräftigsten.

Metriken für die Beurteilung der Produkt-Markt-Passung
Der wichtigste Indikator für eine gute Produkt-Markt-Passung ist das Kaufverhalten von Kunden. Gerade bei digitalen Lösungen ist es einfach, durch Split-Tests festzustellen, welche Produkt- und Preisgestaltung welchen Einfluss auf die Verkaufszahlen hat.

Weitere wichtige Indikatoren in digitalen Geschäftsmodellen werden entlang der Customer Journey entwickelt. Für jede Stufe, die Interessenten nehmen müssen, um Kunden zu werden, sollte eine entsprechende Kennzahl generiert werden:

- **Klickzahlen bei Online-Kampagnen**
  Sie zeigen generelles Interesse von Kunden, sich mit dem Lösungsangebot zu beschäftigen. Gerade hier wirkt Variieren, Testen und Optimieren von Texten und Bildern erhellend. Sonst ist nicht zu unterscheiden, ob mangelnde Klickzahlen darauf zurückzuführen sind, dass das Angebot uninteressant ist, oder darauf, dass es einfach schlecht dargestellt wird.
- **Click-Through-Raten von Landingpages**
  Ein Click Through signalisiert Interesse, ist aber noch nicht der Schritt, um tatsächlich Kunde zu werden. Es gelten die gleichen Regeln zur Optimierung wie bei Online-Kampagnen.
- **Newsletter-Registrierung/Download von Info-Material/Materialanforderung**
  Damit wird ein gutes Stück mehr Interesse ausgedrückt als beim reinen Weiterklicken auf Landingpages. Nutzer sind bereit, sich ein Stück weit an das Angebot bzw. das Unternehmen zu binden und gegebenenfalls erste Daten von sich preiszugeben.
- **Nutzung eines kostenlosen Angebots**
  Sofern es eine kostenlose Version des Angebots gibt, zum Beispiel bei Freemium-Modellen (Abschn. 10.3), ist die Nutzung des kostenlosen Angebots der erste Schritt vom Interessenten zum Kunden.
- **Nutzung eines kostenpflichtigen Angebots**
  Ab hier werden Kunden zu zahlenden Kunden und tragen zum Wert des Unternehmens bei. Das macht diese Schwelle besonders wichtig.
- **Upgrade auf eine Premium-Version/wiederholter Kauf**
  Kunden entwickeln eine engere Bindung zum Unternehmen. Für die Rentabilität des Gesamtangebotes sind belastbare Kundenbeziehungen, die einen längeren Zeitraum überdauern, von elementarer Bedeutung.

An allen genannten Stellen kann durch Tests und Optimierungen die Performance kontinuierlich erhöht werden. Vorher muss geklärt werden, was ein geeigneter Indikator für eine Verbesserung ist. Auf den ersten Blick scheint sich die Rate der Abonnenten eines Onlinedienstes in Abb. 3.9 insgesamt gut und in Quartal 3 außergewöhnlich gut zu entwickeln.

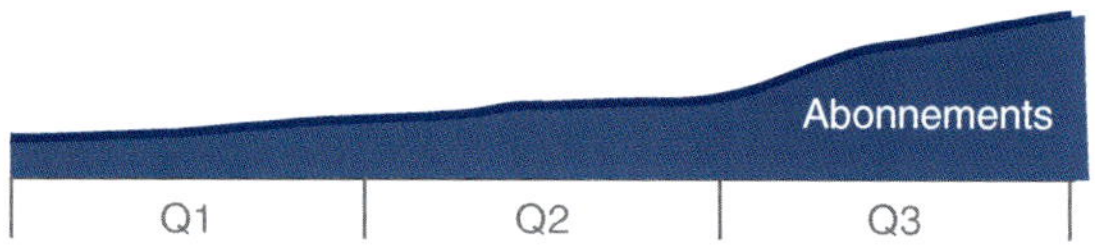

Abb. 3.9 Beispiel: Entwicklung von Abonnementszahlen. (Quelle: Uwe Weinreich, CoObeya.net)

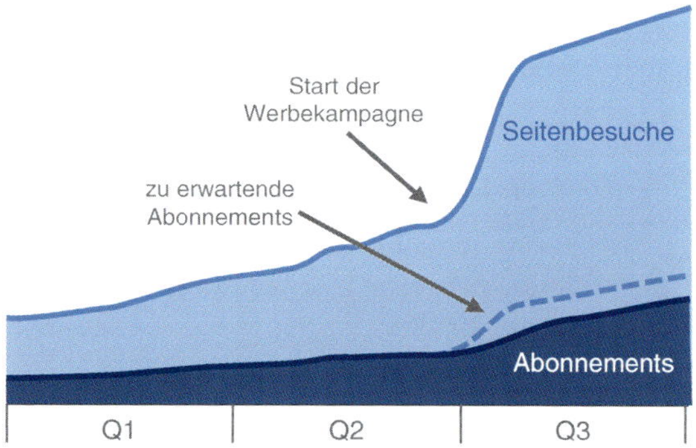

Abb. 3.10 Beispiel: Abonnemententwicklung im Vergleich zu Seitenbesuchen. (Quelle: Uwe Weinreich, CoObeya.net)

Bei genauerem Hinsehen wird jedoch deutlich, dass es sich nicht wirklich um eine Verbesserung, sondern sogar um einen Rückgang der Abschlüsse handelt im Vergleich zum Aufwand, der dafür getrieben wurde. Da Ende Quartal II das Unternehmen massiv in Werbemaßnahmen investiert hat und die Klickzahlen auf den Landingpages und nachfolgend die Click-Through-Raten deutlich gestiegen sind, wäre bei gleichbleibender Konversionsrate für ein kostenpflichtiges Angebot mit deutlich höheren Zahlen zu rechnen gewesen (siehe gestrichelte Linie in Abb. 3.10)

3.4 Mit Kunden lernen

„Es freut mich wirklich sehr, dass Sie heute hier waren. So tief gehend und offen habe ich noch nie mit einem Mitarbeiter von Zemec sprechen können. Dabei sind Sie für uns wirklich wichtig. Sie sind zwar nicht der größte Lieferant, aber einer, der zum Einsatz kommt, wenn es um knifflige Fragestellungen geht," erklärt Horst Gessler, Chef eines der wichtigsten Kunden von Zemec.

„Das erstaunt mich etwas", erwidert Anna, „unser Vertrieb hält doch kontinuierlichen Kontakt zu ihnen."

„Schon richtig. Aber da geht es dann nur um konkrete Projekte. Wirklich einmal über unsere zentralen Herausforderungen und Zukunftsperspektiven zu sprechen, ist selten. Und dabei brauchen wir ihr Know-how so dringend! Wir sind ja auch bereit dafür zu zahlen."

Die Verabschiedung zwischen den beiden ist herzlich. Auf dem Weg zum Parkplatz resümiert Anna im Kopf noch einmal die letzten sieben Interviews, die sie nach dem OK von Sattler mit Schlüsselkunden des Unternehmens geführt hat. Natürlich, Vertriebsleiter Hermann war nicht begeistert davon, dass jemand in sein Hoheitsgebiet eindringt. Aber, wenn der Chef es will …

Die Gespräche waren alle höchst interessant und Anna Jacobi erhielt von den Interviewpartnern viele wichtige Informationen. Alle schienen Zemec als wertvollen Partner zu schätzen, sogar mehr als sie vermutet hatte. Erstaunlicherweise wurde immer wieder erwähnt, dass insbesondere das Know-how und die Beratung durch Zemec-Mitarbeiter in Projekten eine große Bedeutung hatte. Zemecs kompletter Vertrieb ist jedoch auf den Verkauf von Produkten und Fertigungsleistungen ausgerichtet. Beratung oder Service haben da keinen richtigen Platz. Sollte Zemec seine Rolle im Verhältnis zu seinen Kunden überdenken? Das wäre eine riesige Veränderung.

‚Das kann ich nicht im erweiterten Geschäftsführungskreis diskutieren', wurde Anna spontan klar, ‚zumindest Hermann würde mich sofort in der Luft zerreißen. Die anderen vielleicht auch. Ich brauche noch mehr Zeit und ich muss noch mehr über die Kunden lernen und verstehen, am besten mit belastbaren Daten unterfüttert.'

Lernen vom Wertschöpfungspartner ‚Kunde'

Kunden nicht nur als Forschungsobjekt zu betrachten, sondern direkt zu involvieren, hat große Vorteile. Unternehmen erhalten dadurch nicht nur Zugang zu Informationen aus erster Hand, sie sind besser geschützt gegen unerwartet heftige Reaktionen, die in z. B. Form von Shit-Storms vernichtend wirken.

Kunden in kreative Prozesse einzubinden und zu aktivieren, ist nicht trivial. Sie sind leider schlecht darin, sich eine noch nicht existierende Zukunft vorzustellen und zu beurteilen. Visionäre Kraft sollte man von Kunden nicht erwarten. Sehr gut sind sie allerdings darin, Dinge zu beurteilen, die sie sehen und anfassen können, selbst, wenn sie erst rudimentär entwickelt sind. Prototypen und MVP stellen ideale Objekte der Interaktion und Auseinandersetzung dar.

Klassische Meinungsumfragen helfen bei Entwicklungen im Rahmen digitaler Transformation dagegen weniger. Sie erfassen das, was Menschen sagen, nicht das, was sie tun. Dazwischen besteht oft ein großer Unterschied.

Agile Methoden

Agile Methoden unterstützen Lernen von Kunden optimal. Kunden werden direkt in Entwicklungsprozesse einbezogen, Feedback wird zeitnah eingeholt und Impulse von Kundenseite fließen so nahtlos in eine schnelle Entwicklung ein.

Tests

Während der Entwicklung digitaler Angebote und Geschäftsmodelle ist das Mittel der Wahl das Experiment bzw. der Test mit dem Kunden. Das muss nicht unbedingt in einer dezidierten Testsituation erfolgen, sondern Tests sind durchaus im Markt direkt möglich, z. B. mit einem MVP.

Neben den bereits beschriebenen Split- oder A/B-Tests sind folgende Verfahren hilfreich:

- **Anwendungstests:**
  Kunden werden aufgefordert, möglichst ohne vorherige Erklärung oder Einweisung mit dem Produkt umzugehen. Das Verhalten wird beobachtet und für detaillierte Analysen auf Video aufgezeichnet. Daraus lassen sich präzise Hinweise für Verbesserungen ableiten.
- **Blickbewegungsaufzeichnung:**
  Durch universell verfügbare und kostengünstige technische Lösungen ist es mittlerweile möglich, schnell und ohne große Kosten Blickbewegungen zu messen, mit denen Kunden eine Website oder eine andere digitale Lösung betrachten. Daraus lässt sich genau erkennen, wie Kunden die Lösung wahrnehmen und wie sie nutzerfreundlicher gestaltet werden kann. Abb. 3.11 zeigt durch Hervorhebung, welche Teile des Nutzerbildschirms besonders stark wahrgenommen werden.

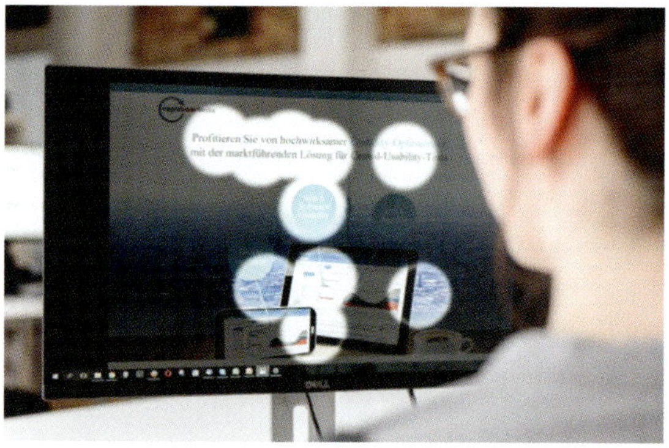

Abb. 3.11 Blickbewegungsanalysen sind heutzutage mit geringem Aufwand möglich und machen deutlich, wie Webseiten und Systeme wahrgenommen werden. (Quelle: userlutions.com)

▶ Kunden mit wirklich schrägen, unkonventionellen Lösungen zu konfrontieren, bringt erstaunliche neue Erkenntnisse.

Open Innovation

Unter Open Innovation werden Verfahren verstanden, bei denen Aufgabenstellungen oder Probleme von einer großen Community gelöst werden. In der Regel werden

Aufgaben in eine Open Innovation Plattform eingestellt. Die Plattform kann eine öffentliche sein, wie zum Beispiel Hyve.net oder Qmarkets.net, oder als firmeneigene Open Innovation Plattform laufen, wie zum Beispiel Dell IdeaStorm, P&G connect + develop, My Starbucks Idea, Tschibo Ideas und selbst das deutsche Bundesministerium für Wirtschaft und Energie hat eine Plattform zur Suche nach Ideen für die künftige Nutzung der Energienetze ins Leben gerufen.

Kommunikation via Social Media, Communities und im wirklichen Leben
Die digitale Präsenz in Social Media und Communities ist heutzutage gerade für Unternehmen die mit Endkunden arbeiten, unverzichtbar. Hier lassen sich direkte Beziehungen zu Kunden aufbauen. Interessant sind insbesondere Personen, die von sich aus eine starke Bindung an die Marke mitbringen oder als Multiplikatoren in die weitere Welt fungieren. Große Unternehmen unterhalten mittlerweile ganze Social-Media-Teams, die kontinuierlich die Kommunikation am Laufen halten.

Auch wenn es anstrengend ist, besteht eine große Chance, Kunden im wirklichen Leben noch intensiver zu binden, sie in Dialoge zu involvieren und Einblick in ihre Lebenswirklichkeit zu gewinnen. Wenn Unternehmen sie im wirklichen Leben treffen, z. B. auf Kundenveranstaltungen oder in Workshops, kommt es nicht auf Masse an, sondern darauf, dass die Einsichten in die Lebenswelten der Kunden möglichst tief gehend sind. Daraus gewonnene Erkenntnisse können als Hypothesen für den nächsten experimentellen Iterationsschritt dienen und mit einer größeren Gruppe getestet werden.

Smart Data Analysen
Digitale Technik produziert ein hohes Maß an Daten darüber, wie Kunden sich verhalten, wie Kollaboration mit Partnern funktioniert und welche Wege Produkte während ihres Lebenszyklus nehmen. Der Zugang zu Daten ist einfach, wenn sie zum Beispiel als Klickpfade im Internet hinterlassen werden oder mit der Nutzung eines digitalen Angebotes automatisch entstehen (Abschn. 3.5).

Die Klassiker
Die folgenden Methoden sind nicht wirklich neu, auch nicht agil, und trotzdem im Rahmen von Lean Digitization hilfreich, insbesondere wenn Daten bereits vorliegen.

Kundeninterviews
Interviews mit Kunden sind schnell organisiert und mit vertretbarem Aufwand durchgeführt. Gerade für Such-Zyklen sind sie ein einfaches und schnelles Mittel, um den Horizont über den unternehmensinternen Blick hinaus zu weiten. Interviewfragen sollten gut vorbereitet und das Vorgehen mit Management, Vertrieb, Marketing und Kommunikationsabteilung abgestimmt werden, damit hier nicht unnötige Konflikte entstehen.

Kundenbefragungen und -analysen
Nach wie vor sind öffentlich verfügbare Studien und Analysen ein guter erster Schritt, um Kunden zu verstehen. Für die Entwicklung von Geschäftsmodellen, Produkten und

Services sind sie jedoch in der Regel viel zu grob. Eigene Kundenbefragungen (vgl. Weinreich und von Lindern 2008) ermitteln wesentlich präziser Einstellungen, Wünsche und Bedürfnisse.

Dennoch sind die Analysewerkzeuge oftmals fehleranfällig, wenn es darum geht festzustellen, wie Kunden sich in ausgewählten Situationen verhalten. Geäußerte Meinungen und konkretes Verhalten in einer spezifischen Situation fallen leicht auseinander. Verhaltensdaten, wie Verkaufszahlen eines MVP, beobachtete Anwendung des Produktes im Alltag etc. bieten sicherere Indikatoren dafür, ob sich ein Angebot sich am Markt durchsetzen wird.

Trendscouts
Trendscouts generieren einen Mehrwert dadurch, dass sie die Lebenswelt potenzieller Kunden teilen. Mit ihrer Hilfe können Trends und neue Verhaltenstendenzen frühzeitig erkannt werden. Große B2C-Unternehmen – gerade wenn sie Lifestyle-Produkte anbieten – setzen gern auf Trendscouts. Doch auch viele B2B-Unternehmen besitzen ein ganzes Heer von Trendscouts, meistens ohne sich dessen bewusst zu sein. Service-Mitarbeiterinnen und -Mitarbeiter im Feld teilen mehr Zeit mit Kunden als mit Kollegen. Sie entwickeln oftmals präzise Sichtweisen auf die Anforderungen, unter denen ihre Kunden stehen. Ein interner Workshop mit Service-Leuten liefert ziemlich sicher spannende Erkenntnisse.

Kundenveranstaltungen und Fokusgruppen
Gerade im Vorfeld von größeren Entwicklungsprojekten ist es sinnvoll, sich in komprimierter Form mit Kunden auseinanderzusetzen. Formate wie Kundenveranstaltungen und Fokusgruppen sind dafür geeignet. Inwieweit es gelingt, aus dem Zusammentreffen und der Diskussion einen Mehrwert zu erzielen, hängt im Wesentlichen davon ab, wie gut die Vorbereitung und Moderation der Veranstaltung sind. Wenn es beispielsweise gelingt, in einer Veranstaltung Kunden bereits mit Prototypen oder Simulationen des zu entwickelnden Produktes zu konfrontieren, werden die Aussagen präziser, griffiger und valider.

Beschwerdemanagement
Ein Klassiker bleibt immer noch das Beschwerdemanagement. Heutzutage stehen als Beschwerdekanäle zusätzlich zu traditionellen Wegen Social-Media-Plattformen zur Verfügung. Eine kontinuierliche und tiefe Auswertung von Beschwerden, Kritik und Anregungen bieten eine hervorragende Möglichkeit, besonders kritische Punkte und Anforderungen der Kunden zu analysieren. Dem Impuls, Beschwerden gering zu halten, sollten Unternehmen widerstehen. Erst wenn es gelingt, Kunden zu kritischen Äußerungen in qualifizierter Form zu motivieren, kann daraus ein Mehrwert gestaltet werden.

3.5 Lernen aus Daten

Eine der größten Herausforderungen, aber auch Chancen, die die Digitalisierung unserer Welt mit sich bringt, ist die kontinuierliche Produktion von Daten. Herausfordernd wird es, wenn es wirklich sehr viele Daten werden, die in sehr schneller Zeit entstehen. Es ist durchaus möglich, die Datenflut zunächst zu ignorieren. Das kann sogar zeitweise eine sinnvolle Lösung sein. Allerdings geht eine Erkenntnismöglichkeit verloren. Früher oder später wird die Frage im Raum stehen, wie die Daten sinnvoll genutzt werden können.

Eine Stärke von Big-Data-Anwendungen ist die Fähigkeit Muster zu erkennen, die teils überraschende Lernfortschritte ermöglichen. Aufgrund der Muster werden Hypothesen entwickelt, die dann in Testzyklen einfließen. Verdeutlichen lässt sich das mit Erkenntnissen, die aus der Anfangszeit der Big-Data-Analytik stammen. In den achtziger Jahren fanden Computerkassen Verbreitung. Damit war es möglich, die Einkäufe von Kunden zu analysieren und Muster zu entdecken. Eine frühe Erkenntnis der sogenannten Warenkorbanalysen war eine Konstellation von drei unterschiedlichen Warengruppen: Fertigpizza, Bier und Windeln. Diese drei Dinge gehörten zum typischen Einkauf junger Familien.

Aufgrund der Erkenntnisse war es möglich, unterschiedliche Experimente und Optimierungen durchzuführen. So hat sich beispielsweise – nicht nur für diese Warengruppen – die Positionierung von Angeboten in Supermärkten über die Jahre deutlich verändert. Es ist nicht mehr unüblich, Sechserträger direkt neben Fertigpizza-Angeboten zu platzieren. Ein weiterer Anwendungsbereich zeigt sich im Marketing. So haben sich dynamische Preise an bestimmten Warenkonstellationen orientieren können. Es wäre denkbar, ein Sonderangebot für Windeln in einer Anzeige zu platzieren und gleichzeitig die Preise für Bier und Pizza etwas anzuheben.

Die ersten Forschungen im Umgang mit Kundendaten haben die Nutzung von Big Data beflügelt. Seit den achtziger Jahren sind vielfältige neue Zusammenhänge entdeckt und genutzt worden.

Welche Rolle spielt Big Data im Lean Digitization Ansatz? Big Data ist kein Selbstzweck, es sei denn, das Geschäftsmodell basiert auf großen Datenmengen. Wo komplexe Datenverarbeitung und -analytik notwendig wird, wird Big Data sicherlich eine Rolle als Mustererkenner spielen, gegebenenfalls bereits in den ersten Lernzyklen.

Smart Data

Es wäre falsch anzunehmen, dass Daten erst in der Form von Big Data, also wenn sie in großen Massen anfallen, wertvoll werden. Bereits mit kleineren Datenmengen, die sogar schon im Unternehmen vorliegen, kann eine ganze Menge an Aussagekraft generiert werden. Die Frage ist weniger, ob die Daten ‚big‘ sind, sondern vielmehr, ob mit ihnen ‚smart‘ umgegangen wird.

In jedem Unternehmen liegt eine Vielzahl von Daten vor, die nicht oder nur rudimentär ausgewertet wird. Ein erster Blick sollte auf jeden Fall auf die bereits bestehenden Datenquellen geworfen werden. Lassen sich Erkenntnisse ziehen, wenn die Daten – natürlich unter Einhaltung der Datenschutzgesetze – neu kombiniert werden? Ist es möglich, durch einfache Erweiterung oder Modifizierung der Datengewinnung zusätzlich Informationen zu bekommen, die den Wert der Daten und der Analytik erhöhen?

Sofern es im Unternehmen Personen gibt, die in der Lage sind, komplexe Datenanalysen vorzunehmen, lohnt es sich, bestehende Datensätze einer eingehenden statistischen Betrachtung zu unterziehen. Gegebenenfalls ist es schneller, einfacher und sogar kostengünstiger, damit einen Dienstleister zu beauftragen. Die Ergebnisse können die Lernprozesse sehr bereichern, die teilweise zu ganz neuen Blickwinkeln führen.

Auch wenn Big Data boomt und auf Knopfdruck spannende Ergebnisse herauskommen, darf die Faszination nicht dominierend werden:

Einfache, schnelle und schlichte Experimente beflügeln Kreativität und Wissenszuwachs in einem Maße, das bessere Analytik und Planung nicht erreichen können (Michael Schrage).

3.6 Experimentierzyklen beschleunigen

Jedes Unternehmen, das dauerhaft am Markt Erfolg haben will, muss stets versuchen, die eigene Innovationsgeschwindigkeit so hoch wie möglich zu halten. Genau dafür steht mit Lean Digitization ein Methodenkanon zur Verfügung. Validiertes Lernen und gezielte Experimente, die in Schleifen iterativ die Lösung nach vorne treiben, sind ein hervorragendes Mittel, um schnell zu geeigneten und zukunftsfähigen Lösungen zu kommen.

Um Geschwindigkeit in die digitale Transformation zu bringen, ist es notwendig, dass Sicherheit und Routine im Umgang mit validiertem Lernen und Experimentieren im Unternehmen verankert werden. Das gelingt umso leichter, je mehr Menschen mit dieser Methodik Erfahrungen sammeln. Dadurch entstehen ein gemeinsames Verständnis und eine gemeinsame Sprache.

Für jedes Projekt sollte es ein Ziel sein, die Durchlaufzeiten der jeweiligen Experimentzyklen so kurz wie möglich zu halten. Viele Experimente in schneller Folge erhöhen deutlich die Anpassungsfähigkeit und die Qualität der Lösung. Als hilfreich hat sich herausgestellt, in Projektteams die Aufgabe, Experimente aufzusetzen und zu steuern, einer bestimmten Rolle im Team zuzuweisen. Für Systeme, die bereits im Produktivmodus angelangt sind, können sogar eigene Experimentierteams aufgesetzt werden, deren einzige Aufgabe darin besteht, Varianten, Split-Tests und Experimentdesigns aufzusetzen.

Warum ist Geschwindigkeit wichtig? Schauen wir uns zunächst an, wie System-1-Unternehmen digitale Innovation in linearen Prozessen gestalten: Es gibt eine Idee und einen Vorstandsbeschluss, sie zu prüfen. Daraufhin wird ein Team zusammengestellt, das einen ersten Plan, vielleicht sogar Geschäftsplan dafür entwirft. Unter Umständen wird auch ein Marktforschungsunternehmen beauftragt, um Marktdaten zu erfassen. Gehen wir einfach davon aus, dass das Marktforschungsunternehmen, mit dem das Unternehmen bereits gute Erfahrungen gemacht hat, ohne große Ausschreibung beauftragt wird.

Das spart Zeit. Danach sind die Ingenieure dran. Und selbstverständlich müssen Lieferanten einbezogen werden. Dafür müssen Spezifikationen erstellt werden und spätestens jetzt muss auch eine Ausschreibung stattfinden. Interne Ingenieurteams und Lieferanten legen los und suchen Informationen zusammen, erwägen Möglichkeiten, recherchieren Preise und fügen alles zu einer ersten Machbarkeitsstudie zusammen. Das alles kostet Zeit und Geld, wenn man es sorgfältig machen will. Damit das Ergebnis als Entscheidungsvorlage in die nächste Vorstandssitzung geht, sitzt eine Mitarbeiterin oder ein Mitarbeiter noch etwa eine Woche daran, um die Informationen in schicke Powerpoint-Folien zu übertragen. Wenn der Vorstand dann darüber entscheidet, das Projekt weiter zu verfolgen und einen Prototypen erstellen zu lassen, sind bereits, sagen wir, 300.000 EUR ausgegeben inklusive Arbeitskosten und es ist ein halbes Jahr ins Land gezogen. Ein halbes Jahr, in dem sich die Welt weiter gedreht hat.

In System 1 heißt das große Ziel Sicherheit, also Risiko vermeiden. Keiner will etwas falsch machen, keiner will später zur Verantwortung gezogen werden, jede Entscheidung soll zu mindestens 90 % abgesichert sein. Dieses Sicherheitsstreben kostet ein Vermögen an Zeit und Geld, lässt sich aber in der unternehmensinternen Logik gut rechtfertigen. In vielen Konzernen ist es immer noch leichter 500.000 EUR – weil sie halt im Jahresbudget stehen – in ein Projekt zu investieren, dessen Nutzen mittlerweile mehr als fraglich ist, als 5.000 EUR, die nicht eingeplant waren, in ein Experiment, das Grundannahmen des Geschäftsmodells überprüft.

▶ Linear-ballistisches Management betreibt einen immensen Aufwand, um Innovationsrisiken zu minimieren. Agiles Management tut das mit schnellen, billigen Experimenten und ist dabei sogar effektiver.

Wie geht ein agiles Unternehmen in einem solchen Falle vor? Ein kleines Team aus drei Personen würde die Freiheit bekommen, einen sehr begrenzten Betrag auszugeben, um einen ersten Prototypen zu erstellen. Vielleicht nur aus Pappe, Schaumstoff und ein bisschen Farbe. Aber dieser Prototyp kann sofort mit potenziellen Nutzerinnen und Nutzern getestet, modifiziert, wieder getestet, noch mal modifiziert und getestet werden. Das ganze dauert vielleicht ein bis zwei Wochen und kostet inklusive Arbeitskosten 6.000 EUR.

Zugegeben, dem agilen Unternehmen fehlen die sicheren Informationen über mögliche technische Hürden und Kostenstrukturen. Dafür weiß dieses zweite Team sehr schnell, ob die Lösung funktioniert. Der Rest kann auf diese Erkenntnis aufgebaut werden. Und es wurden 25 Wochen Zeit und 294.000 EUR gespart. Dieses Unternehmen kann also in derselben Zeit und mit derselben Investitionssumme 25-mal mehr Experimente durchführen als das linear-ballistisch vorgehende Unternehmen. Und das ist erst der Anfang. Ziel ist es hunderte oder tausende von Experimenten in dieser Zeit durchzuführen. Das Risiko ist gering. Es werden, wenn alles schief läuft, ein, zwei, vielleicht auch fünf Wochen Arbeit und tausend bis zehntausend Euro in den Sand gesetzt. Durch die Lernerfahrungen aus diesem Prozess entstehen dennoch großartige Lernfortschritte, auch wenn ein Experiment zeigt, dass es so nicht geht, wie es ursprünglich angedacht war.

System 1 oder System 2, welches Unternehmen wird schneller lernen, schneller geniale Lösungen entwickeln und sich an verändernde Bedingungen anpassen? Kurz: welches Unternehmen wird in einer VUCA-Umwelt langfristig erfolgreicher sein? Die Frage beantwortet sich von selbst.

▶ Unternehmen, die nicht experimentieren, sind das Experiment.

Venture Capital Firmen gehen nach diesem Prinzip vor. Sie investieren in 20 Start-ups, von denen vielleicht zwei auf Dauer profitabel werden. Der Rest war ein Lernprozess. Die Erfolgsquote kann mit Sicherheit gesteigert werden, wenn VC-Firmen von Anfang an darauf achten, dass die Start-ups selbst validiertes Lernen praktizieren.

Scheitern ist nicht auf Start-ups beschränkt. Auch große Unternehmen können das, wenn sie sich in VUCA-Umwelten gegen validierte Lernprozesse wehren. Blockbuster, Kodak, RIM und Nokia sind nur ein paar Beispiele für Firmen, die dem von Kreutzer und Land (2013) beschriebenen ‚Digitalen Darwinismus' zum Opfer gefallen sind.

Lösungen auf Basis schnellen Experimentierens sind mit höherer Wahrscheinlichkeit erfolgreich. Sie erreichen eine wesentlich besser Passung zum Kundenproblem und die Kosten – nicht nur die Entwicklungskosten, sondern auch die späteren Herstellungskosten – betragen häufig nur einen Bruchteil dessen, was linear-ballistische Lösungen produzieren. Wenn hingegen ein großer Apparat große Schritte macht, kommen große Lösungen mit großen Kosten heraus. Es lohnt sich also, auf schnelle und billige Experimente zu setzen. Geschwindigkeit zählt und Geschwindigkeit kann erlernt werden.

Gilt das in jedem Fall? Wie bereits in Abschn. 1.1 gesagt, leistet System-1 Großartiges, wenn es um das Management von klar definierten Prozessen geht. Sobald Dynamik und Komplexität gemeinsam auftreten, verliert System-1-Management aber rasant an Wirkung. Die Frage ist also eher, welches System in welchem Kontext angewendet wird. Glücklicherweise gibt es seit zwei Jahrzehnten die Wahl, bei Veränderung der Anforderungen auf das jeweils passende Managementsystem umzuschwenken (Abschn. 9.9).

3.7 Checkliste ‚Validiertes Lernen'

☐	Wir haben festgelegt und mit dem Management abgesprochen, dass wir agil vorgehen und Experimente mit Kunden durchführen
☐	Wir haben einen Projektraum und Materialien, die agiles Vorgehen und Visualisierungen unterstützen
☐	Wir treffen uns zu täglichen Scrums (kurzen Besprechungen), um uns abzustimmen
☐	Zumindest eine Person in unserem Team ist erfahren in agilem Projektmanagement und validiertem Lernen und wir ermutigen sie, uns immer wieder auf die Methode zurückzuführen, wenn wir uns in Nebenaktivitäten verhaken
☐	Beobachten und Verstehen der Kunden steht ganz am Anfang unseres Entwicklungsprozesses
☐	Wir beschreiben Hypothesen konkret und messbar, um sie in Experimenten zu überprüfen

☐	Wir steuern den Entwicklungsprozess agil, indem wir in schneller Folge Experimente durchführen und aus den Ergebnissen lernen
☐	Wir verfolgen das Ziel, rasch ein minimal verkaufbares Produkt (MVP) zu entwickeln
☐	Wir testen Prototypen und MVP in möglichst realistischem Umfeld mit Kunden
☐	Split-Tests gehören zu unserem täglichen Handwerkszeug
☐	Wir setzen uns ambitionierte Ziele für Experimente und erfassen mit passenden Metriken Daten, die für den Erfolg unserer Lösung relevant sind (Problem-Lösungs-Passung und Produkt-Markt-Passung)
☐	Wir nutzen auch Quellen außerhalb unseres Teams, wie Daten aus anderen Unternehmensbereichen, öffentlich zugängliche Daten, Open Innovation, Social Media, Communities etc
☐	Wir arbeiten die Hypothesen nach Wichtigkeit ab und visualisieren den Fortschritt auf einem Experimentierplan
☐	Wir fördern kontroverse Diskussionen über Ergebnisse
☐	Wir räumen bei Entscheidungen Daten und Fakten eine hohe Priorität ein
☐	Wir überführen offene Fragen und strittige Punkte in neue Hypothesen
☐	Wir feiern es, wenn wir von einer lieb gewonnen Idee Abschied nehmen müssen
☐	Wir achten auf Skalierbarkeit unserer Lösung
☐	Dort, wo uns Kompetenzen fehlen, haben wir externe Experten eingebunden
☐	Wir werden immer besser im validierten Lernen – das erkennen wir daran, dass unsere Experimentierzyklen erheblich schneller werden
☐	Wir treffen uns regelmäßig, um die grundsätzliche Ausrichtung und Strategie unseres Projektes zu besprechen und ggf. zu korrigieren

Literatur

Bundesministerium für Wirtschaft und Energie (o. J.). http://www.oip.netze-neu-nutzen.de. Zugegriffen: 25. Febr. 2016

Cooper B (2014) Introducing the lean entrepreneur experiment map. http://www.movestheneedle.com/lean-entrepreneur-experiment-map/. Zugegriffen: 17. Apr. 2016

Housten D (2007) DropBox demo. https://www.youtube.com/watch?v=7QmCUDHpNzE. Zugegriffen: 12. Apr. 2016

Kreutzer RT, Land K-H (2013) Digitaler Darwinismus: Der stille Angriff auf Ihr Geschäftsmodell und Ihre Marke. Springer Gabler, Wiesbaden

Lean Startup Machine (2012) Validation Board. https://www.leanstartupmachine.com/validation-board/. Zugegriffen: 20. Febr. 2016

o.V. (o.J.) Creative Commons – Attribution-ShareAlike 3.0 Unported (CC BY-SA 3.0). https://creativecommons.org/licenses/by-sa/3.0/. Zugegriffen: 20. Febr. 2016

Reeves M, Zeng M, Venjara A (2016) Das sich selbst optimierende Unternehmen. Harvard Bus Manag 2016:50–59

Ries E (2011) The lean startup: how today's entrepreneurs use continuous innovation to create radically successful businesses. Penguin, New York

Rogers J (2013) The death & life of the music industry in the digital age. Bloomsbury, London

Schrage M (2014) The innovator's hypothesis: how cheap experiments are worth more than good ideas. MIT Press, Cambridge

Weinreich U, Lindern E von (2008) Praxisbuch Kundenbefragungen. mi-Wirtschaftsbuch, München

Winter A, Govindarajan V (2016) Reverse Innovation in der Praxis. Harvard Bus Manag 03(2016):72–83

Teil II
Technik

Smarte, vernetzte Produkte und Services

4

Zusammenfassung

Digitalisierung schafft neue technische Lösungen in Form von smarten Produkten und Services. Darin liegen große Chancen für Unternehmen. Die Werkzeuge HPS-Matrix und Funktionalitätsmatrix ermöglichen eine systematische und funktionale Entwicklung von smarten, vernetzten Produkten, die nicht nur die Möglichkeiten ausschöpfen, sondern gleichzeitig ein angemessenes Sicherheitsniveau schaffen.

Schlüsselwörter

Smarte Produkte · Smarte Services · Produktentwicklung

„Doch, Herr Sattler, ich denke, wir sollten es probieren," unterstützt Jens Dombrowski Annas Argumentation. „Frau Jacobi hat genau recherchiert. Vor allem die Kundeninterviews sind spannend. Sie kennen doch Gessler. Der wäre bereit mit uns ein Pilotprojekt durchzuführen."

„Herr Dombrowski, so sehr ich Sie schätze, es fällt mir schwer da mitzugehen", erwidert Sattler seinem IT-Leiter, „wir sind groß geworden mit Präzision. Sie kennen doch das Motto, das mein Großvater geprägt hat: ‚Wo andere die Schieblehre ansetzen, verlassen wir uns auf die Mikrometerschraube'. Gut, wir haben dieses Industrie-4.0-Projekt mit dem 3-D-Drucker gestartet. Was der in Titan druckt, ist doch nicht die Perfektion, für die wir bekannt geworden sind."

„Oh ja, ich verstehe ihre Bedenken", lenkt Anna ein, „die Oberflächen sind nicht immer präzise, es gibt poröse Stellen. Ja, Sie haben Recht, das ist nicht das, wofür Zemec steht."

U. Weinreich, *Lean Digitization*, DOI 10.1007/978-3-662-50502-1_4

„Aber das Projekt mit Gessler ist eine einmalige Chance“, fährt Anna enthusiastisch fort. „Es geht um mehr als Teile aus dem 3-D-Drucker: Gessler wäre bereit mit uns in eine Versuchsphase zu gehen und zu experimentieren. Er hat ein riesiges Interesse daran, dass wir zusammen eine Lösung entwickeln, denn er braucht die Bauteile für die geplante neue Baureihe und durch Zerspanung sind die nicht herzustellen. Er will unbedingt unser Know-how und wäre bereit, von Anfang an dafür zu zahlen. Wir könnten gemeinsam viel lernen und uns weiterentwickeln.“

Das Schweigen war schwer zu deuten. Daher schließt Anna an: „Die Materialprobleme werden sich lösen lassen. Selbst Airbus arbeitet schon seit längerem mit solchen Teilen.“

Es ist Sattler anzusehen, wie sehr er innerlich schwankt. War das die Chance, das Unternehmen auf einen neuen Weg zu bringen?

„Ich denke, es gibt noch einen weiteren Punkt, den wir nicht unterschätzen dürfen“, ergänzt Dombrowski in seiner ruhigen Art. „In den letzten Jahren haben wir uns gewaltig in Messtechnik, Sensorik und Signalverarbeitung weiterentwickelt. Die Erfahrungen sind in den 3-D-Druck-Prototypen eingeflossen. Bisher war es nur interne Spielerei. Mit Gessler als Kunden haben wir die Chance, aus dem 3-D-Druck ein eigenes Produkt zu machen. Ein Produkt, das in die neue Welt passt: Präzise, vernetzt, interaktiv und flexibel. Eben smart. Und wir haben dann mit den Druckern sozusagen einen Fuß und ein Ohr direkt in der Produktionshalle unseres besten Kunden.“

„OK.“ Bei Sattler scheint ein Knoten geplatzt zu sein. „Ich kenne Gessler. Mit dem kann man so etwas versuchen. Dann machen wir das Experiment. Vorher will ich aber persönlich mit ihm sprechen. Frau Jacobi, überlegen Sie bitte, wie wir die Entwicklung organisieren? Wir werden ein Team brauchen, denke ich, und Zeit.“

Anna strahlt über das ganze Gesicht. „Natürlich, gern!“

Nur wenige Menschen waren Anfang und Mitte der 90er Jahre so visionär, dass sie voraussehen konnten, wie das damals noch junge Internet die Welt innerhalb kürzester Zeit verändern würde. Selbst Unternehmen wie Microsoft und SAP haben die Entwicklung regelrecht verschlafen und sind erst nachträglich auf den Zug aufgesprungen.

Heute stehen wir vor einer weltweit vernetzten Rechner-Infrastruktur, die gerade begonnen hat, sich vom Computer, wie wir ihn über Jahrzehnte kennen, zu lösen. Rechenleistung wird in immer kleineren und versteckteren Systemen verfügbar. Jedes moderne Auto ist um ein Vielfaches stärker computerisiert als Apollo 11, mit der die erste Mondlandung gelang. Und Amazon bietet mit Dash Buttons mittlerweile kleine Knöpfe an, die für die Bestellung eines Produkts vorkonfiguriert sind. Kleben sie beispielsweise an der Waschmaschine, so reicht ein Druck auf den richtigen Knopf und automatisch wird am nächsten oder übernächsten Tag neues Waschmittel geliefert. Noch weiter geht Hewlett Packard mit seinem Service ‚Instant Ink‘, bei dem Tintenpatronen vom Drucker selbst nachbestellt werden, wenn er merkt, dass die Druckkapazität der Tinte zu Ende geht.

Wir befinden uns in einer Phase, in der Geräte und Produkte smart werden, die nicht mehr Computer sein müssen. Manche sprechen davon, dass Geräte intelligent werden. Das ist hoch gegriffen, wenn man den Intelligenzbegriff ernst nimmt. Zunächst ist es eine erweiterte Funktionalität, die über Sensoren und Aktoren mit der Umwelt und über Netzverbindungen mit einem oder mehreren Servern interagiert. Dadurch werden Geräte noch nicht intelligent, aber hoch funktional und sensitiv. Zusammenfassen lassen sich die Eigenschaften am besten im Begriff ‚smart'.

Einige Trends, die die Entwicklung treiben, heißen aktuell:

- **Internet of Things (IoT)**
  Vernetzung von Dingen untereinander und mit Servern. IoT-Systeme verfügen derzeit über eine begrenzte eigene Rechenleistung. Dafür sind sie gespickt mit Sensoren und Aktoren (auch Aktuatoren genannt), also Schnittstellen zur Umwelt, die entweder Informationen aus der Umwelt aufnehmen (Helligkeit, Lage, Vibration, Rotation, Temperatur etc.) oder auf die Umwelt einwirken (Bewegung, Licht, Ton, Steuerimpuls etc.)
- **Industrie 4.0 bzw. im Englischen Industrial Internet**
  Ein Sammelbegriff für Digitalisierung in der Industrie, zunächst vornehmlich in der Fertigung, bei der Roboter und IoT-Komponenten zum Einsatz kommen. Grundlage für Industrie 4.0 ist, dass Information losgelöst von der Systemkomponente ‚Mensch' eigenständig den Produktionsprozess steuert. So könnte z. B. ein Automobil-Chassis mit einem RFID-Chip ausgestattet sein, in dem alle Informationen über die endgültige Ausstattung des Fahrzeugs gespeichert sind. Die folgenden (robotergesteuerten) Produktionsstufen lesen den Chip aus und fügen die gewünschten weiteren Komponenten hinzu.
  In einer weiter gefassten Definition von Industrie 4.0 ist die gesamte Nutzung des industriellen Internets, wie es in diesem Kapitel beschrieben wird, mit eingeschlossen. Der Begriff ist derzeit nicht präzise.
- **Big Data**
  Smarte, vernetzte Produkte liefern kontinuierlich einen dichten Datenstrom. Die Daten selbst stellen einen Wert dar, wenn es gelingt, sie so auszuwerten, dass dadurch neue oder angepasstere Lösungen entwickelt werden. Damit sie verarbeitet werden können, braucht es leistungsfähige Algorithmen, Speicher und Rechensysteme.
- **Künstliche Intelligenz (KI) bzw. Artificial Intelligence (AI)**
  Die ersten Gelder zur Erforschung von Künstlicher Intelligenz hat der Informatiker John McCarthy bereits 1955 für seine Forschungsgruppe beantragt und bekommen. In den letzten 60 Jahren wurden die Ergebnisse belächelt, denn die Leistungen, die KI hervorbringen konnte, entsprachen weder dem, was Psychologen unter Intelligenz verstanden, noch dem Alltagsverständnis. Eine ganze Weile unbemerkt sind Algorithmen entstanden, die Lernen und kontextsensitive Reaktionen von Maschinen

ermöglichen (Machine Learning). KI hat einen riesigen Sprung gemacht. IBMs Rechner Watson mit seinen vielfältigen Anwendungsszenarien ist ein Musterbeispiel dafür. Anfang 2016 schlug Googles GoAlpha den aus China stammenden Europameister Fan Hui im Strategiespiel Go. Eine Leistung, die aufgrund der Komplexität des Go-Spiels bisher Computern nicht zugetraut wurde. Die Zeit scheint reif zu sein für KI.
- **Robotik**
  Künstliche Intelligenz, allgegenwärtige Vernetzung und immer kleiner und kostengünstiger werdenden Bauteile erweitern die Möglichkeiten der Robotik.
- **Virtual und augmented Reality**
  Virtuelle Realität dringt immer weiter in das reale Leben ein. Die Darstellungen werden immer besser und sie sind in Echtzeit verfügbar. Gerade durch das Einblenden von Visualisierungen in reale Lebenssituationen über Head-up-Displays und Datenbrillen (augmented Reality) verändert und erweitert unsere Wahrnehmung der Realität.
- und anderes mehr

4.1 Smarte Lösungen lean entwickeln

Wenn es darum geht, smarte Produkte und Services zu entwickeln, sprühen die Ideen in Brainstormings stets funken. Wir haben alle genügend Erfahrung mit dem, was digitale Lösungen können. Daher fällt Ideengenerierung leicht. In wenigen Minuten kann ein riesiger Berg Ideen zu Nutzen, Funktionalität und Konnektivität zusammengetragen werden. Die Vielfalt ist gut, macht sie es doch wahrscheinlicher, dass wirklich gute Ideen dabei sind.

Digitale Lösungen können Produkte, Services, eine Verbindung von beidem oder eine interne Prozessoptimierung sein. In einer vollumfänglichen Lösungen gibt es sechs unterschiedliche funktionale Aspekte, die jeweils dadurch geprägt sind, welches Systemelement mit welchem anderen interagiert (Abb. 4.1):

1. **Mensch – Mensch (Human – Human: H-H):**
   Die wenigsten Lösungen interagieren nur mit einem einzigen Menschen. Oftmals ist eine Vernetzung von Personen sogar ein zentraler Wert, den eine Lösung für Nutzerinnen und Nutzer liefert. Die Qualität der Beziehung der miteinander verbunden Menschen sollte definiert werden.
2. **Produkt – Mensch (P-H):**
   An dieser Schnittstelle wird die Kundenerfahrung (User Experience, UX) im Umgang mit einem Produkt gestaltet.
3. **Produkt – Produkt (P-P):**
   Viele Produkte erzeugen Wert, indem sie mit anderen Produkten direkt, ohne Umweg über einen Server interagieren, z. B. Headsets über Bluetooth mit einem Smartphone

Funktionaler Aspekt	**Leitfragen**
S-S 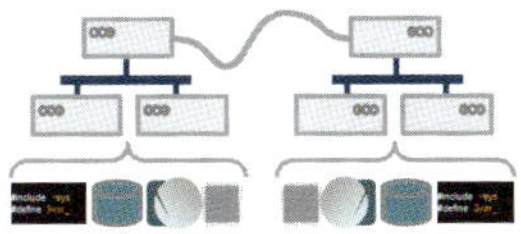 **System-System-Funktionalität**	• Mit welchen Systemen soll das System über welche Protokolle kommunizieren? • Welche Art Daten wird ausgetauscht? • Wie beeinflussen sich die Funktionalitäten gegenseitig? • Wie erfolgt Authentifizierung? • Welche Sicherheitsaspekte sind zu beachten?
S-H 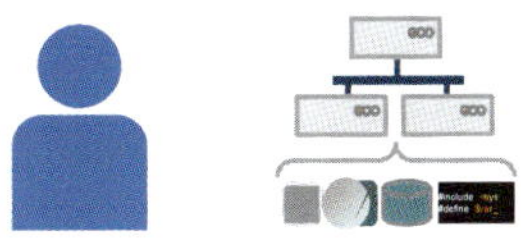 **Smartes System (‚System-Mensch-Funktionalität')**	• Welches Kundenproblem löst das System? • Wie wird das System intuitiv bedienbar? • Wie führt das System Nutzer und Nutzerinnen? • Welche Kanäle werden bedient? • Welche zusätzlichen Geräte, Systeme, Software o.ä. werden notwendig? • Wie wird Sicherheit gewährleistet? • Wie geschieht die Authentifizierung?
P-S 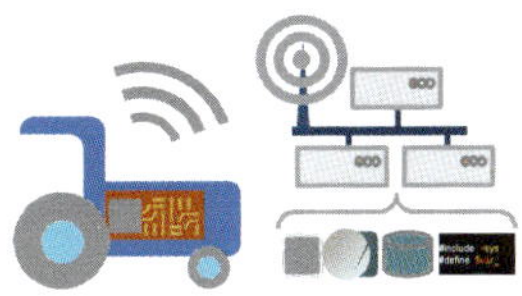 **Produkt-System-Funktionalität**	• Mit welchen Systemen soll das Produkt über welche Kanäle kommunizieren? • Welche Art Daten wird ausgetauscht? • Wie beeinflussen sich die Funktionalitäten gegenseitig? • Wie erfolgt Authentifizierung? • Wie wird Konnektivität sichergestellt? • Welche Sicherheitsaspekte sind zu beachten?
P-P 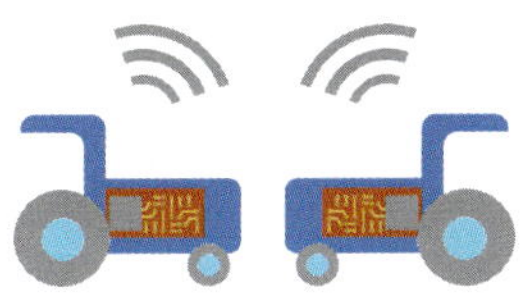 **Produkt-Produkt-Funktionalität**	• Mit welchen Geräten soll das Produkt über welche Kanäle kommunizieren? • Welche Art Daten wird ausgetauscht? • Wie beeinflussen sich die Funktionalitäten gegenseitig? • Wie erfolgt Authentifizierung? • Welche Sicherheitsaspekte sind zu beachten?
P-H  **Smartes Produkt (‚Produkt-Mensch-Funktionalität')**	• Welches Kundenproblem löst das Produkt? • Wie wird das Produkt intuitiv bedienbar? • Wie führt das Produkt Nutzer und Nutzerinnen? • Welche Kanäle werden bedient? • Welche zusätzlichen Geräte, Systeme, Software o.ä. werden notwendig? • Wie wird Sicherheit gewährleistet? • Wie geschieht die Authentifizierung?
H-H  **Smarte Kommunikation (‚Mensch-Mensch-Funktionalität')**	• Welche Personen bringt die Lösung miteinander in Kontakt? • Wie unterstützt die Lösung menschliche Kommunikation? • Welche Kanäle werden benutzt? • Welche Beschränkungen sollen gelten? • Welche sozialen Bedürfnisse werden angesprochen?

Abb. 4.1 HPS-Matrix. (Quelle: Uwe Weinreich, CoObeya.net, Verwendung lizensiert unter CC BY SA 3.0)

oder Car2Car-Kommunikation, die vor Unfällen und Staus warnt. Gerade der Verzicht auf den Umweg Server erhöht Verfügbarkeit und Nutzen.

4. **Produkt – System (P-S):**
Produkte kommunizieren heute vielfältig mit Systemen (Servern oder komplexen Serverclustern). Dadurch wird bei begrenzter Rechenleistung auf dem Gerät selbst die Funktionalität um ein Vielfaches erhöht (Bsp.: Spracherkennung auf dem Smartphone). Des Weiteren können Sensordaten zur Verfügung gestellt werden, über die das Gerät selbst nicht verfügt.
5. **System – Mensch (S-H):**
Diese Schnittstelle stellt eine zusätzliche Möglichkeit neben dem Produkt dar oder ist die zentrale, wenn rein digitale Lösungen angeboten werden, die ohne Gerätehardware auskommen, bspw. Vergleichsportale im Internet. Der Zugang erfolgt in der Regel über Computer, Tablets oder Smartphones. Gut gestaltete User Experience ist essenziell.
6. **System – System (S-S):**
Über Schnittstellen können Systeme (Server) direkt miteinander kommunizieren, Daten austauschen und sogar Verhalten auf der Gegenseite auslösen. Es steckt ein großes Potenzial darin, Vernetzung zu nutzen, z. B. für persönliche Assistenten, wie Microsofts Cortana, Apples Siri, Google Now oder andere spezialisierte Dienste, wie Wirtschafts- und Börsendatenanalysen.

Smarte Funktionalität entwickeln und in Experimenten testen (P-H, H-H)

Die HPS-Matrix bietet eine gute Möglichkeit, in einem Team-Brainstorming die Eckpfeiler der Funktionalität festzulegen (Ein Beispiel zeigt Abb. 4.2). Es müssen nicht bei allen Lösungen alle Zeilen ausgefüllt werden. Handelt es sich um eine reine Serverlösung ohne Gerätehardware, reichen die Zeilen H-H, H-S und S-S.

Die erste Überlegung ist, welche erweiterte Funktionalität ein digitales Angebot haben sollte, sowohl auf sozialer Ebene (H-H) als auch in direkter Interaktion (P-H und S-H). Es handelt sich um Aspekte, die mit Menschen getestet werden können. Experimente sollten so bald wie möglich stattfinden. Erste Prototypen können ohne jede Elektronik und Programmierung aufgebaut werden. Modelle aus einfachen Materialien reichen aus, um Funktionalitäten zu testen (Kap. 3).

Sobald die Grundrichtung der Funktionen präzise genug erscheint, werden Prototypen erstellt, die bereits auf digitaler Basis funktionieren. Mit Mikro-Rechnerboards wie Arduino oder Raspberry PI sind ohne großen Aufwand Funktionen realisierbar. Auch Technikbaukästen bieten eine gute Grundlage. Sollten bestimmte Komponenten fehlen, wie zum Beispiel ein Motor oder ein bestimmter Sensor, hilft der Blick in ein Elektronik-Fachgeschäft oder in einen Spielzeugladen. Gerade Spielzeug unterliegt einem enormen Preisdruck, so dass einfache, aber durchaus funktionale Bauteile verarbeitet werden. Ebenfalls effektiv ist es, wenn man sich nicht scheut, bestehende Produkte zu nutzen, die bereits einen Teil der Lösung abbilden, umzubauen und in die eigene Lösung zu integrieren. Zum Experimentieren reicht das allemal (vgl. auch Abb. 5.3).

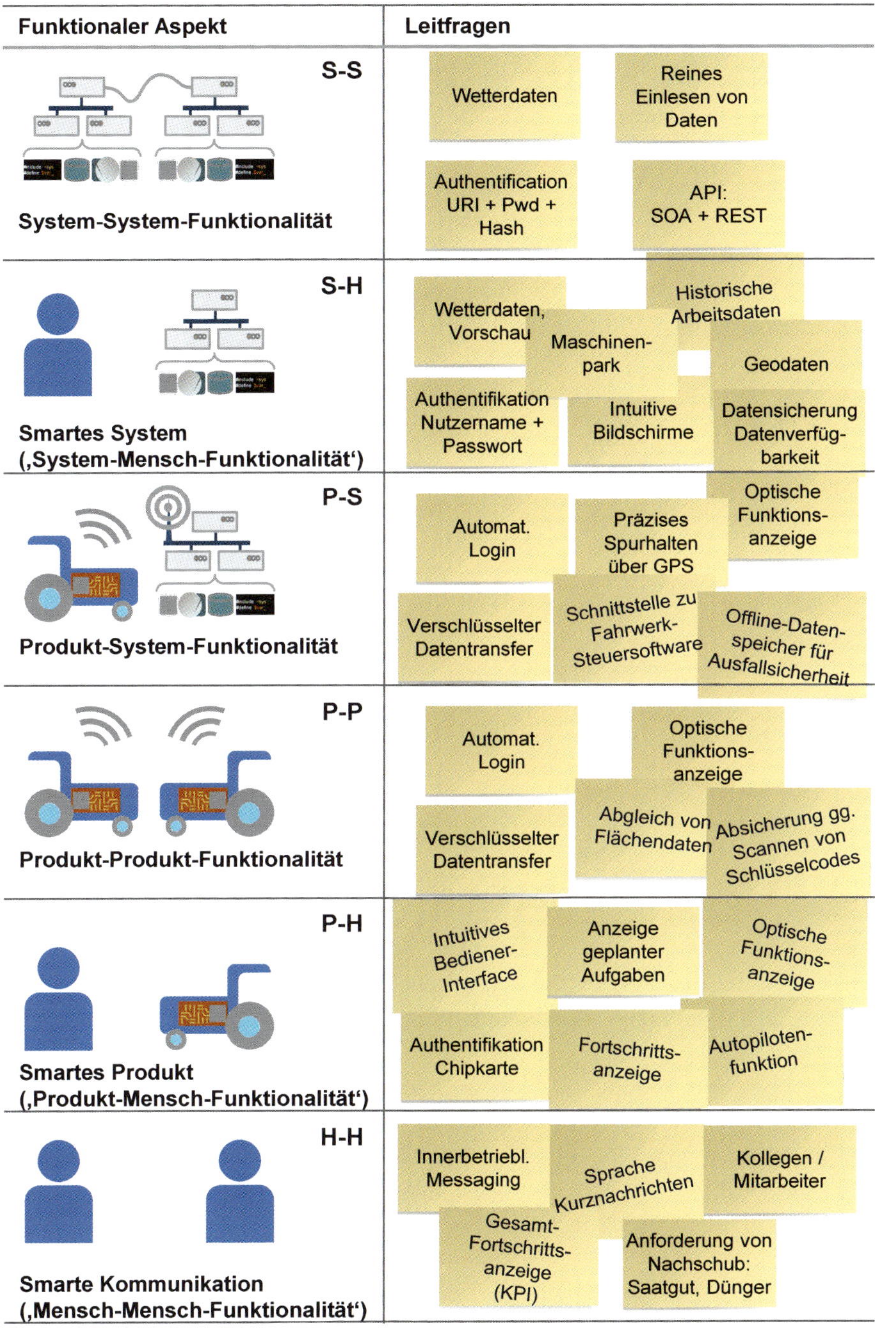

Abb. 4.2 Beispiel für ein HPS Matrix: Smart Farming durch vernetzte Landmaschinen. (Quelle: Uwe Weinreich, CoObeya.net)

Serverfunktionalitäten können über Cloud-Entwicklungsumgebungen realisiert werden. In manchen Fällen ist es sinnvoll, frei verfügbare Open Source Software so anzupassen, dass sie auf den eigenen Anwendungsfall passt. Perfektion ist noch nicht gefragt.

Natürlich benötigt das Team in dieser Phase eine gewisse technische Kompetenz. Ohne jemanden, der sich mit Elektronik auskennt oder in der Lage ist, einen Microcontroller zu programmieren wird kein Team weit kommen.

Produkte konnektiv machen (P-P, P-S)

Bereits, wenn man beginnt mit Microcontroller-Boards zu experimentieren, wird Konnektivität hinzukommen. Vier Aspekte bilden diesen wichtigen Teil des Technologie- und Datenmodells ab (Abschn. 10.1):

- Welche Daten braucht das Produkt?
- Welche Daten sollten von dem Produkt geliefert werden?
- Welche Steuerungsmöglichkeiten sollen von außen auf das Produkt zugreifen dürfen?
- Welche Eingriffe sollen auf gar keinen Fall von außen möglich sein?

Wahrscheinlich soll die Interaktion später über Schnittstellen umfangreicherer Systeme, komfortable Web-Interfaces oder eine Smartphone-App erfolgen. In der Entwicklungsphase selbst sollte schlank vorgegangen werden, z. B. indem ein rudimentäres Web-Interface aufgesetzt wird. Für einige Funktions- und Konnektivitätstests können öffentlich zugängliche Plattformen genutzt werden, wie z. B. ThingSpeak.com oder ‚If This Than That' (ifttt.com)

Systeme und Services smart gestalten (S-H)

Wenn die ersten beiden Schritte geschafft sind, wird der Horizont erweitert. Wir haben ein smartes Produkt und es besitzt Konnektivität, sodass es in Systemumwelten eingebunden werden kann. Nun sollte der Fokus genau auf die Systemumwelt gelegt werden. Wie generiert das Gesamtsystem für Kunden einen Wert, der begeistert? Wie kann ein Server, ein Produktions- oder Wartungssystem maximalen Nutzen aus dem Produkt ziehen?

Auch bei der Entwicklung der Systemumwelt und des Services für Kunden, Anwenderinnen und Anwender lohnt es sich, auf die Methode ‚Basteln' zu setzen, bevor die Lösung in Hardware und Programmcode umgesetzt wird. In dieser Stufe und den folgenden sind die Realisieren-Messen-Lernen-Zyklen von immenser Bedeutung, um schnell und zielsicher zu einer überzeugenden Lösung zu kommen.

Mittlerweile erhält die Gesamtlösung bereits eine gehörige Portion Komplexität. Änderungen werden immer schwieriger, da sie sofort andere Teile des Gesamtpaketes beeinflussen. Je akribischer vorher Experimente stattgefunden haben, desto sicherer erfolgt die Weiterentwicklung.

Systeme konnektiv machen (S-S)

Anfang des Jahrhunderts haben sich Entwickler den Kopf darüber zerbrochen, wie es gelingt, Mobiltelefone mit einem leidlich genauen Thermometer auszustatten. Temperatursensoren einzubauen ist eine leicht zu lösende Aufgabe. Das große Problem war die durch Akku und Prozessor vom Telefon selbst produzierte Wärme. War es möglich, eine Korrekturformel zu finden, die aufgrund der Modellkonstruktion, der aktuellen Prozessorleistung und weiterer Parameter aus der zu hohen Temperatur die tatsächliche Außentemperatur extrapoliert?

Viel zu kompliziert gedacht. Connected Computing lebt davon, dass Systeme nicht isoliert für sich stehen, sondern mit anderen verbunden sind. Heutzutage läuft auf so ziemlich jedem Smartphone eine Wetter-App, die recht präzise anzeigt, wie kalt oder warm es draußen gerade ist. Die Lösung liegt darin, dass Sensor und Anzeige nicht wie bei einem klassischen Thermometer miteinander in einem Gerät, noch nicht einmal in einem System verbunden sein müssen. Ein dichtes Netz an Wettersensoren erfasst mit hoher Präzision Wetterdaten, die von zentralen Rechnern ausgewertet und aufbereitet zur Verfügung gestellt werden. Wetter-Apps greifen auf die Daten zu und geben sie menschengerecht grafisch aufgepeppt wieder. Die Lösung liegt in vernetztem, systemübergreifendem Computing statt der Weiterentwicklung der Endgeräte.

Kein System muss heutzutage mehr eine Insel sein. Es lohnt sich, bei der Entwicklung einer digitalen Lösung nach einer sinnvollen Einbettung in ein Ökosystem aus Systemen zu suchen. Dabei leiten folgende Fragestellungen:

- Welche Daten und Funktionen außerhalb unseres Systems helfen, unser System für Kunden deutlich wertvoller zu machen?
- Welche Funktionen und Daten aus unserem System stellen ggf. für andere Systemanbieter einen Mehrwert dar?

Die letzte Frage öffnet u. U. weitere Verwertungsmöglichkeiten und neue Einnahmequellen. Zusätzlich kann dadurch, dass eigene Daten zur Verfügung gestellt werden, die Rolle und Position im digitalen Wertschöpfungs-Ökosystem gestärkt werden.

Die Landmaschinenhersteller John Deere und Claas entwickeln sich zu Anbietern vernetzter Systeme für Smart Farming, indem Maschinen – letztere übrigens herstellerübergreifend – miteinander und mit smarten Systemen im Hintergrund vernetzt werden (vgl. Porter und Heppelmann 2014). Ähnliche Lösungen finden sich in der Medizintechnik, Hausautomatisierung, Sicherheitstechnik, Mobilität/Smart City und vielen anderen Bereichen.

4.2 Serviceorientierte Architektur (SOA) und Webservices nutzen

1996 wurde zum ersten Mal vom amerikanischen Marktforschungsunternehmen Gartner (Schulte und Yefim 1996) der Begriff SOA (Service Oriented Architecture) verwendet. Er wird genutzt für verteilte Funktionalität von Systemen, die als Dienste bezeichnet werden und unter anderem folgenden Kriterien entsprechen:

- Dienste sind in sich abgeschlossen und funktionieren unabhängig.
- Dienste sind in Netzwerken verfügbar.
- Jeder Dienst besitzt eine Schnittstelle, die klar definiert ist.
- der Dienst kann vollständig über seine Schnittstelle genutzt werden, ohne dass eine zusätzliche Anpassung notwendig wird.
- Dienste sind unabhängig von der Plattform und der Programmiersprache, die den Dienst nutzt.

Dienste, die als Übertragungsprotokoll das Internetprotokoll verwenden, werden als Webservices bezeichnet. Mithilfe von Diensten erlangen Systeme schnell Funktionalität, z. B. indem Temperaturen oder Aktienkurse einfach als Dienst eines anderen Systems eingebunden werden. Es muss weder Hard- noch Software selbst entwickelt werden, um die Daten zu erlangen.

Die schematische Funktion serviceorientierter Architektur zeigt Abb. 4.3 anhand eines fiktiven Reiseportals. Um einen Dienst zu nutzen, braucht man die Schnittstellenbeschreibung mit Datenformat (häufig sind es XML-Daten) und natürlich das Recht, den Service zu nutzen. Dafür können Lizenzkosten anfallen.

Dienste sind eine wichtige Grundlage für Lean Digitization. Wie mit einem Baukasten können schnell, kostengünstig und relativ sicher Anwendungen zusammengesetzt werden.

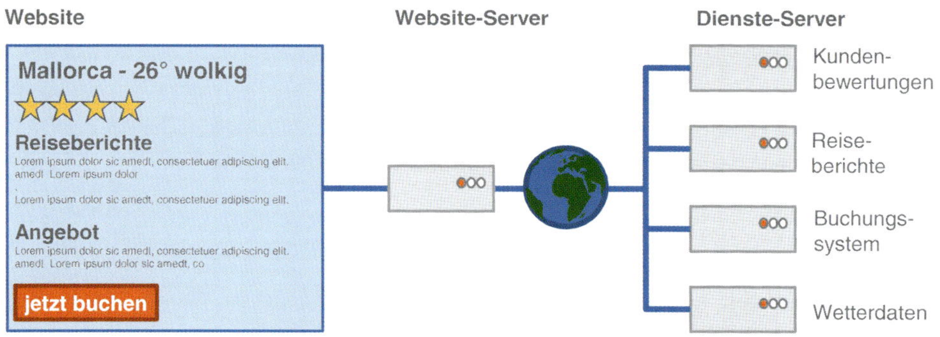

Abb. 4.3 SOA-Beispiel: Aufbau eines Reiseportals mit Hilfe von Diensten anderer Server. (Quelle: Uwe Weinreich, CoObeya.net)

Auf der anderen Seite kann das Unternehmen selbst Dienste zur Verfügung stellen und damit eine zusätzliche Einnahmequelle eröffnen und Partnern im Wertschöpfungs-Ökosystem eine neue Möglichkeit bieten, eigene Wertbeiträge zu generieren.

Selbst angebotener Dienste bieten nicht nur in der Zusammenarbeit mit Partnern Vorteile. Auch innerhalb des Unternehmens können unterschiedliche Lösungen über SOA miteinander interagieren. Da es jeweils in sich geschlossene Systeme sind und die Funktionalität nur in einem klar beschriebenen und umgrenzten Rahmen an andere Systeme abgegeben wird, ist diese Art der Kollaboration von Systemen deutlich sicherer als eine direkte Einbindung.

Programmierschnittstellen (API)

Dienste brauchen in Umfang, Funktionalität und Beschränkung klar definierte Schnittstellen, damit serviceorientierte Architekturen funktionieren. Programmierschnittstellen (Application Programming Interface = API) sind die programmtechnische Umsetzung des SOA-Konzeptes und stellen die Funktionalität des Dienstes anderen Rechnern zur Verfügung.

Dienste können nicht nur Daten bereitstellen. Sie können so programmiert sein, dass in dem Moment, wo eine bestimmte Anfrage an sie gestellt wird, auch interne Daten verändert werden. Das ist zum Beispiel sinnvoll, um Nutzungsstatistiken zu erstellen oder einen Dienst durch Abfragen lernen zu lassen. Prinzipiell ist eine komplette Steuerung des Systems von extern über ein API möglich. In den meisten Fällen sind die Möglichkeiten jedoch bewusst eingeschränkt. Es wird nur ein wohldefinierter Kanon von Funktionen zugänglich gemacht.

▶ Ein API ist das in Programmcode gegossene Kollaborationsmodell (vgl. Abschn. 10.2).

Genauso sinnvoll kann es sein, Schnittstellen für andere anzubieten. Aus der HPS-Matrix (Abb. 4.1) wird schnell deutlich, welche Dienste und Schnittstellen zur Verfügung gestellt werden sollten. Dabei kann abgestuft vorgegangen werden. Es kann durchaus sein, dass es verschiedene Nutzer der Dienste gibt, die unterschiedliche Funktionalitäten benötigen und denen unterschiedliche Rechte eingeräumt werden.

Für den Entwurf eines API kann die Funktionalitätsmatrix genutzt werden (Abb. 4.4). Die linke Spalte nimmt die Liste aller sich aus der HPS-Matrix ergebenden API-Funktionen auf. In der zweiten Spalte wird definiert, welche Eingabe das API erwartet und in Spalte 3, welche Ausgabe es generiert, ggf. mit Hinweis darauf, welche Datenbestände dafür gesichtet werden müssen. Die vierte Spalte nimmt die Definition der Operationen auf, die nicht nach außen gehen, sondern nur intern ausgeführt werden. Hilfreich für diejenigen, die das API als Programmcode umsetzen müssen, ist es, in der letzten Spalte nochmal explizit darauf hinzuweisen, welche Beschränkungen gelten und was z. B. auf gar keinen Fall nach draußen gegeben werden darf. Damit enthält die letzte Spalte Informationen über den Schutzbedarf der Lösung (Kap. 6).

Funktion	Eingabe	Ausgabe	interne Operat.	Beschränkung
Abfrage des Buchungs-standes	Authentifikation und Reise-ID	Zahl freier Plätze	Protokollieren der Abfrage (User ID, Reise ID, Zeit)	Keine weiteren Reisedaten rausgeben!

Abb. 4.4 Funktionalitätsmatrix. (Quelle: Uwe Weinreich, CoObeya.net, Verwendung lizensiert unter CC BY SA 3.0)

Mit der Funktions-Matrix sind Dienst und API nur grob beschrieben. Technische Details fehlen. Es ist aber eine gute Grundlage, um mit Entwicklerinnen und Entwicklern darüber zu sprechen.

Bevor Dienst und API digital umgesetzt werden, ist es sinnvoll, zunächst einen Test zu programmieren, der sowohl die Funktionalität als auch das Einhalten der Beschränkungen prüft. Danach wird das API entwickelt und vom Testsystem mit Anfragen bombardiert, sodass Fehler schnell entdeckt und behoben werden.

4.3 Checkliste ‚Smarte, vernetzte Produkte und Services'

- ☐ Wir besitzen die notwendige technische Kompetenz in unserem Team
- ☐ Auch wenn es eine digitale Lösung werden soll, experimentieren wir zunächst ausführlich mit einfachen, nicht digitalen Modellen
- ☐ Wir setzen Hard- und Software sparsam und in sicherer Umgebung ein
- ☐ Wir nutzen agile Entwicklungsmethoden, die auf schnelle, iterative Entwicklungs- und Testzyklen setzen
- ☐ Wir bauen, wo es geht, auf Leistungen anderer auf
- ☐ Es ist klar, welche Limitierungen wir zu beachten haben
- ☐ Wir haben stets alle Seiten der Lösung im Blick: Mensch (H), Produkt (P) und System (S)
- ☐ Wir visualisieren Anforderungen an die Lösung

☐	Wir gestalten Funktionalität so radikal vereinfacht, dass sie sicher und leicht anwendbar wird und das Maß an Komplexität so gering bleibt wie möglich
☐	Das API unserer Lösung spiegelt das Kollaborationsmodell unseres Geschäfts wider
☐	Wir nutzen SOA-Services
☐	Wir bieten SOA-Services an
☐	Wir sind uns der Bedeutung von Daten bewusst und nutzen sie, wo wir können
☐	Unsere Lösung produziert Daten, die wir weiterverwerten können

Literatur

Porter ME, Heppelmann JE (2014) Wie smarte Produkte den Wettbewerb verändern. Harvard Bus Manag 12(2014):34–60

Schulte RW, Yefim VN (1996) „Service Oriented" Architectures. Gartner, Stamford

Lean IT

5

Zusammenfassung

Lean Digitization nutzt einfach anwendbare Werkzeuge, um smarte Produkte und Services schlank und effizient zu entwickeln. Ein wichtiges Prinzip ist dabei, auf leicht verfügbare und damit Aufwand sparende Grundlagen zurückzugreifen, auch in der IT. Besonders vorteilhaft sind Cloud-Services. Aber auch Open Source und Crowd basierte Leistungen machen Entwicklung schnell. Diese Möglichkeiten werden in Vorteilen und Nachteilen einer eigenen Test- und Entwicklungsumgebung und weiteren gegenübergestellt. Unterschiedliche Architekturen und Plattformen werden diskutiert.

Eine besondere Rolle spielen darüber hinaus die Themen Big Data und erweiterte Analytik, denen ein eigener Abschnitt gewidmet ist.

Schlüsselwörter

Lean IT · IT Management · Testumgebung · Entwicklungsumgebung · Service Provider · Cloud Service · Open Source · Cloud Computing · Everything as a Service · XaaS · Software as a Service · SaaS · Infrastructure as a Service · IaaS · Platform as a Service · PaaS · Crowd Service · Crowd Sourcing · IT Standards · Big Data · Smart Data · Analytik · Predictive Analytics

„Warum gehen wir nicht einfach mit dem Projekt in die Cloud? In Berlin machen das echt alle." Julia Ahrens ist der Liebe wegen aus der Bundeshauptstadt wieder in die Provinz gezogen. Während ihres Studiums hatte sie sich mit Jobs in einigen der zahlreichen Berliner Internet-Start-ups Geld dazu verdient. Das war nicht schwer. Wenn man gut war, wurde man in der Szene von einem Unternehmen zum nächsten weitergereicht.

U. Weinreich, *Lean Digitization*, DOI 10.1007/978-3-662-50502-1_5

Ihren Masterabschluss hatte sie in der Tasche und war mit einem befristeten Vertrag zur Unterstützung von Anna Jacobi eingestellt worden.

„Unsere IT-Richtlinien geben das nicht her. Traditionell achtet Zemec sehr darauf, dass alle Systeme und Daten im Haus gehalten werden. Nur das Marketing konnte ein paar Ausnahmen unter strengen Auflagen heraushandeln", antwortet Anna.

„Der Sattler macht doch gar nicht so einen verstaubten Eindruck. Oder ist es der – wie heißt noch der IT-Leiter?"

„Dombrowski, Jens Dombrowski. Nein, der ist auch nicht verstaubt, nur etwas älter. Es sind halt irgendwie die Regeln."

„Aus welchem Jahrhundert stammen die denn?"

Anna muss lachen als sie die Antwort formuliert: „Na aus dem letzten! Das ist ja nicht schwer im Jahr 2016. Aber du hast Recht. In den letzten zwanzig Jahren hat sich IT-mäßig so viel getan. Da kann nicht mehr alles zeitgemäß sein. Ich versuch das mal zu klären. Es wäre wirklich eine erhebliche Arbeitserleichterung, wenn wir die Cloud-Plattform nutzen könnten. Wir würden mindestens sechs Wochen sparen."

Es lässt sich nicht vermeiden. Sobald Unternehmen digital werden, steigt die Anforderung an das Management, sich mit den technischen Hintergründen auseinanderzusetzen. Genauso wie ein CEO Wissen über Finanzmanagement und Bilanzierung haben muss, ohne gleich die tiefen Kenntnisse eines Controllers oder Steuerexperten besitzen zu müssen, ist es mittlerweile unverzichtbar, IT-Prozesse so weit nachvollziehen zu können, dass Entscheidungen sicher getroffen werden. Wenn die technischen Grundlagen der IT auch nur annähernd beschrieben werden sollten, würde das einige Tausend dicht bedruckte Seiten füllen. Wir schauen nur auf Punkte, die entscheidend sind, wenn Digitalisierung lean umgesetzt werden soll. Da haben sich in den letzten Jahren interessante Möglichkeiten entwickelt.

Hintergrund: Ein paar Grundlagen über Digitales und Computer

Was heißt digital? Die meisten werden damit sofort Computer und vielleicht das Internet oder die eigene Kamera assoziieren. Das geht schon in die richtige Richtung. In der Grundform heißt digital (vom Lateinischen digitus = Finger) nichts anderes, als dass Informationen in Einzelschritten (diskret) codiert sind. Wir kennen viele Formen des Codierens: unsere Schrift, Bild- und Zeichensprache, unser Zahlensystem und Hieroglyphen sind eine Art der Codierung. Digitale Codierung, wie sie in der Computer- und Übertragungstechnik verwendet wird, besteht im kleinsten Teil aus binären Daten: Eins oder null bzw. ‚an' oder ‚aus'. Mit den Schaltzuständen ‚an' und ‚aus' können die Daten von Schaltern oder elektronischen Schaltkreisen verarbeitet werden. Die beiden Zustände stellen ein Bit dar. Mehr als zwei Zustände kann ein Bit nicht einnehmen. Anders ausgedrückt: es ist binär und gehört zum Dualsystem. Damit lässt sich noch nicht viel anfangen. Erst wenn man mehrere Bits hintereinander stellt, entsteht ausreichend Information, um zum Beispiel Zeichen darzustellen. Acht Bit ergeben ein Byte. Damit lassen sich schon 256 ($=2^8$) Zeichen repräsentieren, z. B. im Zeichensatz UTF-8. Das reicht für unsere Buchstaben, Zahlen und Satzzeichen plus ein paar Sonderzeichen, aber längst nicht für alle Zeichen, die auf der Welt existieren. Mit steigender Rechenleistung wurden die Blöcke von 8 auf 16 und dann 32 Bit erweitert. Jetzt lassen sich schon 4.294.967.296 ($=2^{32}$) Zeichen darstellen. Das reicht, um auch alle schriftzeichenbasierten Sprachen Asiens abzubilden. Aus menschlicher Sicht ist die binäre Darstellung ein erschreckend verschwenderisches Vorgehen, denn der Buchstabe A, der ja nur eine einzige Stelle einnimmt, ist in UTF-32 so codiert: 00000000000000000000000001000001. Außerdem sind binär codierte Daten nicht ohne Übersetzungstabelle von Menschen lesbar.

Es muss andere Gründe geben, die für digitale Technik und binäre Codierung sprechen. Die sind tatsächlich überzeugend:

1. **Rechnen**
   Mit allem, was digital codiert ist, kann gerechnet werden, selbst mit Buchstaben, Bildern und Tönen. Die binäre Codierung des Buchstabens A entspricht gleichzeitig der Zahl 65 in unserem Dezimalsystem. Mit allem rechnen zu können, macht vieles möglich, von der bis hin zu komplexen Textverschlüsselungen basieren alle Verfahren auf Rechenoperationen.
2. **Übertragen**
   Digital codierte Daten können gut übertragen werden. Vor der Verbreitung von optischen Leitern wurden Daten als elektrische Signale durch Kupferkabel übertragen. Bereits auf Strecken von wenigen hundert Metern sind deutliche Signalverluste und eine Zunahme von Rauschen durch elektromagnetische Felder festzustellen. Ein analoges Signal verliert schnell so viel Qualität, dass es unkenntlich wird. Bei digitaler Übertragung ist das nicht anders. Wenn digitale Daten als elektrische Signale übertragen werden, gibt es dieselben Verluste und Störungen. Nun kommt Vorteil eins ins Spiel: Man kann mit den Daten rechnen. Deshalb übertragen Rechner untereinander Daten in Blöcken fester Größe und schicken eine Zahl zur Fehlererkennung mit. Nehmen wir an, die Zahl ist eine einfache Quersumme des Blocks. In unserem Beispiel des Buchstabens A wäre das zum Beispiel 10 in binärer Codierung bzw. 2 im Dezimalsystem. Der Empfangsrechner bildet selbst eine Quersumme aus dem, was er meint aus dem Rauschen herausgehört zu haben. Passt das zum zweiten empfangenen Wert, wird der Block als korrekt weiterverarbeitet. Stimmt beides nicht zusammen, wird der Block vom sendenden Rechner einfach noch einmal angefordert. Am Ende steht wieder eine saubere Reihe aus Nullen und Einsen ohne jede Störung. So lassen sich über eine Reihe von Rechnern gigantische Strecken überbrücken.

3. **Speichern**
   Digitale Daten lassen sich platzsparend speichern. Die Kritik an der langen Reihe aus Nullen und Einsen statt der sparsamen Darstellung des einzelnen Zeichens A ist nur die halbe Wahrheit. Selbst wenn wir das A so weit verkleinern, dass wir es mithilfe eines Mikroskops gerade noch auf einem Stück Microfiche erkennen, passen in dieselbe Fläche tausende Mal mehr schwarze und weiße Punkte (0 und 1) als die binäre Codierung des Buchstabens verlangt. Diverse magnetische und optische Datenträger sind so in der Lage, Unmengen Daten zu speichern. Wer früher ein ganzes Zimmer voll mit Schallplatten hatte und heute seine komplette Musiksammlung auf dem Smartphone mit sich herumträgt, bekommt ein Gefühl für die Dimensionen.
4. **Automatisieren**
   Prozessoren können mit binären Daten umgehen und nur mit binären, solange ein Quantencomputer noch keine Realität ist. Alles, was ein Rechner verarbeiten soll, muss zunächst – teilweise sehr mühsam – in Binärdaten umgewandelt werden. Wenn dann aber etwas in Rechnersystemen verarbeitet werden kann, kann es auch automatisiert werden.

Gibt es Nachteile digitaler Datenverarbeitung? Ja, natürlich. Bis in die 60er Jahre hinein gab es sogar Diskussionen darüber, ob Computer digital oder analog funktionieren sollten. Spätestens als man anfing, Daten zwischen Rechnern zu übertragen, war die Diskussion obsolet. Dennoch gibt es einen großen Nachteil digitaler Rechner und Rechenverfahren, mit denen insbesondere Physiker und Mathematiker zu kämpfen haben. Jeder kennt das Problem, wenn man 1 durch 3 teilen will: Es gibt keine glatte Zahl. Für Menschen ist das kein Problem. Wir schreiben einfach 1/3 und wissen, was gemeint ist. Oder wir benutzen die Periodenschreibweise: $0,\overline{3}$. Ein Prozessor kommt hier an seine Grenze. Denn egal, wie viele Nachkommastellen er berechnet, er wird nie das wirklich richtige Ergebnis anzeigen. Er kann nur digital rechnen, also in Einzelschritten. Die Schritte können mit steigender Rechenleistung sehr klein werden, aber es wird nie ein glattes Gleiten daraus. Nun ist das Problem im Alltag vernachlässigbar. Wenn es darum geht, in großen Dimensionen zu rechnen, z. B. in der Astrophysik oder wenn Rechenoperationen rekursiv laufen, wie z. B. bei Wettermodellen, schaukeln sich solche minimalen Abweichungen jedoch zu signifikanten Fehlern auf.

Insgesamt hat digitale Datenverarbeitung großartige Möglichkeiten eröffnet, neu und anders mit unserer Welt umzugehen. Das wurde möglich durch die Entwicklung von Maschinen, die rechnen, kurz Computern.

IT ist Managementaufgabe

Informationstechnologie (IT) ist mehr als nur eine Ansammlung von Geräten. Die Aufgabe von IT im Unternehmen ist es, Geschäftsprozesse durch Einsatz, Konfiguration, Wartung und Instandhaltung von Hardware und Software so zu unterstützen, dass das Unternehmen seine Geschäfte sicher und reibungsfrei abwickelt. Dafür braucht es nicht nur Technik. Auch die Organisation der Arbeit und die Führung von Menschen ist – wie bei allen anderen Managementbereichen – ein zentraler Faktor.

Mit dem Anwachsen der Anforderungen und der Tatsache, dass IT mittlerweile zum Kern des Geschäftsbetriebs gehört, hat sich das IT-Management professionalisiert und differenziert. Gemanagt werden müssen Anforderungen aus den Fachabteilungen, IT-Prozesse, Applikationsarchitekturen, Daten- und Sicherheitsarchitekturen, Entwicklungs-, Maintenance- und Migrationsprojekte, Servicemanagement, Lizenz- und Qualitätsmanagement, IT-Controlling, die Organisation und Führung der Abteilung und das Ganze eingebunden in eine IT-Strategie, die die Unternehmensstrategie unterstützt (Abb. 5.1). Für viele Aufgaben sind mittlerweile Standards entwickelt worden, die einerseits eine Richtlinie und Sicherheit bieten, andererseits aber die Anforderungen an das IT Management deutlich erhöhen: Eines der bekanntesten Frameworks ist ITIL, das prozessorientiert angelegt ist, Cobit legt mehr Gewicht auf Controlling und Governance, ISO27001 legt den Schwerpunkt auf Sicherheitsaspekte und CMMI bezieht sich auf Software-Implementierung. Daneben gibt es verschiedene weitere Frameworks für spezielle Anforderungen. Die Modelle sind nicht überschneidungsfrei. Das erschwert es, mit ihnen umzugehen.

Manager aus Fachabteilungen kennen das schmerzverzerrte Gesicht von IT-Verantwortlichen, wenn ‚mal eben schnell' eine ‚ganz einfache Lösung' am besten an den Standards vorbei möglich gemacht werden soll. Was für Außenstehende ganz simpel anmuten mag (‚klappt doch zu Hause auch'), ist in dem komplexen Geflecht einer Business-IT eine gewaltige Herausforderung.

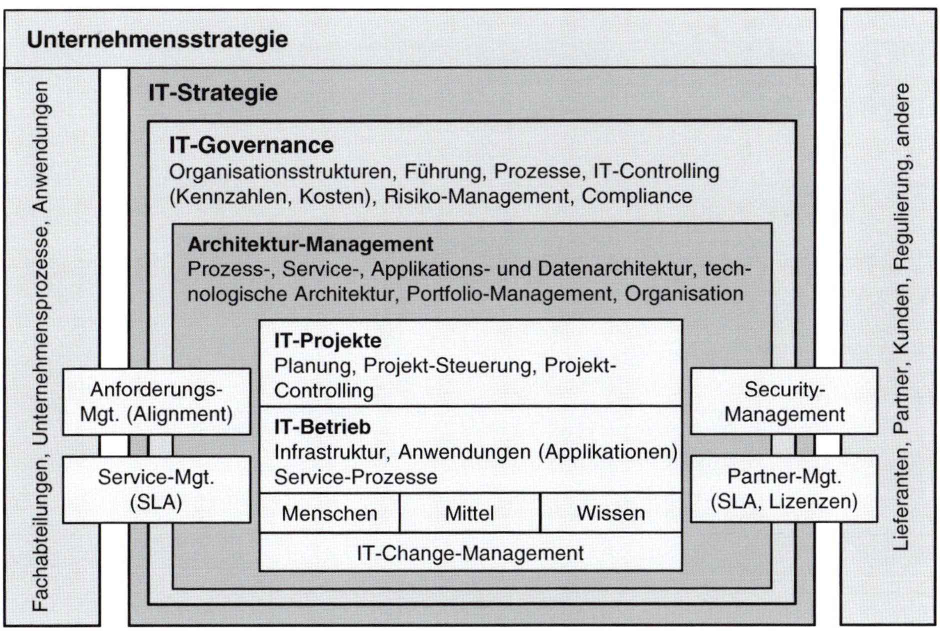

Abb. 5.1 IT-Management ist komplex. (Quelle: Uwe Weinreich, CoObeya.net)

IT ist in der Regel hervorragend in der Lage, den Betrieb eines Unternehmens zu unterstützen. Das heißt, dass Unternehmen mit einem starken und funktionalen System-1-Management (Abschn. 1.1) ein ebenso starkes und funktionales System-1-IT-Management brauchen.

Das, was für das Management von komplexen, dynamischen Veränderungen im General Management gilt, findet sich auch im IT-Management wieder. Agiles Vorgehen macht schnell und ermöglicht rasche Entwicklung. Es wäre allerdings eine Gefährdung des IT-Betriebes, wenn komplett auf erprobte Verfahren verzichtet würde. Business IT braucht Sicherheit und Zuverlässigkeit. Stabile und sichere IT-Infrastruktur für klar definierte Prozesse und agiles Vorgehen beim Erschließen neuer Potenziale können sich ergänzen (Abb. 5.2).

Umfassenden Einblick in IT-Management bieten z. B. Laundon et al. (2015) und Tiemeyer (2013). Mittlerweile existieren Ansätze für Lean IT (Bell und Orzen 2010; Hanschke 2014; Müller et al. 2012). Genauso wie Lean Management (Abschn. 1.2) sind sie für Managementsystem 1, das heißt für die Unterstützung und Umsetzung wohl definierter Prozesse, entwickelt worden und liefern dafür sinnvolles Handwerkszeug. Für Lean Digitization, den Transformations- und Innovationsprozess in eine komplexe und dynamische digitale Wirtschaftswelt, sind sie nur eingeschränkt zu gebrauchen, weil der agile Managementanteil zu kurz kommt.

Aus der Perspektive agilen Managements kann noch radikaler lean vorgegangen werden. Im Folgenden werden die Möglichkeiten skizziert und darauf hingewiesen, wie Lean Digitization gemanagt werden sollte, um keine Sicherheitsrisiken zu provozieren.

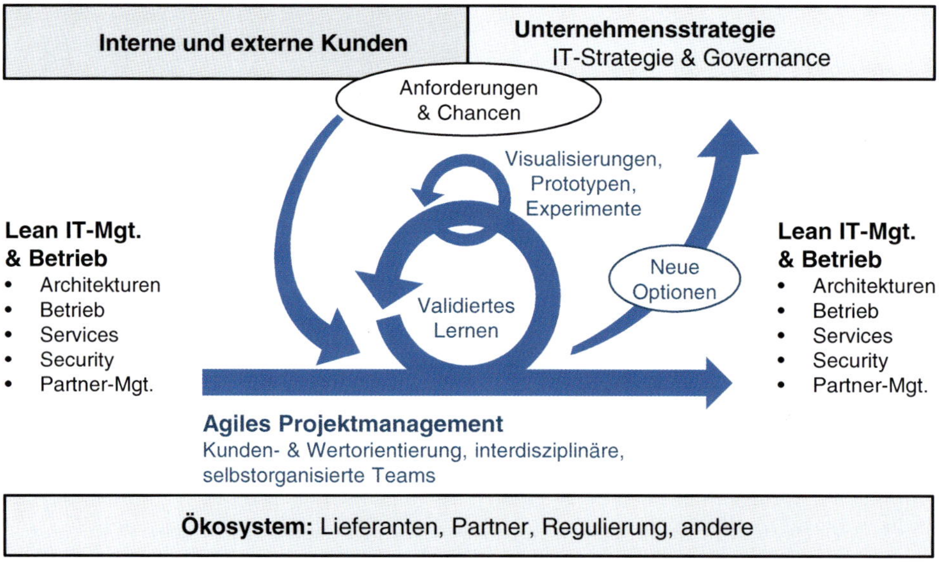

Abb. 5.2 Lean IT setzt auf schlanke Prozesse und macht agile Entwicklung und kontinuierliche Verbesserung zu einem zentralen Element. (Quelle: Uwe Weinreich, CoObeya.net)

Ein erster Schritt besteht darin, die in Kap. 2 genannten Prinzipien anzuwenden, die Verschwendung vermeiden helfen:

Klein anfangen
Gerade in Deutschland wird Digitalisierung fast ausschließlich im Zusammenhang mit großen IT-Projekten diskutiert: Industrie-4.0-Plattformen, Manufacturing Execution Systeme (MES), menschenleere Fabriken etc. Es mag sein, dass das für einige Unternehmen der richtige Weg ist. Dennoch ist es kein schlanker Weg zur Digitalisierung, sondern ein großer, schwer kontrollierbarer ballistischer Wurf, bei dem erst am Ende klar wird, ob die Entscheidung richtig war. Wenn nicht, wurde eine Menge Geld und Zeit verschwendet. Ein typisches System-1-Vorgehen. Ein schlanker Weg besteht hingegen darin, Digitalisierung iterativ aus kleinen, steuerbaren Projekten und mithilfe einer Vielzahl von Experimenten und Optimierungen zu entwickeln (Kap. 3). Dafür gibt es erfolgreiche Beispiele, z. B. Google.

Beispiel
Google ist Ende der 90er Jahre aus einem Universitätsprojekt entstanden und hat sich innerhalb weniger Jahre zu einem der größten, agilsten und am schnellsten wachsenden Unternehmen der Welt entwickelt. Wer den Campus besucht, ist überwältigt vom dort gelebten Überfluss. Für alles ist gesorgt. Von der technischen Ausstattung des Arbeitsplatzes bis zum veganen Buffet, von Sportmöglichkeiten bis zu Spielangeboten. Es ist beeindruckend.

Begonnen hat der Konzern jedoch als junges Start-up mit einer sehr schlanken Ausstattung. Spartanische Büroräume sind nichts Besonderes. Die Arbeit mit gebrauchten Servern zu beginnen, das ist für ein Unternehmen, das auf Serverleistung setzt, selbst als Start-up schon ungewöhnlich.

Digitalisierungsprojekte, die Neuland betreten, verdienen es, dass sie klein beginnen dürfen, auch in Sachen IT. Wenn jede Lösung sofort in ein großes System gepresst wird, verursacht das nicht nur erheblichen Aufwand, sondern zerstört Kreativität. Die Idee muss sich Standardprozessen unterwerfen, die vielleicht für ganz andere Anforderungen entwickelt wurden. Es gibt vielfältige Wege, klein anzufangen. Es ist das Papiermodell, das in frühen Experimentierphasen des validierten Lernens eingesetzt wird, oder eine einfach aus einem Baukasten zusammengesetzte rudimentäre Website oder die schnell auf der Plattform eines Cloud-Anbieters zusammengestellte Datenbank.

Radikal vereinfachen
Der wichtigste Schritt, um IT für digitale Transformationsprozesse radikal zu vereinfachen, ist, neue Entwicklungen von der bestehenden IT getrennt zu halten. Das hat gleich mehrere Vorteile:

- **Schutz bestehender Systeme**
  Bestehende IT-Systeme, ihre Performanz und vor allem ihre Sicherheit werden nicht gefährdet.
- **Schlanke Entwicklung**
  Die Entwicklung kann ohne Restriktionen aus bestehenden Architekturen stattfinden, was den Prozess schlanker und schneller macht.
- **Platz für Neues**
  Es können neue Hard- und Softwarekonstellationen erprobt werden, die bisher nicht in der IT vorgesehen waren.
- **Mehr Rechte**
  Dem Entwicklungsteam kann – sofern die Kompetenz vorhanden ist – ein breiterer Zugriff auf die administrativen Systemkomponenten gegeben werden. Das erweitert die Möglichkeiten des Experimentierens und macht das Projekt schneller.
- **Sicherheit**
  Einfache Systeme sind sicherer, da mit der Komplexität auch Angriffsflächen und Risiken steigen.

Eine weitere Möglichkeit, radikal zu vereinfachen, besteht darin, auf Standards zu setzen, wo es geht. Es kann sein, dass Standards hin und wieder als behindernd empfunden werden. Langfristig heben sie die Kompatibilität von Systemen sowie die Möglichkeit, sie auf dem neuesten Stand zu halten und Standards verkürzen Entwicklungsprozesse.

Agil vorgehen
Es ist kein Zufall, dass agile Methoden wie Scrum aus der Softwareentwicklung stammen. Welchen Nutzen sie stiften und wie sie für umfassende Digitalisierungsprojekte eingesetzt werden, ist bereits in Kap. 3 dargestellt worden. Wenn wir im Zusammenhang mit Lean IT über agile Entwicklung sprechen, ist nicht nur die Entwicklung von Software gemeint, sondern es geht im weiteren Sinne darum, vorhandene IT-Strukturen und -Services so anzuwenden, dass sie agiles Vorgehen optimal unterstützen. Die Möglichkeiten sind vielfältig. Am stärksten wird agiles Vorgehen derzeit von Cloud-Services unterstützt. Sie ermöglichen dynamisches Arbeiten, unterstützen das Skalieren von Lösungen optimal und helfen den eigenen Administrationsaufwand zu minimieren. Mehr dazu in Abschn. 5.3.

Auf Leistungen anderer bauen
Eine Stärke von Lean Digitization besteht darin, kontinuierlich nach Möglichkeiten zu suchen, wie man sich selbst das Leben vereinfachen kann, indem auf bereits entwickelte Lösungen aufgesetzt wird. Die Möglichkeiten, auf Leistungen anderer aufzubauen, sind gerade in Digitalisierungsprojekten immens. Von kleinen Code-Schnipseln und ausführliche Darstellungen von Lösungswegen in Internetforen über umfangreiche Cloud-Plattformen, bis hin zu halbfertigen Embedded Systems (IoT-Boards) ist vieles schnell und billig erreichbar. Ohne auf Leistungen anderer aufzusetzen, ist Lean Digitization nicht

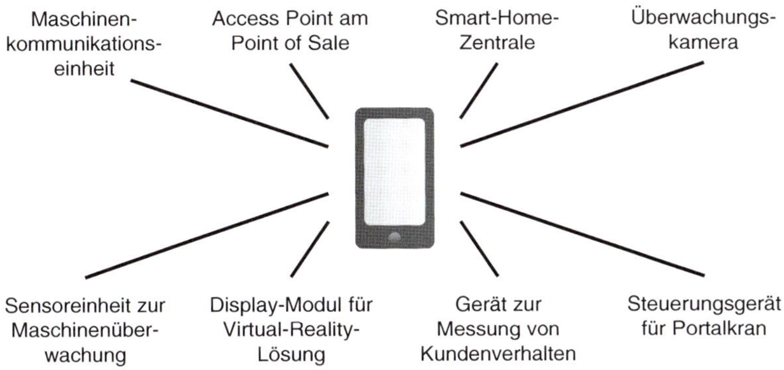

Abb. 5.3 Bestehende Technologie kreativ zu nutzen, macht Entwicklungsprojekte schnell und kostengünstig. (Quelle: Uwe Weinreich, CoObeya.net)

denkbar. Der kreative Umgang mit Lösungen, die bereits verfügbar sind, macht enorme Sprünge möglich (Abb. 5.3).

Harte Projektgrenzen
Auch für die technische Seite von Lean Digitization gelten die bereits beschriebenen Projektgrenzen. Üppige Budgets und großzügige Zeitvorgaben mögen attraktiv erscheinen, helfen jedoch nur selten, tatsächlich herausragende Lösungen zu entwickeln. Klare Grenzen für Innovationsprojekte zu definieren, hilft.

- **Limitierung des Einsatzes von IT:**
  Insbesondere in den Phasen ‚Suchen' und ‚Entwickeln' (Abschn. 3.2) kann es eine sinnvolle Restriktion sein, auf IT zu verzichten. Wenn Prototypen zu frühzeitig in komplexe Hard- und Software umgesetzt werden, verändern sich der Fokus und die Dynamik des Projektes. Der Blick wandert zumindest tendenziell weg von der Lösung eines Kundenproblems hin zur Lösung technischer Probleme. Damit konzentrieren sich die Diskussionen auf andere Aspekte als in diesen Phasen benötigt. Erst nachdem die Problem-Lösungs-Passung mit simplen Prototypen (Papiermodelle, Screen-Simulationen ohne hinterlegte Funktionalität etc.) getestet und bestätigt wurde, lohnt es sich, die Lösung als IT-Prototypen umzusetzen.
- **Zeit und Budget für IT:**
  Der IT-Anteil am Projektbudget sollte von Anfang an mitgedacht werden und gerade in der frühen Phase gering gehalten werden, sowohl was den Zeitbedarf als auch das Budget angeht.
- **Beschränkung der Technologien:**
  Was auf den ersten Blick wie ein Zurechtstutzen des Projektes aussehen mag, ist in vielen Fällen durchaus sinnvoll. Wenn Lösungen in umfangreichere Systemwelten eingebunden werden müssen, wenn ein bestimmter Weg der Produktpflege eingehalten oder Sicherheitsfeatures beibehalten werden sollen, kann eine Beschränkung auf

bestimmte Technologien, Systeme, Hard- und Software, Programmiersprachen und Entwicklungsumgebungen sinnvoll sein.

5.1 Eine neue Architektur

Die IT-Vergangenheit und auch die aktuelle Realität in vielen Unternehmen ist immer noch gekennzeichnet durch heterogene Systeme, die nicht oder nur rudimentär miteinander verbunden sind. Das reicht von tausenden einzelner Kalkulationstabellen über kleinere Spezialapplikationen bis hin zu komplexen Systemen wie ERP. Firmen, die sich auf den Weg machen, ein digitales Unternehmen zu werden, finden in diesen verteilten und heterogenen Systemen sehr schnell die technischen Grenzen des Machbaren. Die Komplexität ist bereits hoch und wenn sie durch digitale Fertigungssysteme und dauerhaft konnektierte Produkte noch weiter in die Höhe getrieben wird, erreicht sie nicht nur ein Maß, bei dem die Übersicht verloren geht, sondern es werden auch erhebliche Sicherheitslücken geschaffen. Daher werden Unternehmen früher oder später die bisherige IT-Architektur hinterfragen müssen.

Von Einzelsystemen zur Plattform
Immer mehr Systemanbieter liefern Business-IT-Plattformen, die unterschiedliche, sinnvoll miteinander verbundene Komponenten enthalten. Damit wird der Aufbau einer konsistenten Business-IT leichter und geänderte Anforderungen können rasch und agil umgesetzt werden. Die nahtlose Integration verschiedenster Dienste wie Big Data, Social Connectivity, Analytik, Customer Engagement Management etc. führt nicht nur zu reibungsloserer Zusammenarbeit der Einzelkomponenten sondern verändert auch die Arbeitssituation von Mitarbeiterinnen und Mitarbeitern positiv.

Besonders wertvoll sind Plattformen aus Sicht von Lean Digitization dann, wenn sie sich klar am Prozess der Wertschöpfung orientieren und ihn unterstützen. Das bringt von Branche zu Branche sehr unterschiedliche Anforderungen mit sich. Eine Arbeitsgruppe von VDI/VDE und ZVEI hat 2015 ein Referenzarchitekturmodell Industrie 4.0 (RAMI4.0) herausgebracht, dass einen Rahmen definiert, in dem Industrie-4.0-Prozesse modelliert werden. Ein solches, in sich konsistentes Framework gibt Orientierung, wie Systeme sinnvoll ineinandergreifen sollten.

Die Entscheidung in eine neue Plattform zu investieren fällt nicht leicht. Erstens ist die Investitionssumme nicht gerade gering. Zweitens fällt es vielen Entscheidern schwer, die bisherigen Investitionen in die Altsysteme einfach abzuschreiben. Drittens läuft es ja irgendwie mit den alten Systemen und, sich an neue zu gewöhnen, fällt schwer – selbst, wenn dadurch vieles besser wird. Viertens ist eine Umstellung immer ein Kraftakt, der lange dauert, Ressourcen frisst und manchmal sogar den Betrieb beeinträchtigt. Daher sollte die Entscheidung gut abgewogen werden.

▶ Die Entscheidung über die zukünftige IT-Infrastruktur gelingt am besten, wenn neben einer Landkarte der bestehenden IT auch ein Modell gezeichnet wird, wie die IT idealerweise aufgebaut wäre, wenn man sie heute ohne Rücksicht auf Bestehendes entwerfen würde.

In eine Plattform zu investieren ist nicht in jedem Falle und nicht sofort notwendig. Während Unternehmen, die sich der vollständigen Prozessdigitalisierung verschrieben haben, kaum darum herumkommen werden, ist es für andere unter Umständen sinnvoller, zunächst mit parallelen Welten zu arbeiten. Dadurch entsteht eine IT der zwei Geschwindigkeiten. Das heißt: bestehende IT, die das Kerngeschäft abbildet (z. B. ERP) läuft weiter als System mit geringer Änderungsgeschwindigkeit und kundenbezogene (z. B. Webshop) sowie neue Lösungen unterliegen schnellen und agilen Anpassungszyklen.

Von der Anforderung zur IT-Architektur

Für die meisten Unternehmen wird der sinnvollste und schlankeste Weg in die weitere Digitalisierung darin bestehen, sich entlang der Anforderungen zu entwickeln, die sich ihnen gerade stellen. Abb. 1.2 zeigt die sieben wichtigen Entwicklungen, die derzeit bei der Digitalisierung eine Rolle spielen. Je nachdem, welche Prioritäten ein Unternehmen setzt, fallen die Konsequenzen für die IT-Strukturen sehr unterschiedlich aus, wie die beiden folgenden Beispiele zeigen(Abb. 5.4):

Unternehmen 1: Der Produzent von Unterhaltungselektronik will durch Digitalisierung eine Marktoffensive starten, die mehr Kunden gewinnt und bindet und vor allen Dingen im Smart Home Markt ein neues profitables Geschäftsfeld eröffnet. Der erste Ausgangspunkt sind die Kunden. In umfangreichen Experimenten mit Kunden erfährt

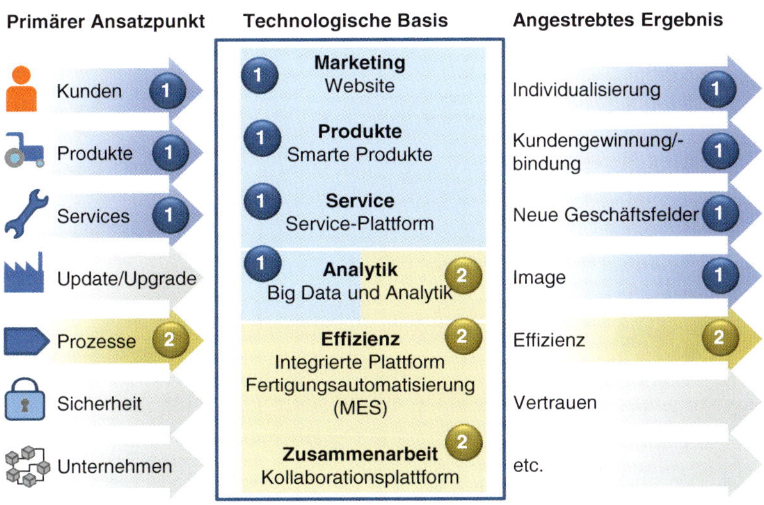

Abb. 5.4 IT folgt den Anforderungen des Unternehmens. (Quelle: Uwe Weinreich, CoObeya.net)

das Unternehmen, welche Produktmerkmale Begeisterung auslösen. Aufgrund dieser Erkenntnisse kann gezielt in die Entwicklung von Fernsehgeräten investiert werden, die gleichzeitig als Schaltzentrale für Heimelektronik und -sicherheit dienen. Dafür muss die firmeneigene IT nicht umgekrempelt werden, sondern in einer separaten Cloud-Umgebung wird die Serverfunktionalität für das Angebot entwickelt, die über den Fernseher, aber auch über eine mobile App verfügbar wird. Um ein möglichst überzeugendes Nutzererlebnis durch selbstlernende Automatisierungen zu erzielen, setzt das Unternehmen auf Big-Data-Analysen.

Unternehmen 2: Ein Druckmaschinenhersteller ist unter massiven Preisdruck geraten und dadurch gezwungen, seine Effizienz in Produktion und allen weiteren Prozessen deutlich zu steigern. Daher entschließt er sich, nicht lange an Symptomen zu laborieren, sondern sofort eine integrierte Plattform zu implementieren, die die Fertigungsprozesse modelliert und steuert. Auch der Druckmaschinenhersteller nutzt Big-Data-Analytik, die in der Plattform verfügbar ist, um den Fertigungsprozess anhand der Prozessdaten zu optimieren. Zusätzlich wird die Kommunikation und Zusammenarbeit der Mitarbeiter durch ein Kollaborationsmodul unterstützt. Für den gesamten Implementierungsprozess sind zwei Jahre veranschlagt.

In beiden Fällen wurde die IT-Ausstattung gemäß der aktuellen Anforderungen entwickelt. Zukünftig werden beide Unternehmen sich sicher einander stärker annähern. Die Unterhaltungselektronik-Firma wird wahrscheinlich mehr und mehr auch auf digitale Prozesse setzen und der Druckmaschinenhersteller kann sich, nachdem die Prozesse digitalisiert sind, Gedanken um überzeugende Lösungen an der Kundenschnittstelle machen.

Eine neue Business-IT-Architektur ist eine komplexe Management-Aufgabe, die hier noch nicht einmal annähernd dargestellt werden kann. Daher streifen wir im Folgenden nur kursorisch die wichtigsten Aspekte, die gerade im Zusammenhang der Entwicklung digitaler Lösungen relevant sind.

5.2 Eigene IT

Viele große und mittelständische Firmen setzen traditionell auf eine eigene IT-Infrastruktur. Insbesondere stärkt das das Gefühl, alles unter Kontrolle zu halten und für Sicherheit und Vertraulichkeit der Daten zu sorgen. Für Systeme der Fertigungssteuerung ist dieser Weg immer noch Standard. Aber bereits für ERP- und CRM-Systeme gibt es Cloud-Alternativen. Ist durch die IT-Richtlinien sogar für Entwicklungs- und Testprojekte die Nutzung externer Provider unmöglich, geht kein Weg daran vorbei, eine eigene Test- und Entwicklungsumgebung im Unternehmen aufzubauen. Der schlankste Weg ist das in der Regel nicht, sofern Entwicklung nicht zu den Kernaufgaben des Unternehmens gehört.

Die für die Test- und Entwicklungsumgebung verwendeten Rechner sollten vom Produktivsystem des Unternehmens getrennt sein, denn eine Integration in ein aktiv genutztes System ist eine unnötige, komplizierte und mit Sicherheitsrisiken behaftete Lösung.

Werden später Schnittstellen zu anderen, bereits bestehenden Systemen wie ERP, CRM o. ä. gebraucht, so ist es ratsam, sie in einem geschützten und abgeschlossenen System zu testen. In vielen Unternehmen werden neben dem Produktivserver einer Anwendung parallel Test- und Entwicklungsserver betrieben. Die Lizenzen dafür werden von vielen Herstellern deutlich günstiger angeboten als das Produktivsystem.

Vorteile
Eigene IT und eigene Test- und Entwicklungsumgebung gibt die volle Kontrolle über das gesamte System. Darüber hinaus bietet es Unternehmen, die über die notwendige Erfahrung und Kompetenz verfügen, eine einmalige Chance, Lösungen zu entwickeln, die nicht durch Limitierungen beschränkt sind, die externe Systeme mit sich bringen. Amazon und Google haben ihre komplette Geschäftssoftware selbst entwickelt und sind beide Vorbilder dafür, wie perfekt Prozesse digitalisiert werden können.

Nachteile
Kosten, Beschaffungs- und administrativer Aufwand sind wesentlich höher als beispielsweise bei Cloud-Lösungen. Die gefühlte Sicherheit vor fremden Zugriffen, Datendiebstahl oder Missbrauch liegt oft deutlich über der tatsächlichen, sodass sie nicht alleiniges Argument sein kann. In vielen Fällen wiegt die Zeitverzögerung durch den administrativen Aufwand als Argument schwerer. Die Zeit bis zur Markteinführung verlängert sich (Time to Market).

Einsatzgebiet
Bei Lean Digitization werden eigene Test- und Entwicklungsumgebungen wegen des großen zusätzlichen Aufwandes nicht die erste Wahl sein. Infrage kommen sie nur, wenn eine der folgenden drei Bedingungen zutrifft:

- Restriktive IT-Richtlinien verhindern eine andere Lösung.
- Die Sicherheits- und Geheimhaltungsanforderungen sind so hoch, dass keine andere Lösung in Betracht kommt.
- Das Unternehmen verfügt bereits über eine leistungsfähige Test- und Entwicklungsumgebung und ein betreuendes Team, sodass die Implementierung des neuen Projektes genauso schnell, sicher und reibungslos läuft, wie bei einem externen Provider.

Vorsicht
Wenn die Server im eigenen Hause stehen, trägt das zwar zum Sicherheitsempfinden bei, die tatsächliche Sicherheit der IT-Struktur kann jedoch weit unter der von externen Providern liegen. Systeme sicher zu halten, erfordert einen hohen und stetigen Aufwand, den Unternehmen intern selten leisten können, es sei denn die Aufgabe gehört zu ihrem Kerngeschäft.

5.3 IT-Outsourcing, Cloud Computing

Rechenzentren und Service Provider sind nicht neu. Die Spannbreite der angebotenen Dienstleistungen ist groß. Dienstleister bieten eine Rechenzentrumsstruktur, die in der Regel unternehmenseigenen Lösungen weit überlegen ist, von der Anbindung über die Kühlung und das Energiemanagement bis hin zur administrativen Pflege und Betreuung von Hard- und Software. Das Spektrum der Leistungen reicht von virtueller Rechenleistung über dedizierte Hardware bis hin zu kompletten Branchenlösungen. Es ist möglich, so gut wie jedes Element – abgesehen vom User-Interface – auf Server im Netz zu verlagern oder die Leistung durch Komponenten aus dem Netz (der Cloud) zu erweitern (Abb. 5.5).

Selbst, wenn die eigene IT-Richtlinie vorsieht, dass Anwendungen ausschließlich auf eigenen Rechner gehostet werden, sollte man überprüfen, ob zumindest in der Test- und Prototypphase die Nutzung eines Serviceproviders nicht günstiger und mit der Richtlinie vereinbar ist. Einen Versuch ist es wert. Manchmal überzeugt es, wenn zunächst nur mit simulierten Daten gearbeitet wird.

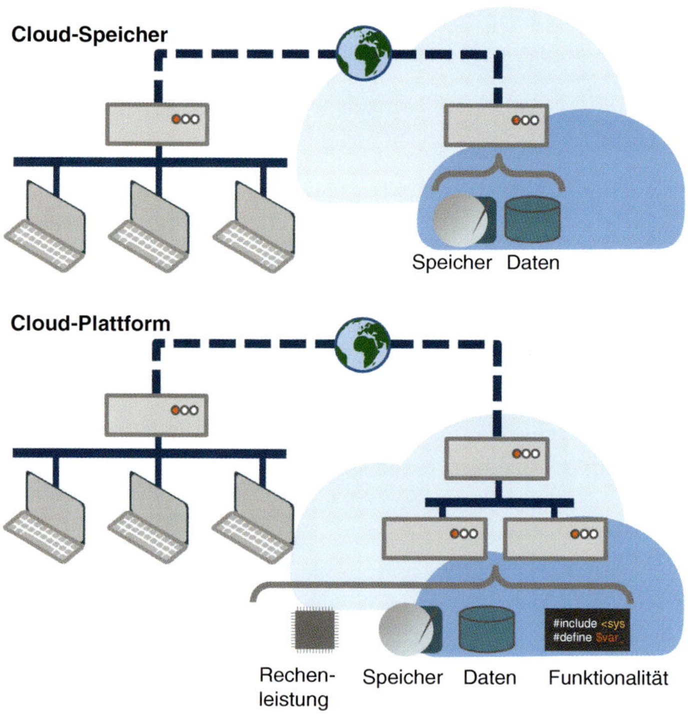

Abb. 5.5 Cloud-Services machen es möglich, fast beliebige Komponenten und Computerleistungen von Computern von außen zu beziehen. Das hält die eigene IT schlank. (Quelle: Uwe Weinreich, CoObeya.net)

In den letzten Jahren hat sich der Markt der ‚as a Service'-Dienstleister stark entwickelt. Neben der Softwarenutzung ist es mittlerweile möglich, komplette Infrastrukturen wie Entwicklungsumgebungen, Plattformen etc. zu nutzen. Viele große Anbieter wie IBM, Amazon, Microsoft und andere sind in den Markt eingestiegen. Die Dienste sind vielfältig und decken den Bedarf von Entwicklern breit ab. Als Beispiele sind in Abb. 5.6 die Funktionsumfänge von Amazon Web Service und Microsoft Azure abgebildet.

Drei Ebenen des Cloud-Computing (Abb. 5.7) werden unterschieden, die sich zurzeit weiter ausdifferenzieren:

- **Die technische Basis: Infrastructure as a Service (IaaS)**
  Die Rechen-, Speicher- und Netzwerkleistung von Hardware, weitere Infrastruktur-Komponenten und Betriebssystem werden als Service zur Verfügung gestellt. Der Aufbau eines eigenen Rechenzentrums entfällt. Die Wartung der Software übernimmt der Nutzer jedoch selbst. Beispiele für IaaS sind Amazon Webservices EC2 (Rechenleistung) und S3 (Speicher), Oracle Cloud, Microsoft Windows Azure Platform, HP Cloud, Google Compute Engine, IBM Smart Cloud, T-Systems DSI. Daneben existiert eine Vielzahl kleinerer Anbieter, teilweise mit interessanten Angeboten für spezifische Anwendungen.
- **Produktivität für Entwicklerinnen und Entwickler: Platform as a Service (PaaS)**
  Neben den bei IaaS bereitgestellten Services werden zusätzlich technische Frameworks wie Datenbanken oder Software-Entwicklungsumgebungen bereitgestellt. Der Provider bietet damit einen umfassenderen Service als bei IaaS. Die Systeme müssen nicht vom Nutzer gewartet werden, sondern er kann sich voll auf die Entwicklung von Anwendungen konzentrieren. Die Angebote unterscheiden sich wesentlich mehr als die von reinen IaaS-Anbietern, weil Entwicklungsanforderungen der Nutzer heterogen sind. Ein Vergleich lohnt sich, sobald die Anforderungen an den Service klar sind. Beispiele sind die Microsoft Windows Azure Services, Amazon Web Services DynamoDB (Datenbank), HP Helion, IBM Bluemix, Pivotal Web Services, SalesForce1, Google App Engine, T-Systems Cloud.
- **Bequemlichkeit für Anwender und Anwenderinnen: Software as a Service (SaaS)**
  Bei SaaS werden komplette Systeme schlüsselfertig zur Verfügung gestellt. Entwicklungsaufwand ist nicht mehr notwendig, lediglich ein Konfigurieren der Anwendungen für den jeweiligen Zweck. Mittlerweile hat sich dieser Zweig des Cloud Computing so weit verbreitet, dass fast für jeden Einsatzzweck Software aus der Cloud genutzt werden kann. Selbst eine beispielhafte Auflistung von Anbietern würde endlos werden.

Obwohl dort entstanden, ist Cloud Computing nicht auf Outsourcing beschränkt. Mittlerweile gibt es die Möglichkeit, auch private Clouds oder hybride Clouds aufzubauen. Dabei wird Cloud-Technologie genutzt, um zum Beispiel den Vorteil der universellen Verfügbarkeit von Daten und Funktionalität zu generieren. Daten und Plattform laufen aber auf eigenen Rechnern. Hybride Cloud-Lösungen sind eine Mischlösung, bei der

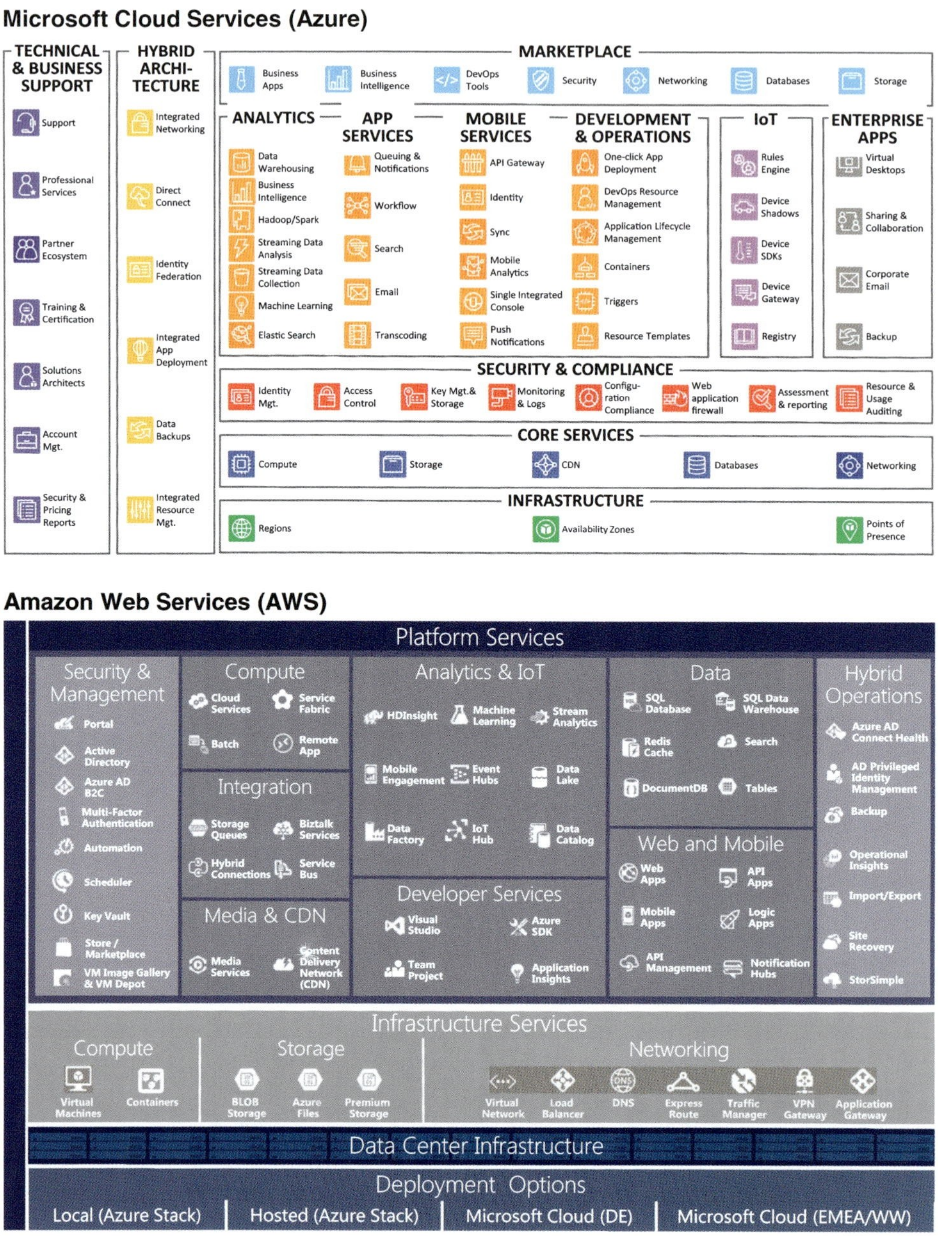

Abb. 5.6 Übersicht über die Funktionsvielfalt der Cloud-Plattformen Amazon Webservices (AWS) und Microsoft Azure. (Quellen: Amazon Web Services Germany GmbH, Microsoft Deutschland GmbH)

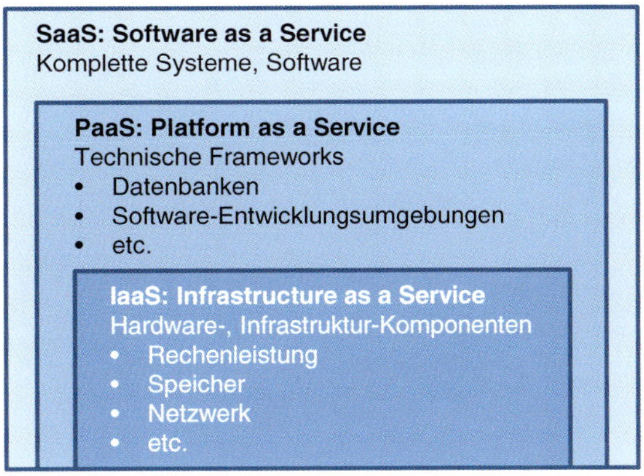

Abb. 5.7 Leistungen werden auf drei Ebenen als Service angeboten. (Quelle: Uwe Weinreich, CoObeya.net)

z. B. ein Outsourcing Partner die Cloud-Infrastruktur liefert, besonders kritische Daten oder auch Anwendungen aber weiter im geschützten Firmennetzwerk liegen.

So ziemlich alles, was man mit Computern machen kann, lässt sich in irgendeiner Form in der Cloud abbilden. Dafür hat sich der Begriff ‚Everything as a Service' (XaaS) eingebürgert. Das umfasst Dinge, wie DICaaS (Data Intensive Computing as a Service), DaaS (Data as a Service), (SECaaS) Security as a Service und viele andere mehr. Besonders ärgerlich ist CaaS (Crime as a Service).

Für die Auswahl geeigneter Anbieter hat der Bitkom (2013) einen Leitfaden erstellt.

Vorteile
Cloud Computing und XaaS sind eine logische Weiterentwicklung der Leistungen von Rechenzentren und Service-Providern. Nutzer der Services werden deutlich von administrativen Aufgaben entbunden. Gerade Platform-as-a-Service-Provider bieten einen zusätzlichen Vorteil für Lean Digitization. In der Phase des Experimentierens und Testens werden nicht nur Funktionalitäten und User-Interface getestet, sondern auch der Einfluss und die Performance unterschiedlicher Systemumgebungen. Zugegeben, Performance zu testen ist ein ziemlicher Aufwand. Der Wechsel zwischen Systemwelten ist nicht trivial, sondern erfordert jeweils eigene Entwicklungsleistungen. Für Systeme, die später hoch performant sein müssen, lohnt es sich aber.

Ein weiterer Vorteil besteht darin, dass Cloud-Anbieter es leicht machen, die Leistung zu skalieren. Der Sprung von fünf Nutzern auf fünf Millionen kann praktisch über Nacht stattfinden.

Nachteile
Wenn ein vertrauenswürdiger und qualitativ hochwertiger Cloud-Provider ausgewählt wurde, gibt es praktisch keine Nachteile, außer eine Anbindung an andere Systeme, die nicht beim Provider gehostet werden, ist zwingend.

Eine Migration des Systems zu einem anderen Provider oder auf eigene Server ist zwar möglich, aber mit Aufwand verbunden.

Einsatzgebiet
Das Einsatzfeld ist breit. Es gibt fast keine Einschränkungen, außer restriktive IT-Richtlinien und extreme Schutzbedürftigkeit der Anwendung.

Auch wenn sich der Beschleunigungseffekt durch Cloud-Services, insbesondere von Platform-as-a-Service-Angeboten am deutlichsten bei komplexen Entwicklungen bemerkbar macht, profitieren kleinere Projekte von den vielen zusätzlichen Leistungen, insbesondere durch die leichte Skalierbarkeit, wenn es zu einem schnellen Wachstum kommt.

Vorsicht
Auch hier gilt: Man bekommt, wofür man bezahlt. Service-Level regeln die Leistungshöhe und -geschwindigkeit des Providers. Wenn zu Anfang des Projektes ein günstiges Servicelevel abgeschlossen wird, das einen 48-h-Support enthält, kann das später im Projekt wehtun. Wenn die eigene Anwendung bei einem Test das System in Grund und Boden fährt, muss das Team im schlimmsten Fall zwei Tage darauf warten, dass er neu aufgesetzt wird.

Während der Beginn der Zusammenarbeit mit Outsourcing-Partnern meistens reibungslos läuft, gibt es nicht selten Probleme, wenn ein System auf eigene Rechner oder einen anderen Provider migriert werden soll. Das kann Dauern und die Bereitschaft des gekündigten Outsourcing-Partners daran mitzuwirken sinkt. Daher sollten Verträge mit Outsourcing-Partnern so gestaltet sein, dass sie die Phase der Transition mit abdecken.

5.4 Open Source Software (OS)

Quelloffene Software ist seit Jahren umstritten. Es gibt begeisterte Anhänger und vehemente Gegner. Tatsache ist, dass Open Source in vielen Bereichen nicht mehr wegzudenken ist. Zum Beispiel laufen das quelloffene Betriebssystem Linux, der Apache Webserver, die MySQL-Datenbank und verschiedene offene Programmier- und Skriptsprachen auf einen Großteil der Webserver zuverlässig und performant. Sie haben einen großen Beitrag geleistet, dass das Internet sich in so rasender Geschwindigkeit entwickeln konnte.

Die Auswahl an Open Source Software ist riesig. Mittlerweile gibt es kaum ein Aufgabengebiet, das nicht von Open Source erobert wurde.

Vorteile
Mit Open Source ist es kostengünstig und oft sogar schnell möglich, die erste Version einer Lösung zu entwickeln. Eine Vielzahl von Providern bieten vorkonfigurierte Umgebungen, sodass die Systemadministration minimal wird. Einer der wichtigsten Vorteile

von OS ist tatsächlich, dass der Quellcode zugänglich ist. Das macht es einerseits möglich, eigene Änderungen oder Erweiterungen vorzunehmen. Auf der anderen Seite bietet der quelloffene Code gerade bei Systemen mit einer großen Entwicklercommunity einen hohen Schutz vor Fehlern, Sicherheitslücken oder gar schädlichem Code. In den vergangenen zwei Jahrzehnten haben sich die Entwickler-Communities der großen OS-Systeme als stark darin erwiesen, Lücken schnell aufzuspüren und zu beseitigen.

Nachteile
Soll OS auf eigener Infrastruktur laufen, fällt ein signifikanter administrativer Aufwand an. Wenn dafür keine Kompetenz im Unternehmen vorhanden ist, muss sie zugekauft werden. Zudem ist OS-Software – nicht immer, aber häufig – weniger komfortabel und teilweise in der Funktion und Performance eingeschränkter als kommerzielle Software. Zudem bekommt man nicht in allen Fällen professionellen Support. Auch Haftungsfragen sind beim Einsatz von OS nicht immer klar geregelt.

Wenn Systeme später in größere Systemlandschaften eingebettet werden sollen, z. B. mit Anschluss an ein ERP-System, ist das mit OS-Software oftmals nur mit zusätzlichem Aufwand möglich. Schnittstellen können nicht so funktional sein, wie bei einer proprietären Lösung des ERP-Herstellers oder einem kommerziellen Drittanbieter.

Einsatzgebiet
OS-Software eignet sich besonders für die schnelle und kostengünstige Erstellung von digitalen Lösungen insbesondere für das Prototyping. Nicht selten gelingt es Entwicklern, auf OS aufgesetzte Software so weit und sicher zu entwickeln, dass sie im Produktiv-Modus als vollständig funktionierendes System läuft. Dann spricht nichts dagegen, das System in dieser Form weiter zu betreiben. Sugar CRM ist beispielsweise ein System, das sich so entwickelt hat. Updates sollten bei Nutzung von OS regelmäßig vorgenommen und eine tief gehende Sicherheitsprüfung vor dem Produktivbetrieb durchgeführt werden.

Vorsicht
Open Source bedeutet Quelloffen, nicht rechtsfrei. Gerade wenn Open Source Software in Produktivsystemen eingesetzt wird, ist es wichtig, genau auf die jeweiligen Lizenzbestimmungen zu achten und sie einzuhalten. Enthält eine Lizenz z. B. eine sogenannte Copyleft-Klausel, wie es bei der verbreiteten GPL der Fall ist, dann muss Software, die die Open Source Software integriert, unter denselben Bedingungen weitergegeben werden. Das schließt eine kommerzielle Vermarktung aus und ist in den meisten Fällen nicht im Sinne des Unternehmens.

5.5 Big Data, Smart Data und erweiterte Analytik

Big Data

Mittlerweile sind wir im Zeitalter der Daten angekommen. Die Menge der minütlich weltweit gespeicherten Daten steigt exponentiell an. Besondere Treiber sind soziale Medien, mobile Geräte, allgemeine Internet Nutzungsdaten und – derzeit mit besonders starkem Wachstum – Sensordaten aus dem Internet of Things (IoT) von Maschinen, Geräten und Trackern. An der Schnittstelle zu Kunden sind mit Hilfe von Daten Einblicke in konkretes Verhalten möglich, die bisher nicht zugänglich waren. Das kann Futter sein für eine Optimierung der bestehenden Leistungen oder der Impulsgeber für komplett neue Geschäftsmodelle.

In den letzten Jahren hat sich Big Data zu einem riesigen Thema entwickelt. Zunächst beschreibt der Begriff nichts anderes als die Tatsache, dass Datenmengen ins schier Unermessliche anwachsen. Laut Statista wächst die Menge an Daten, die jährlich weltweit generiert werden auf rund 40.000 Exabyte. 2010 waren es weniger als 1250. Abb. 5.8 zeigt die Relationen. In vielen Fällen sind die gewonnenen Daten unstrukturiert oder besitzen nur eine unvollständige und heterogene Struktur.

Insgesamt lassen sich vier Herausforderungen identifizieren, die die Verarbeitung großer Datenmengen schwierig machen. Im Englischen werden sie als 4 V bezeichnet:

- **Volumen (Volume)**
  Datenberge werden schnell gigantisch. Wenn zum Beispiel eine Maschinen nur drei Sensoren besitzt, einen für die Temperatur, einen für die Drehzahl und einen für Vibration, und die Daten jede Sekunde – das ist bereits ein langer Zeitraum– an einen zentralen Server liefert, entstehen in einem einzigen Achtstundentag bereits 86.400

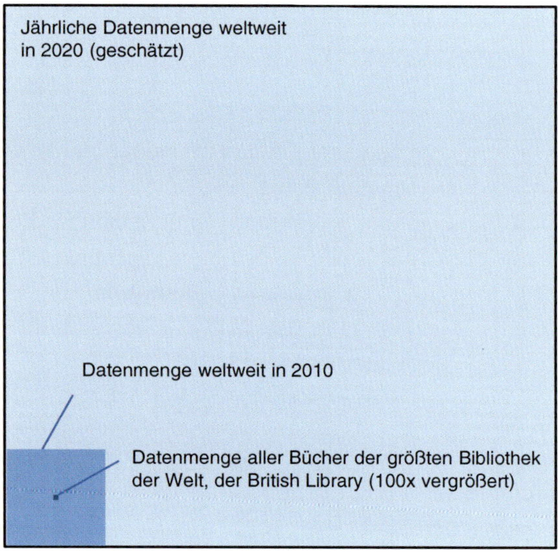

Abb. 5.8 Die Flächen stellen Datenmengen im Vergleich dar. (Quelle: Uwe Weinreich, CoObeya.net)

Einzeldaten. In der betrieblichen Praxis sind die Datenmengen viel höher als in diesem einfachen Rechenbeispiel und bewegen sich in Größenordnungen von einigen Terabyte bis Petabyte.
- **Geschwindigkeit (Velocity)**
die Datenmenge allein ist vielleicht nicht das Problem. Herausfordernd wird es, wenn ungeheure Datenmengen innerhalb kürzester Zeit, mit hoher Geschwindigkeit eintreffen, gespeichert und analysiert werden müssen.
- **Vielfalt (Variety)**
Unterschiedliche Datenquellen, Datenarten und -formate stellen eine zusätzliche Herausforderung dar. Daten können nicht in einfache, konsistente und wohl strukturierte Datenbanken abgelegt werden.
- **Verlässlichkeit (Veracity)**
Selbst, wenn Mengen, Geschwindigkeit und Vielfalt gemanagt werden können, ist nicht unbedingt klar, welche Qualität die Daten haben und wie zuverlässig sie sind. Große Datenmengen können große Mengen an fehlerhaften und ungenauen Daten enthalten.

Um Big Data zu speichern, verarbeiten und zu analysieren, braucht es spezielle Systeme, die in der Lage sind, mit hohen Datenströmen in kurzer Zeit umzugehen. Ein weit verbreitetes System dafür ist das Open Source Framework Hadoop, das auf Entwicklungen von Google beruht und in der Lage ist, verteilte Systeme performant miteinander zu verbinden, sodass eine gemeinsame Systemeinheit daraus entsteht.

Seit einigen Jahren verbinden gerade Unternehmen, die ein Massenpublikum ansprechen, mit Big Data die Erwartung, Kunden besser zu verstehen und Angebote zielgerichteter zu platzieren. Auch in Industrie 4.0 spielt Big Data eine wichtige Rolle. Maschinen-und Sensordaten können in Echtzeit verarbeitet werden. Doch das sind nicht die einzigen Anwendungsbereiche. Big Data liefert beispielsweise auch wertvolle Hilfe, wenn es darum geht, Angriffe auf Computersysteme zu erkennen.

Eine zentrale Frage ist, inwiefern Ergebnisse aus Datenanalytik zu den Zielen und Prozessen des Geschäftsmodells beitragen. In diesem Sinne sind Daten, Smart Data, Big Data und Analytik kein Selbstzweck, sondern stets darauf bezogen, einen Nutzen zu generieren. Zu Beginn der Nutzung von Daten sollte es nicht unhinterfragt nur darum gehen, möglichst viele Daten zu sammeln. Ein guter Start ist es, zunächst nach relevanten Daten Ausschau zu halten und mit ihnen elegant umzugehen. Solche smarten Daten sind ressourcenschonend und liefern wichtige Einblicke, die für die Weiterentwicklung eines Big-Data-Projekts hilfreich sind.

Big Data bietet kleinen Datenmengen gegenüber zwei entscheidende Vorteile (Mayer-Schönberger und Cukier 2014): Ergebnisse werden unter bestimmten Bedingungen allein dadurch besser dass viele Daten zur Verfügung stehen. So hat ein Google Projekt für automatische Übersetzungen, das alle verfügbaren, bereits übersetzten Texte auswertete ein IBM-Projekt geschlagen, das nur auf qualitativ hochwertige, beglaubigte Übersetzungen setzte. Masse schlägt Qualität, wenn es darum geht Qualität zu erzeugen. Der zweite wichtige Vorteil ist, dass mit Big-Data-Technologien Daten kombiniert werden können, mit denen das bisher aufgrund ihrer Datenstrukturen nicht möglich war. Das ist ein wichtiger Impuls beispielsweise für epidemiologische Forschungen zur Krebsentstehung oder so praktischen Anwendungen wie die Inrix Traffic App, die Staus aufgrund vielfältiger Daten vorhersagt.

Smart Data und insbesondere Big Data-Lösungen sind durchaus investitionsrelevant. In einem Lean Digitization Vorgehen sollte der Einsatz gut durchdacht werden. Sind sie vorhanden, können sie großen Nutzen stiften.

Erweiterte, prädiktive und präskriptive Analytik

Eng verknüpft mit Big Data sind komplexe analytische Verfahren. Während einfache Analyseverfahren sich um deskriptive Daten, wie Häufigkeiten und Verteilungen, und einfache statistische Auswertungen drehen, bietet erweiterte Analytik weitaus mehr. Erst durch den Einsatz von Computern ist es möglich geworden, Verfahren aus der künstlichen Intelligenz wie neuronale Netze und komplexe, iterative Analysesysteme sinnvoll einzusetzen. Noch vor wenigen Jahren wäre ein solches Verfahren allein an der notwendigen Rechenleistung gescheitert.

Die Chancen sind enorm. Zum Zeitpunkt, als dieses Buch geschrieben wurde, erschien durchschnittlich alle 41 Sekunden ein neuer medizinischer Fachartikel. Kein niedergelassener Arzt, noch nicht einmal ein komplettes Krankenhausteam ist in der Lage, diese Menge zu lesen, geschweige denn für die eigene Berufstätigkeit daraus Konsequenzen zu ziehen. Das auf Big-Data-Technologie und Künstliche Intelligenz hin entwickelte IBM-Computersystem Watson ist dazu sehr wohl in der Lage und durchsucht innerhalb von Sekunden Tausende von Studien um Wirkungen und Nebenwirkungen bestimmter Therapieverfahren miteinander zu vergleichen. Ähnlich sieht es in anderen wissensbasierten Arbeitsfeldern aus. So ändert sich in den USA beispielsweise mindestens täglich eine Bestimmung allein im Steuerrecht.

Eine große Chance erweiterter Analytik besteht darin, mehr Einblick und Transparenz in Bereiche zu bringen, die sonst nur schwer zugänglich sind. Lassen sich beispielsweise Klickpfade in einem Webshop in großer Zahl analysieren, und daraus Muster erkennen, wird es wesentlich leichter, die Shop-Oberfläche nutzerfreundlicher zu gestalten. Damit wird erweiterte Analytik ein wesentlicher Baustein im validierten Lernen. Entscheidungsprozesse werden auf Fakten und Daten gestützt.

Besonders spannend ist die sogenannte prädiktive Analytik. Wie sie funktioniert, wird am deutlichsten bei einer Anwendung, die jeder kennt: der Wetterprognose. Es ist erstaunlich, wie genau Wettervorhersagen heutzutage sind. Generationen von Meteorologen haben daran gearbeitet, komplexe Wettermodelle zu erstellen, die auf sehr leistungsfähigen Großrechnern laufen. Die Modelle beschreiben Beziehungen zwischen Wetterereignissen, Kriterien für Vorhersagen und Wahrscheinlichkeiten darüber, was passiert, wenn eine bestimmte Konstellation eintritt. Laufend werden die Modelle mit aktuellen Wetterdaten gefüttert, sodass gigantische Datenmengen entstehen. Auf der Basis kann eine Vorhersage erstellt werden und das System gibt an, mit welcher Wahrscheinlichkeit die Vorhersage eintreffen wird. Daraus entsteht unser Wetterbericht.

Damit die Vorhersagen immer besser werden und es sich an geänderte klimatische Bedingungen anpasst, wird ein Vergleich gezogen zwischen den Vorhersagen des Modells und den tatsächlich eingetretenen Wetterereignissen. Daraus entsteht für das System ein Lernprozess, bei dem Kriterien des Modells neu definiert werden. Sofern er automatisiert ist, handelt es sich um maschinelles Lernen.

Von Zeit zu Zeit ist es nicht nur notwendig, Daten und Entscheidungskriterien des Systems anzupassen, sondern das gesamte Modell, das den Vorhersagen zugrunde liegt. Das erledigen Rechner, wie z. B. IBMs Watson schon selbst. In dem Falle sprechen Experten von Deep Learning (Abb. 5.9).

Erweiterte Analytik ist reizvoll, nicht nur, weil sie tiefe Einsichten und relativ genaue Vorhersagen hervorbringt, sondern auch, weil das iterativ-zirkuläre Vorgehen validiertes Lernen in Reinform darstellt. Sofern die technischen Möglichkeiten im Unternehmen vorhanden sind und mit überschaubarem Aufwand für die Aufgaben der digitalen Transformation genutzt werden können, können automatisiert große Datenmengen analysiert werden. Das ist in der Phase ‚Wachsen' (Abschn. 3.2) hilfreich.

Einen Schritt weiter geht sogar noch die sogenannte präskriptive Analytik. Darunter werden Analyseverfahren verstanden, die auf prädiktive Analytik aufsetzen, dabei aber nicht nur Vorhersagen treffen, sondern auch Empfehlungen geben. Bei 90 % Regenwahrscheinlichkeit zu empfehlen, einen Schirm mitzunehmen, braucht keine große Analytik. Wenn es aber beispielsweise um große Investitionsentscheidungen geht, wird es komplexer. Präskriptive Analytik betrachtet Empfehlungen nicht statisch, sondern es werden die Auswirkungen einer Entscheidung im Modell simuliert und soweit variiert, dass sich die optimale Entscheidung herauskristallisiert. Es handelt sich also um einen vorausschauenden validierten Lernprozess, der auf Daten und Algorithmen basiert.

2016 hat IBM auf der CeBIT seinen Schwerpunkt auf das Thema ‚cognitive Computing' gelegt. Das ist der nächste Sprung der Analytik. Wenn Rechner in die Lage versetzt werden, durch das Nachahmen neuronaler Funktionen, natürliche Sprache zu verstehen

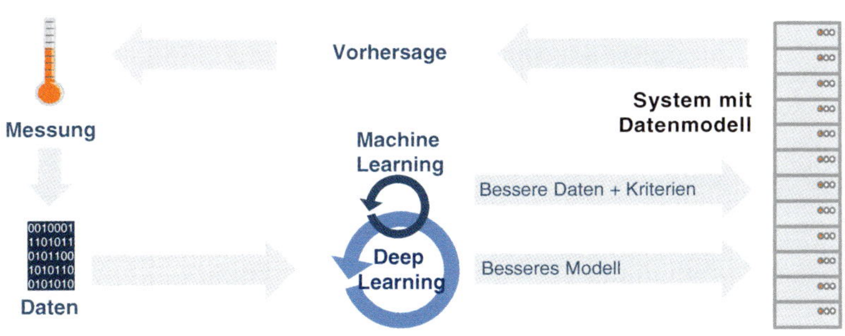

Abb. 5.9 Schematische Funktionsweise von Machine Learning und Predictive Analytics. (Quelle: Uwe Weinreich, CoObeya.net)

und Schlüsse zu ziehen, wie es Menschen tun, werden die Einsatzmöglichkeiten potenziert. Watson ist das System, mit dem IBM diese Technologie derzeit demonstriert.

Schritte zur Nutzung von Big Data und erweiterter Analytik
Mit der Einführung einer Big-Data-Analyseplattform ist es nicht getan. Das wäre ein klassischer ballistischer Fehlgriff. Sinnvoller ist auch bei der Einführung von Big Data und erweiterter Analytik in Lernzyklen vorzugehen (Abb. 5.10).

Suchen

1. **Sondieren**
   In der ersten Orientierungsphase ist es gewinnbringend sich erst einmal Klarheit über den bereits vorhanden Status zu verschaffen. Dazu werden existierende Datenbestände sondiert und das Datengrundgerüst wird klar.

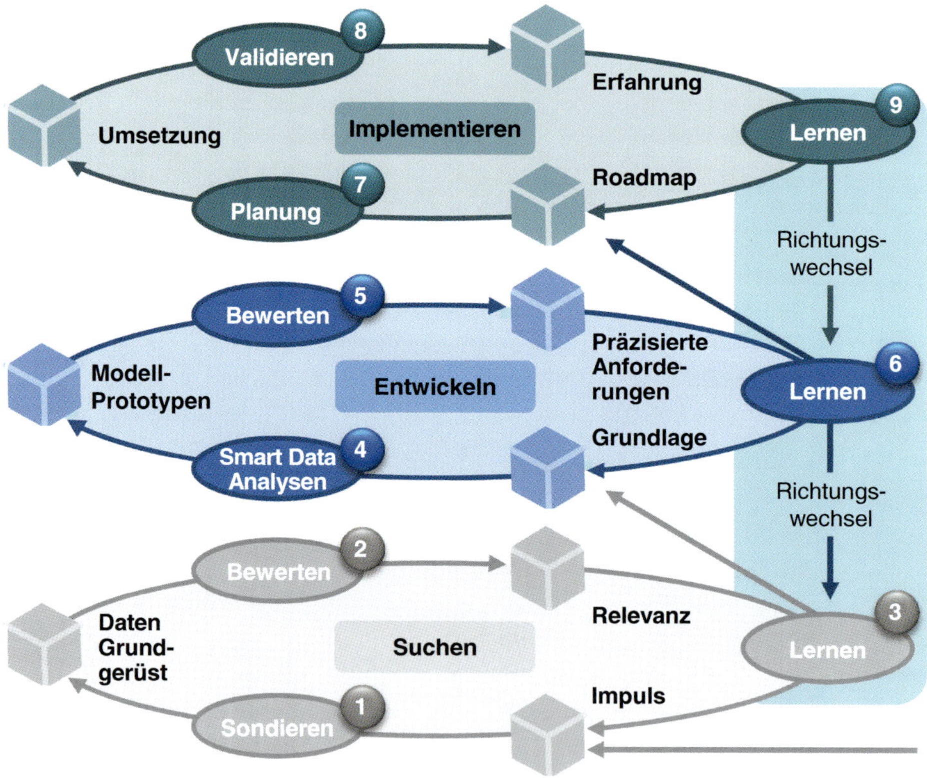

Abb. 5.10 Validiertes Lernen bei der Einführung von Big Data. (Quelle: Uwe Weinreich, CoObeya.net)

2. **Bewerten**
   Der Wert der Datenbestände zeigt sich erst, wenn mit den jeweiligen Experten und Fachabteilungen darüber gesprochen wird. Durch deren Bewertung wird die Relevanz der Daten deutlich.
3. **Lernen**
   Datenbestände und Relevanz geben Aufschluss darüber, welche Daten und Analysen für das Unternehmen insgesamt wichtig sind. Eventuell wird der Zyklus noch einmal durchlaufen und neue Datenbestände werden hinzugenommen.

Entwickeln

4. **Smart Data Analysen für einzelne Anwendungsfälle**
   Auf Grundlage der Erkenntnisse aus den ersten Zyklen kann jetzt aktiv modelliert und experimentiert werden. Dabei werden – zunächst ohne IT – Modellprototypen für Datengewinnung, Datenanreicherung und Datenanalyse samt Kriterien und Visualisierungen in unterschiedlichen Anwendungsszenarien entstehen. Diese Modelle können mit Anwendern getestet werden.
5. **Bewerten**
   Die Bewertung derjenigen, die später mit den Ergebnissen arbeiten werden, hilft, die Anforderungen weiter zu präzisieren.
6. **Lernen**
   Nach mehreren Entwickeln-Zyklen zeigt sich, welche Datenquellen erfolgsentscheidend sind, welches Minimum an Datenqualität erforderlich ist und welche Analyseverfahren und Darstellungen den Kunden von Big Data helfen. Darauf aufbauend werden Anforderungen an Technik, Organisation und Rechtssicherheit bestimmt.

Implementieren

7. **Planung**
   Zur Planung gehört neben den internen Veränderungen auch die Sondierung und Auswahl der technischen Plattform. Sobald Entscheidungen getroffen sind, können sie umgesetzt werden
8. **Validieren**
   Mit Umsetzen allein ist es nicht getan. Systeme und Organisationsveränderungen brauchen immer eine Nachsteuerung, bis alles reibungslos läuft. Daher sollten sehr frühzeitig Effekte – insbesondere auch die nicht gewollten und überraschenden – der Einführung erfasst und ausgewertet werden.
9. **Lernen**
   Je sicherer und nutzbringender die neue Technologie läuft, desto besser kann sie in die Gesamtstruktur der Unternehmensanalytik eingebunden werden. Big Data und Analytik sollen einen dauerhaften Beitrag zur Wertschöpfung liefern. Dafür ist es notwendig, dass die Ergebnisse der neuen Technologie einen festen Platz in den Analysesystemen des Unternehmens finden.

In der Testphase ist es sinnvoll, Musteranalysen zunächst auf einer Cloud-Plattform durchzuführen, die Big Data und Analytik als Service anbietet.

Der Bundesverband Informationswirtschaft, Telekommunikation und neue Medien e. V. (Bitkom) hat diverse Leitfäden mit Praxisbeispielen für Big-Data-Einführung und Nutzung entwickelt und stellt sie über seine Website zur Verfügung.

Vorteile

Big Data und erweiterte Analytik erlauben Analysen, die in vergleichbarer Form und Geschwindigkeit vorher nicht möglich waren. Datengetriebene Geschäftsmodelle werden erst durch Big Data und Analytik sinnvoll.

Nachteile

Big-Data- und erweiterte Analytik-Anwendungen sind aufwendig. Außerdem braucht es Experten (Data Analysts), um sinnvoll mit den Möglichkeiten umzugehen.

Einsatzgebiete

Dort, wo Daten und Analytik Treiber des Geschäftsmodells sind, werden früher oder später Big Data und erweiterte Analytik zum Einsatz kommen.

Vorsicht

Nur weil es viele Daten sind und erweiterte Analytik erstaunliche Zusammenhänge liefert, heißt das nicht, dass die Daten verlässlich sind. Statistiker kennen das Problem, dass allein durch große Datenmengen zwangsläufig irgendwelche Zusammenhänge bei Analysen auftauchen. Die müssen nicht wirklich sinnvoll sein und sagen in den wenigsten Fällen etwas über Ursachen aus. Kritischer Verstand sollte eingeschaltet bleiben.

5.6 Robotik

Robotik ist ein schnell wachsendes Anwendungsfeld der Digitalisierung. Es ist der Bereich, in dem traditionelle Ingenieurwissenschaften (Mechanik, Elektronik) und digitale Technologien am stärksten zusammenwachsen. Industrieroboter, die zur Automatisierung der Fertigung in einer smarten Fabrik eingesetzt werden, stellen einen Wachstumstreiber für die Hersteller und einen Effizienztreiber für die Unternehmen dar, die sie einsetzen.

Mittlerweile sind die Kosten für Roboterkomponenten wie Sensoren, Aktoren, Steuerelektronik, Batterien etc. so weit gesunken, dass auch der Markt der Endverbraucher durch Roboter oder Geräte, die Robotik-Komponenten integrieren, interessant wird. Mäh- und Bodenpflegeroboter haben bereits Einzug in Haushalte gefunden.

Ein weiteres Feld ist die Entwicklung von Mikro-Robotern, die wie eingebettete Systeme in größeren Anlagen verbaut werden können. In der medizinischen Forschung wird sogar schon an Nano-Robotern gearbeitet, die später einmal im menschlichen Körper arbeiten sollen.

Robotik ist ein dynamisches Entwicklungsfeld, das zwei Chancen bietet:

1. Digitalisieren und Automatisieren von Arbeitsschritten und ganzen Prozessen durch Einsatz von Robotern
2. Entwickeln von Produkten, die auf Robotik aufsetzen, und Erschließen neuer Märkte

Vorteile

Auch die Vorteile müssen gemäß der beiden Chancen beurteilt werden. In der Digitalisierung und Fertigung der Produktion bieten Industrieroboter ein großes Potenzial zur Steigerung von Effizienz und Produktivität. Außerdem besitzen sie den Vorteil, dass einmal erlernte Vorgehensweisen praktisch fehlerfrei ausgeführt werden. Das erhöht die Produktqualität.

Unternehmen, die selbst Robotik-Produkte herstellen, treffen derzeit auf einen offenen und nicht gesättigten Markt. Gelingt es, überzeugende Lösungen zu entwickeln, liegt darin ein großes Wachstumspotenzial.

Nachteile

- Robotik ist nicht ungefährlich. Roboter sind Maschinen, die mit hoher Kraft und Geschwindigkeit agieren und daher bisher allein hinter Glas arbeiten mussten. Erst neueste Generationen sind in der Lage, die Anwesenheit von Menschen zu erkennen und sich darauf einzustellen.
- Die Umstellung der Produktion auf Industrieroboter ist kostenintensiv.
- Die Entwicklung eigener Robotikprodukte ist experimentell und der Einstieg birgt ein nicht unerhebliches unternehmerisches Risiko, das durch enge Lernzyklen abgepuffert werden sollte.

Einsatzgebiet

Industrieroboter sind seit Jahrzehnten im Einsatz und werden immer besser. Sie lohnen sich für Massenproduktionen. Die Geräte werden von Generation zu Generation flexibler und integrieren sich besser in die digitale Gesamtlogistik der Produktion, sodass in den nächsten Jahren gerade die Fertigung individualisierter Produkte davon profitieren wird.

Der Einsatz im Alltag steht noch ganz am Anfang. Aktuell werden Auslieferungsroboter für Logistik-Unternehmen und Pflegeroboter heiß diskutiert. Auch die Versuche des autonomen Fahrens von Kraftfahrzeugen gehören dazu. Die möglichen Anwendungsfelder sind kaum beschränkt und es werden von Jahr zu Jahr mehr.

Vorsicht

Roboter werfen nicht unerhebliche Haftungsprobleme auf. Sie handeln autonom oder zumindest teilautonom. Es ist daher schwer festzustellen, wer bei Fehlverhalten eines Roboters haftet. Eins ist allerdings klar: Der Roboter nicht, da er keine rechtsfähigen Person ist.

5.7 Additive Fertigung/3-D-Druck

3-D-Druck wurde 2014 und 2015 als die Technologie gefeiert, die Fertigung komplett umkrempeln wird. Produkte werden nicht mehr in Fabriken hergestellt, sondern einfach zu Hause ausgedruckt. Wird es etwas komplizierter, dann geschieht es vielleicht im Geschäft, so wie Nike es mit dem Druck von Sportschuhen plant. Der prophezeite Boom ist bisher ausgeblieben und es ist Ernüchterung eingetreten. Trotz dieses Rückschlags hat sich die zugrunde liegende Technologie rasant weiterentwickelt. Es sind nicht mehr nur grob strukturierte Kunststoffteile, die aus 3-D-Druckern kommen, sondern Airbus verwendet beispielsweise filigrane, leichte und doch extrem stabile Teile aus Titan, die durch additiven Fertigung in einer Form und Präzision hergestellt werden, wie es weder durch Guss noch durch Zerspanungstechnik möglich wäre. Immer mehr Materialien werden für den Druck verfügbar.

Auch die Größenbegrenzung fällt. In der chinesischen Stadt Suzhou erstellt das Bauunternehmen Winsu mit einem selbst entwickelten 3-D-Drucker ganze Häuser.

Ähnlich wie Robotik bietet additive Fertigung Unternehmen mehrere Chancen zur Digitalisierung:

1. Einsatz von 3-D-Druck in der eigenen Fertigung.
2. Entwicklung neuer 3-D-Drucker und Druckverfahren. Der Markt ist groß und wird sich weiterentwickeln.
3. Entwicklung von Services rund um 3-D-Druck, wie das Erstellen von Druckvorlagen, das Management von Druckern bis hin zum Betrieb von Anlagen.

Vorteile
- 3-D-Druck ist in der Lage, Formen zu erzeugen, die mit bisherigen Techniken nicht oder nicht wirtschaftlich herstellbar waren. Daneben wird stets die Möglichkeit genannt, Produkte stark zu individualisieren. Das ist allerdings erst möglich, wenn zuvor die digitalen Baupläne entsprechend erstellt sind.
- Additive Fertigung vermeidet insbesondere im Vergleich zu Zerspanung Abfall.
- 3-D-Drucker eignen sich für die schnelle Herstellung von Prototypen.

Nachteile
Es können noch längst nicht alle Materialien von 3-D-Druckern verwendet werden. Auch die Qualität der Produkte bleibt teilweise noch hinter traditionell gefertigten zurück. Das sind aber Probleme, die im Laufe der Zeit weniger werden.

Einsatzgebiet
3-D-Druck ist ein Fertigungsverfahren, das das Potenzial besitzt, Fertigung unabhängiger vom Ort zu machen. Kleinserien und Prototypen können in jedem Büro erstellt werden. Darüber hinaus wird sich additive Fertigung in Produktionsprozessen einen Platz

sichern, wo Individualisierung oder spezielle Formgebung gefordert sind, die mit konventionellen Verfahren nicht herstellbar sind.

Vorsicht
3-D-Druck steht noch am Anfang seiner Entwicklung. Es wird in den nächsten Jahren große Sprünge geben. Das Potenzial wird sich im Laufe der Zeit zeigen. Es sollte gerade bei großen Anlagen auf den richtigen Zeitpunkt des Einstiegs geachtet werden. Zu früh kann bedeuten, dass Qualität der Erzeugnisse und Funktionalität zu gering bleiben bei vergleichsweise hohen Kosten. Zu spät einzusteigen kann dazu führen, dass Wettbewerber bereits Potenziale gehoben haben, denen man dann erst einmal hinterherlaufen muss.

5.8 Crowd Services

Aus Sicht eines vernetzten Computers ist es ziemlich egal, wie die Daten am anderen Ende der Leitung entstehen. Natürlich hat er es am liebsten, wenn es ein Computer mindestens derselben Leistungsklasse ist. Im Zweifelsfall findet er sich aber auch damit ab, wenn Menschen das produzieren, was er angefordert hat.

Glücklicherweise sind Menschen doch noch in einigen Dingen besser und sogar schneller als Computer, z. B. beim Erkennen von Bildern und Mustern, beim Verstehen von Sprache und insbesondere Konnotationen. Computer sind wirklich sehr schlecht darin, Humor und Ironie zu erkennen.

Mittlerweile existiert eine Reihe von Anbietern, die menschliche Kompetenz und Arbeit in Cloud-artigen Netzen bündeln und zur Verfügung stellen. Unterschieden wird zwischen Micro- und Macro-Working. Während beim Macro-Working qualifizierte Personen komplexe Aufgaben übernehmen (z. B. bei der Crowd-Design-Plattform 99Designs.com), bieten Micro-Working-Plattformen Personen die Möglichkeit, ohne besondere Qualifikation an niedrig komplexen Aufgaben zu arbeiten, wie z. B. dem Verschlagworten von Bildern.

Crowd-Services stellen eine Möglichkeit dar, Leistungen auf breiter und kostengünstiger Basis auszulagern. Außerdem können sie genutzt werden, wenn ein Digitalisierungsprojekt noch nicht vollständig durch einen zuverlässigen Algorithmus abgebildet wird. Gerade für den Kundenservice werden Möglichkeiten erprobt, bei denen Beratung aus Kunden-Communities als Crowd erfolgen. Es ist nicht ausgeschlossen, dass irgendwann ein Algorithmus entwickelt wird, der dieselbe Fähigkeit besitzt und die Crowd ersetzt.

Wenn für eine eigene Lösung ein digitaler Algorithmus entwickelt wurde, ist es selten, dass er von Anfang an perfekt funktioniert. In der Regel muss er erst mal angelernt (mit Daten und Kriterien versehen) und perfektioniert werden. Dafür lassen sich wunderbar Crowd-Services nutzen. So kann Bilderkennungssoftware beispielsweise von der Bilderkennung realer Menschen lernen, indem beide parallel ein Bild auswerten und das Delta verglichen wird.

Vorteile
Mit Crowd-Services können schnell Lösungen entwickelt werden, bei denen Menschen die Funktion übernehmen, die später im Rechner laufen soll (‚fake it till you make it') oder für die noch kein Algorithmus zur Verfügung steht. Darüber hinaus können Algorithmen schnell und effizient validiert werden.

Nachteile
Selbst eine in prekären Verhältnissen oder Ländern mit geringem Lohnniveau arbeitende Crowd ist teurer als ein Algorithmus. Das Einbinden von Crowd-Services ist ein nicht zu vernachlässigender Kostenfaktor.

Crowd Services müssen gemangt werden. Die Crowd funktioniert selten von allein. Dafür muss personeller Aufwand einkalkuliert werden. Das CoObeya-Logo wurde z. B. über einen Crowd-Service entwickelt. Die Zahl der Entwürfe und die Qualität einzelner war hoch. Auf der anderen Seite musste ein tagelanger Bewertungs- und Auswahlprozess geleistet werden, der mit einer einzelnen Agentur deutlich geringer gewesen wäre.

Einsatzgebiet
Crowd-Services eignen sich für das Outsourcing einzelner, umschriebener Leistungen oder für die Integration in hybride digital-humane-Lösungen, bei denen weder der Mensch noch der Computer allein die Leistung erbringen kann.

Vorsicht
Die Crowd kann launisch sein. Gerade, wenn langfristig auf Leistungen aus der Crowd gesetzt wird, können verschiedene Effekte die Qualität gefährden. Wenn immer wieder dieselben Personen in der Crowd dieselben Aufgaben übernehmen, kann das zu negativen Effekten führen:

- **Verlust der Motivation**
  Die Arbeit wird ermüdend, die Motivation sinkt. Leistung, Zuverlässigkeit und Zahl der Crowd-Mitarbeiter sinken. Anregen der Motivation durch höhere Vergütung kann in einen Teufelskreis führen.
- **Systematische Verzerrungen**
  Die Personen gewöhnen sich an die Aufgabe und arbeiten nach Schema. Es findet ggf. keine genaue Prüfung mehr statt. In solchen Fällen werden Ergebnisse deutlich verfälscht.

5.9 Standards

Abschließend ein Wort zum Thema Standards. Kaum ein Prozess, kaum eine Applikation oder Datentransfer würde funktionieren, wenn es nicht Standards gäbe, die die Regeln für den Austausch beschreiben. Standards haben ein doppeltes Gesicht. Auf der einen Seite geben sie Sicherheit. Die Nutzung von Standards führt dazu, dass die eigene Anwendung mit anderen Systemen kompatibel wird. Auf der anderen Seite limitieren Standards. Das zeigte sich beispielsweise in den letzten Jahren bei der Entwicklung des World Wide Web. Die Entwicklung der Standards ging wesentlich langsamer voran, als es für Unternehmen und Nutzer sinnvoll war. Rivalen im Markt – zeitweise Netscape und Microsoft – implementierten immer wieder Technologien, die nicht miteinander kompatibel waren. Gerade Webdesignern hat das viel Arbeit und Ärger verursacht.

In der Diskussion um Industrie 4.0 in den letzten Jahren, hat sich gezeigt, dass der Umgang mit Standards sich in Europa und den USA unterscheidet. Während sich Unternehmen in Europa darüber beklagten, nicht in Industrie 4.0 einsteigen zu können, da die entsprechenden Standards fehlen, gingen amerikanische Unternehmen wesentlich mutiger voran und begannen De-facto-Standards zu setzen.

Im Rahmen von Lean Digitization bieten Standards eine gute Möglichkeit, Verschwendung zu vermeiden. Durch Standards reduziert sich ein Mehraufwand, der entsteht wenn Systeme und Datenaustauschformate miteinander kompatibel gemacht werden müssen. Auf der anderen Seite kann es sinnvoll sein, selbst eigene Vorschläge für Standards zu entwickeln und in einen Standardisierungsprozess zu geben. Unternehmen, die sich hier engagieren, nutzen eine Chance, eigene Interessen und eigene technologische Entwicklungen im Standard zu verankern. Der Prozess ist jedoch anstrengend. Bevor ein Standard landes- oder weltweit implementiert wird, bestehen in der Regel Vorstufen, die von einzelnen Firmen entwickelt worden sind. Daran hängen lange Entwicklungsarbeit, Interessen und Marktchancen. Diejenigen, die in einem Standardisierungsprozess miteinander diskutieren, sind selten unvoreingenommen.

5.10 Checkliste ‚Lean IT'

□	Wir haben eine Entwicklungsumgebung gefunden, die zu den Anforderungen und Zielen des Projektes passt
□	Wir beginnen klein und investieren erst in große Lösungen, wenn Experimente gezeigt haben, dass wir auf dem richtigen Weg sind
□	Wir gestalten Lösungen so einfach wie möglich
□	Wir nutzen Cloud-Services und Plattformen
□	Unsere Entwicklungsumgebung ist ausreichend von Produktivsystemen getrennt
□	Wir nutzen Open Source Software für schnelle Prototyperstellung
□	Wir setzen auf Standards, um Kompatibilität zu gewährleisten und die Systempflege zu erleichtern
□	Wir nutzen erweiterte Analytik, um unsere Lösung weiterzuentwickeln und neue Erkenntnisse zu sammeln
□	Wir testen Algorithmen. Wenn es sinnvoll ist, auch über Crowd Services
□	Wir sorgen von Anfang an dafür, dass unsere Entwicklung nicht zu einer Insellösung führt, sondern Standards einhält

Literatur

Bell SC, Orzen MA (2010) Lean IT: enabling and sustaining your lean transformation. CRC Press, Boca Raton

Bitkom (2013) Eckpunkte für sicheres Cloud Computing: Leitfaden für die Auswahl vertrauenswürdiger Cloud Service Provider. Bitkom, Berlin

Hanschke I (2014) Lean IT-Management – einfach und effektiv: Der Erfolgsfaktor für ein wirksames IT-Management. Hanser, München

Laudon KC, Laudon JP, Schoder D (2015) Wirtschaftsinformatik: Eine Einführung. Pearson Studium, Halbergmoos

Mayer-Schönberger V, Cukier K (2014) Big data: a revolution that will transform how we live, work, and think. John Murray, London

Müller A, Schröder H, Thienen L von (2012) Lean IT-Management: Was die IT aus Produktionssystemen lernen kann. Gabler, Wiesbaden

Statista (2016) Prognose zum Volumen der jährlich generierten digitalen Datenmenge weltweit in den Jahren 2005 bis 2020 (in Exabyte). http://de.statista.com/statistik/daten/studie/267974/umfrage/prognose-zum-weltweit-generierten-datenvolumen/. Zugegriffen: 7. Apr. 2016

Tiemeyer E (Hrsg) (2013) Handbuch IT-Management: Konzepte, Methoden, Lösungen und Arbeitshilfen für die Praxis. Hanser, München

VDI, ZVEI (2015) Statusreport Referenzarchitekturmodell Industrie 4.0 (RAMI4.0)

Digitale Sicherheit

6

Zusammenfassung

Digitale Lösungen müssen nicht nur funktional überzeugen, sondern auch erhöhte Sicherheitsanforderungen erfüllen. Durch Maßnahmen in der Produktentwicklung von Anfang an ist ein Grundstein gelegt. Security by Design sorgt dafür, dass Sicherheit nicht als nachträgliches Element eingebaut wird, sondern fest verankert ist. Sicheres Verhalten und bei der Digitalisierung ein paar Grundregeln einzuhalten hilft, Cyber-Kriminellen das Leben schwer zu machen.

Schlüsselwörter

Cyber Security · IT-Sicherheit · Betriebssicherheit · Informationssicherheit · Sichere Entwicklung · Serversicherheit · Produktsicherheit · digitale Sicherheit · technische Sicherheit · Security by Design

Dombrowski fällt es schwer, Anna so direkt zu konfrontieren. Aber es geht nicht anders. Schließlich gehört es zu seinem Job: „Anna, wir haben deinen Server stillgelegt."

„Was? Warum das denn?" Das klingt nach einem schlechten Start in die Woche.

„Ich war mit einem Kollegen gestern Abend bis 2:00 Uhr Nachts hier. Du kannst dir vielleicht denken, dass wir sonntags lieber zu Hause wären."

„Ja, aber was ist denn passiert?" Anna schaut ihren ehemaligen Chef verständnislos an.

„Unser Sicherheitssystem hat mich gestern Abend informiert, dass verdächtige Aktivitäten stattfinden. Scheinbar hat jemand versucht, unsere internen Server zu durchforsten. Wer das war, weiß ich nicht, und auch nicht, was er wollte."

U. Weinreich, *Lean Digitization*, DOI 10.1007/978-3-662-50502-1_6

In anna steigt ein Verdacht hoch: „Und was hat das mit unserem 3-D-Druck-Server zu tun?"

„Ich bin mir nicht ganz sicher. Wir haben gestern erst mal alles vom Netz abgeklemmt, Serverlogs durchgesehen und, so weit möglich, alle Systeme auf Datenintegrität überprüft. So wie es aussieht, waren wir schnell genug. Wir haben den Eindringling abwehren können, als er sich noch an den Türen zu schaffen machte. Das ist wirklich Glück. Stell dir vor, die wären in das ERP-System oder unsere Planungsdaten gekommen."

„Ja, und was hat das jetzt mit unserem Server zu tun?" Anna wird ungeduldig.

„Genau weiß ich das nicht. Die Log-Dateien zeigen, dass die Angreifer den Weg über dein System genommen haben. Da scheint irgendwo die Tür ziemlich weit offen zu stehen."

Anna wird heiß und kalt. Aus ihrer Zeit als IT-Projektleiterin weiß sie genau, wie anfällig vernetzte IT-Systeme für Angriffe sind. Mit dem 3-D-Drucksystem gibt es sogar eine Angriffsfläche auf Geräteseite.

Julia Ahrens hatte ihren Charme eingesetzt und letzte Woche von einem ehemaligen Kollegen in einem Berliner Unternehmen unter der Hand eine modifizierte Steuersoftware bekommen, die ein Team-Kollege mit Begeisterung für einen Testlauf in das Drucksystem integriert hat. Anna sah das kritisch, aber der Zeitgewinn war enorm. Steckt darin die Sicherheitslücke? Keine Ahnung.

„Verstanden", antwortet Anna, „ich weiß wie wichtig Security ist. Ich kümmere mich darum. Ehrlich gesagt, ich glaube, das wäre nicht passiert, wenn wir auf die Cloud-Entwicklungsplattform gegangen wären, wie ich vorgeschlagen habe."

„Mag sein. Vielleicht sollten wir das noch mal prüfen". Dombrowski weiß, dass er sich auf Anna verlassen kann. Trotzdem ist es ärgerlich. „Wir haben deinen Server komplett abgeklemmt von der übrigen IT. Vielleicht kannst du mit einem rein internen Netzwerk arbeiten bis alle Sicherheitslücken geschlossen sind."

Anna nickt niedergeschlagen. Für diese Woche wird ihr großes Projekt ‚keine Verschwendung' einen derben Rückschlag erleiden. Da kommt gerade eine Unmenge Arbeit auf sie und ihr Team zugerollt.

6.1 Technische Sicherheit

Wenn wir ehrlich sind, müssen wir zugeben, dass digitale Transformation nicht nur ein Segen ist. Es werden erhebliche Risikopotenziale eröffnet. Insbesondere zeigt sich bei der Diskussion um Industrie 4.0 und Internet of Things, dass Millionen neue Geräte, die mit dem Internet verbunden sind und oftmals auf minimalistischer technischer Basis laufen, Milliarden von Sicherheitslücken produzieren. Mit Shando.com existiert bereits eine Suchmaschine für konnektierte Geräte und die Schwachstellen werden gleich mitgeliefert.

Darüber hinaus ist weltweit eine florierende Industrie entstanden, die rasant wächst: Cyber Crime, teils ironisch, aber treffend als ‚CaaS – Crime as a Service' bezeichnet. Über das sogenannte Darknet, einen Teil des Internets der nicht in Suchmaschinen verzeichnet ist und nur über spezielle Zugänge erreicht werden kann, ist es möglich, Kreditkartendaten in Tausenderpaketen für Cent-Beträge zu bestellen oder die Programmierung komplexer und hoch leistungsfähiger Schadsoftware in Auftrag zu geben. Die Bedrohung steigt täglich und man muss eingestehen, dass die Cybercrime-Industrie mittlerweile mindestens genauso hoch entwickelt ist, wie die übrige IT-Branche. Es sind nicht mehr jugendliche Hacker in abgedunkelten Hinterzimmern, die zur Gaudi Pentagon-Rechner knacken, sich köstlich über die eigene technische Überlegenheit freuen und kaum Schaden hinterlassen. Es ist eine Industrie, es sind Geheimdienste und es ist manchmal der Wettbewerber oder jemand, der am Erfolg des Unternehmens mitverdienen will.

Wer ein digitales System oder ein digitales Geschäftsmodell betreibt, kann sicher sein, irgendwann Ziel eines Angriffs zu werden. Leider schützt es auch nicht, klein und unbedeutend zu sein. Der Aufwand, Schwachstellen in Systemen zu entdecken, ist gering. Er kann mittlerweile weitgehend automatisiert werden. Daher lohnt es sich für Angreifer, in der Breite zu suchen. Irgendwas wird schon hängen bleiben, genauso wie selbst bei schlecht gemachtem Spam immer noch ein Gewinn entsteht, weil irgendjemand unter den Millionen Empfängern doch auf den Link klickt.

▶ Die Bedrohung lässt sich nicht ausschalten, sondern nur managen.

Cyber Crime

Es ist ein dauernder Kampf, dem Betreiber digitaler Geschäftsmodelle begegnen müssen. Die Sicherungsmaßnahmen sind vielfältig und erfordern technische Kompetenz. Dafür werden die meisten Unternehmen Experten ins Haus holen müssen.

Cyber Security ist der Sammelbegriff für Konzepte und Maßnahmen, um die Funktions- und Betriebssicherheit der Systeme, die Informationssicherheit sowie Datensicherheit, -sicherung und -schutz zu gewährleisten. Einen kompakten Überblick bietet Klipper (2015).

Sicherheit durch Design

Als Rechner stärker miteinander vernetzt wurden, stieg die Wichtigkeit des Themas Sicherheit rasant an. Viele Schwachstellen zeigten, dass viel zu spät an Sicherheit gedacht wurde. Sicherheit war manchmal nur ein Add-On, das hinzugegeben wurde, wenn die Entwicklung schon weitgehend abgeschlossen war.

Insbesondere Microsoft hat sich seit 2002 darum verdient gemacht, eine Lösung zu finden. Entwickelt wurde das Microsoft Security Lifecycle Modell (kurz SLD). Darin werden sicherheitsrelevante Maßnahmen ab Beginn der Entwicklung definiert und während der Entwicklung umfangreich getestet (Schmidt 2009; Lipner und Howard 2005). Als Security by Design besitzt das Modell immer noch hohe Relevanz (Tab. 6.1).

Security by Design wird auch von weiteren Firmen wie Adobe, Apple, Google, Oracle und Symantec umgesetzt. Der Grundgedanke unterstützt Lean Digitization. Jede Stufe lässt sich in Lernzyklen aufbauen und durch Experimente testen.

Tab. 6.1 Der Microsoft Security Development Lifecycle Modell

Traditionelle Entwicklungsphasen	Stufen im Microsoft SDL
Initialisierung	Stufe 0: Bewusstmachung und Schulung
	Stufe 1: Projektinitialisierung und Definition des Schutzbedarfs
Anforderung	Stufe 2: Kostenschätzung für Sicherheitsmaßnahmen
Entwurf	Stufe 3: Vorgaben für Entwurf sowie Etablieren und Befolgen von Best Practices für den Entwurf
	Stufe 4: Risikoanalyse für Design
Umsetzung	Stufe 5: Erstellen der Dokumentation für das sichere Anwenden der Software
	Stufe 6: Umsetzen und Befolgen der Best Practices, sichere Programmierung
Test	Stufe 7: Überprüfung von Sicherheit und Datenschutz
	Stufe 8: ‚Security Push' als letztes und intensives Suchen von Sicherheitslücken
	Stufe 9: Datenschutz-Review
Freigabe	Stufe 10: Planung für Eintreten von Sicherheitsvorfällen
	Stufe 11: Letzte Sicherheits- und Datenschutzreview inklusive Abnahme
Betrieb	Stufe 12: Ausliefern der Software
	Stufe 13: Reagieren auf Sicherheitsvorfälle

Gerade das ausführliche Testen (im Microsoft-Beispiel Stufen 7 bis 9) kann in validierten Lernzyklen perfekt umgesetzt werden. Besonders gründlich funktioniert es, wenn die Tests *vor* der Software entwickelt werden, die getestet werden soll. Eine Definition des Schutzbedarfs (Stufe 1) lässt sich mithilfe der Funktionsmatrix (Kap. 4) entwickeln.

Das Prinzip von Security by Design lässt sich nicht nur auf die Entwicklung von Software sondern auch auf Hardware anwenden. Genauso wie Security lassen sich Safety by Design (Betriebssicherheit) und Privacy by Design (Datenschutz) von Anfang an gestalten.

Die Lehre aus der Security by Design Entwicklung zeigt, wie wichtig es ist, Sicherheit von Anfang an mitzudenken und zu realisieren. Dazu ein paar Hinweise.

Sicherheit für genutzte Software

- **Software stets auf dem aktuellen Stand halten**
  Die Anbieter von System- und Anwendersoftware arbeiten ständig daran, ihre Systeme weiterzuentwickeln und Sicherheitslücken so schnell wie möglich zu schließen. Das hilft aber nur, wenn die verbesserten Updates, Patches und Firmware rechtzeitig

auf den Rechnern und Geräten der Anwenderunternehmen landen. Veraltete und nicht mehr genutzte Software sollte umgehend deinstalliert werden. Leider gibt es viel zu häufig lange Latenzzeiten. Nutzer von Cloud-Systemen sind im Vorteil. Cloud-Anbieter besitzen in der Regel schnelle und standardisierte Prozesse für Updates.

- **Sicherheitsfunktionen der Hersteller aktivieren**
  Softwarehersteller bauen in ihre Produkte einige Sicherheitsfunktionen ein. Manchmal ist der Umfang gering, manchmal ausgefeilt. In beiden Fällen helfen sie nur, wenn sie aktiviert sind.
- **Mit limitierten Nutzerkonten arbeiten**
  Administratorenrechte sind in der alltäglichen Arbeit nur selten erforderlich. Daher sollte nach Möglichkeit mit eingeschränkten Nutzerrechten gearbeitet werden.
- **Starke Passwörter**
  Passwörter sollten möglichst stark sein und regelmäßig gewechselt werden.
- **Aktive Inhalte deaktivieren**
  Die Funktionen, wie z.B. das automatische Öffnen von Anhängen und heruntergeladenen Dateien sind bequem, stellen aber eine große Sicherheitslücke dar.
- **Aktuelle Sicherheitssoftware einsetzen**
  Eine performante Firewall, ein Virenscanner und Intrusion Detection sind die Mindestausstattung eines Produktivservers.

Sicherheit im Umgang mit Daten

- **Sensibler Umgang mit Daten:**
  Allen Beteiligten sollte bewusst sein, dass Daten sowohl für das Unternehmen als auch für Kunden und Partner ein sensibles Gut sind und daher besonders geschützt werden müssen. Dazu gehört, dass nur diejenigen, die sie wirklich benötigen, nur dann darauf Zugriff bekommen, wenn es erforderlich ist. Die Restriktion mag streng klingen, senkt das Risiko aber erheblich.
- **Verschlüsselung nutzen**
  Wo immer möglich, sollten kritische Daten verschlüsselt übertragen und gespeichert werden.
- **Sicherheit der Datenträger**
  Es sollten nur Datenträger verwendet werden, die aus vertrauenswürdigen Quellen stammen. Werbe-USB-Sticks gehören nicht dazu, selbst wenn sie von vertrauenswürdigen Firmen stammen. Auch über frei zugängliche Ladegeräte auf Konferenzen ist schon Schadsoftware platziert worden.
- **Daten sichern**
  Häufig und regelmäßig Sicherungskopien anfertigen, die an einem physisch nicht mit dem System verbunden Ort liegen.

Sicherheit für Server, Geräte (IoT) und weitere Infrastrukturen

- **Sichere Hardware einsetzen**
  Sicherheitsfeatures und potenzielle Lücken sollten vor der Beschaffung recherchiert und verglichen werden.
- **Ports schließen**
  Alle nicht genutzten Ports von Servern und Geräten sollten geschlossen werden.
- **Niedrigst mögliche Konnektivität**
  Verbindungen trennen, wo sie nicht gebraucht werden.
- **Sichere Passwörter**
  Immer noch laufen viele IoT-Geräte und Server-Applikationen mit dem vom Hersteller vergebenen Default-Passwort. Das ist geradezu eine Einladung zum Missbrauch.
- **Schichtenarchitektur (Multi-Tier-Architektur):**
  Es ist sicherer, nicht alles auf einem physikalischen Rechner laufen zu lassen. Wird er geknackt, ist gleich alles gefährdet. Besser ist eine Multi-Tier-Architektur, bei der nur ein Server (Server Nr. 1) für Anfragen nach außen offen ist, und die Daten selbst auf einem Rechner im Hintergrund (Server Nr. 2) liegen, der nicht auf Anfragen aus dem Gesamtnetz reagiert, sondern ausschließlich auf Anfragen von Server Nr. 1. Damit ist Server Nr. 2 vor direktem Zugriff geschützt.
- **Logfiles analysieren**
  Es lohnt sich, in regelmäßigen Abständen auf die Log-Dateien des Systems zu schauen und sie auf auffällige Aktivitäten hin zu analysieren. Daraus lassen sich gegebenenfalls Hinweise auf Sicherheitslücken und Anregungen für Verbesserungen des Sicherheitsstandards ableiten.
- **Technische Sicherheitsmaßnahmen:**
  Eine Firewall bietet gewissen Schutz, ist aber nicht ausreichend. Spätestens beim Wechsel einer Lösung in den Produktiv-Modus sollte mindestens eine Intrusion Detection, besser sogar Intrusion Prevention vorhanden sein.
- **Das System hacken lassen (Penetrationstests)**
  Mittlerweile gibt es eine ganze Reihe von Sicherheitsfirmen, die freundliche Hacker-Angriffe im Angebot haben. Das System wird mit einer Vielzahl von unterschiedlichen Angriffstypen bombardiert und das Systemverhalten wird dokumentiert. Auf die Weise erhalten Betreiber ein genaues Verhaltensprofil der Server bei Angriffen und erkennen Lücken.

Sicherheit für selbst entwickelte Software

- **Ein- und Ausgaben prüfen:**
  Es ist besser, sich nie darauf zu verlassen, dass Nutzer genau die Daten abfragen und senden, die regulär über das API oder ein User Interface vorgesehen sind. Gerade dadurch, dass Eingaben nicht auf Konformität und Zulässigkeit geprüft wurden, sind in der Vergangenheit große Sicherheitslücken (z. B. Code Injection) entstanden.

Indem Ausgaben geprüft werden, bevor sie rausgehen, kann Informationsabfluss verhindert werden.

- **Authentifizierung und Zugriffskontrolle:**
  Nutzerinnen, Nutzer – auch Rechnersysteme, die auf ein API zugreifen – sollten einen Authentifizierungsprozess durchlaufen. Es können unterschiedliche Verfahren gewählt werden, die den jeweiligen Schutzanforderungen entsprechen.
- **Logfiles schreiben**
  Wenn die selbst entwickelte Software über alle wichtigen Aktivitäten Log-Dateien schreibt, ist es leichter Fehlverhalten und Angriffe zu erkennen.
- **Nutzen des ‚Least Privilege'-Prinzips:**
  Jede Nutzerin und jeder Nutzer sollte in einem System beim Log-in stets nur die niedrigste Rechtestufe erhalten, die sie braucht, um produktiv mit dem System umzugehen.
- **Pair Programming und Code Review:**
  Jeder Programmiercode enthält Fehler. Das lässt sich nicht vermeiden. Es sollten so wenige sein, wie möglich. Im Extreme Programming arbeiten jeweils zwei Entwickler gemeinsam am selben Code und unterstützen und kontrollieren sich gegenseitig. Das führt nicht nur zu weniger Fehlern, sondern auch zu besseren Lösungen. Eine andere Möglichkeit ist Code Review, also das Gegenlesen von Code durch eine zweite Entwicklerin oder einen zweiten Entwickler. Beide Vorgehensweisen sind personalintensiv, sorgen aber für deutlich höhere Sicherheit.
- **Test Driven Development**
  Massives Testen von Software mit vorher entwickelten Tests ist der beste Weg, um Funktionalität zu überprüfen und Sicherheitslücken zu entdecken.
- **Das System hacken lassen (Penetrationstests)**
  Auch auf Software-Eben sollte überprüft werden, ob Systeme gehackt werden können.

Sicherheit durch Management

- **Informationssicherheitsmanagement-System (ISMS)**
  Es ist eine Managementaufgabe, Regeln und Prozesse für die Sicherstellung der Informationssicherheit zu entwickeln.
- **Ansprechpartner für Sicherheit finden**
  Es hilft Mitarbeiterinnen und Mitarbeitern, wenn es einen kompetenten Mitarbeiter für Sicherheitsfragen gibt.
- **Mitarbeiter trainieren**
  Eine jährliche Schulung von Mitarbeiterinnen und Mitarbeitern zum Thema Cyber-Sicherheit sollte Standard sein, um einen hohen Grad der Sensibilität für das Thema zu erhalten.
- **Sicherheit demonstrieren**
  Unternehmen profitieren davon, wenn Sie ihre Sicherheitsmaßnahmen nach außen kommunizieren. Es hat nicht nur Imagevorteile, sondern signalisiert Angreifern auch, dass das Unternehmen kein leicht zu nehmendes Ziel ist.

- **Notfallplan**
  Die Wahrscheinlichkeit ist nicht gering, dass trotz ausgefeilter Maßnahmen irgendwann ein Angriff stattfindet. Dafür sollte ein Notfallplan vorliegen, der die Weiterführung des Geschäftsbetriebs sicher stellt (Business Continuity)

Das deutsche Bundesamt für Sicherheit in der Informationstechnik hat den sogenannten IT-Grundschutz entwickelt, ein umfassendes und praxisnahes Konzept, das es Unternehmen möglich macht, ein akzeptables Schutzniveau zu erreichen und sich bei Bedarf nach ISO 27001 zertifizieren zu lassen. Speziell zu Fragen der Sicherheit bei Industrie 4.0 Projekten nimmt Urbas (2014) Stellung.

6.2 Sicherheitsrisiko Mensch

Falls Sie glauben, dass Technologie Ihre Sicherheitsprobleme lösen kann, verstehen Sie die Probleme nicht und Sie haben von Technologie keine Ahnung (Bruce Schneier 2004).

Cyber-Kriminalität ist eine boomende Industrie, die die gleichen Ziele verfolgt wie andere Industrien auch:

- Gewinnmaximierung
- Senken des Risikos
- Effizienz und Kostenoptimierung

Gewinnmaximierung scheint zu gelingen. Per Cyber-Kriminalität werden jährlich Schäden in Milliardenhöhe verursacht. Das Risiko ist gering, besonders wenn die Angreifer in einem Land sitzen, in denen ihr Handeln nicht bestraft wird, oder wenn sie gar bei diesem Staat angestellt sind. Effizienz und geringe Kosten werden erreicht, indem der einfachste und am wenigsten Widerstand bietende Weg gegangen wird, sozusagen ‚Cybercrime lean'. Wie geht das? Ein Angriff wird viel leichter, wenn ein Angreifer sich schon auf der anderen Seite der Sicherheitsmechanismen befindet. Dann müssen sie nicht überwunden werden.

Trotz aller technischen Raffinesse der Cyber-Kriminellen, ist es der einfachere Weg, sich Zugang zu Systemen zu verschaffen, indem man Mitarbeitern über die Schulter schaut, wenn sie ihr Passwort eingeben, oder sich einfach an deren Rechner zu setzen, wenn er unbeobachtet mit offenem System irgendwo steht. Auch eine E-Mail oder ein Datenträger mit Schadsoftware funktioniert immer noch, wenn sie attraktiv genug sind.

Das Sicherheitsrisiko ‚Mensch' lässt sich nicht durch technisches Aufrüsten lösen. Abb. 6.1 zeigt, dass es durchaus möglich ist, das technische Sicherheitsniveau hoch zu halten. Das hat allerdings einen gravierenden Nachteil: Anwendbarkeit und die Motivation, das Sicherheitsniveau einzuhalten, sinken. Das ist nicht unbedingt böser Wille, sondern ein Ausdruck dafür, dass der Aufwand für Sicherheit jenseits dessen liegt, was im Geschäftsalltag vertretbar und anwendbar ist.

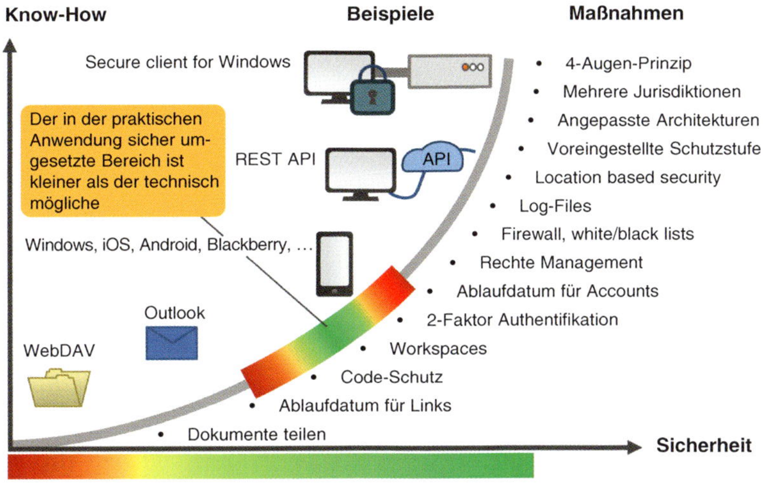

Abb. 6.1 Mit steigender technischer Sicherheit steigt das Risiko, dass Nutzerinnen und Nutzer die Sicherheitsmaßnahmen umgehen und so neue, teils gravierendere Lücken öffnen. (Quelle: Günther Hoffmann, DocRAID – ContentPro AG)

Sicherheitsmaßnahmen müssen mitarbeiterorientiert gestaltet werden. Es reicht nicht, nur auf die technische Seite zu schauen. Besser ist es, in Experimenten und validierten Lernzyklen das Sicherheitsniveau zu finden, das für Anwender und Anwendung optimal ist.

Darüber hinaus ist ein Grundverständnis für Cyber-Sicherheit bei Mitarbeitern und Mitarbeiterinnen elementar. Es entsteht allerdings nicht von selbst, sondern muss erarbeitet werden. Schulungen sind ein Weg, reichen aber nicht. Viel wirkungsvoller ist es, wenn Sicherheit im formellen und informellen Belohnungssystem abgebildet ist (Vergehen werden sanktioniert, Kolleginnen achten auf Einhalten von Sicherheitsstandards) und Managerinnen und Manager leben es vor. Vorgesetzte sollten deutlich machen, wie ernst sie selbst Sicherheit nehmen und selbst keine kleinen Umwege um die Sicherheitsmechanismen herum suchen.

Übrigens hilft eine positive Unternehmenskultur. In nicht wenigen Fällen werden Daten, Zugänge oder Betriebsgeheimnisse aktiv von Mitarbeitern oder Mitarbeiterinnen verraten, weil große Unzufriedenheit mit der eigenen Arbeitssituation eingetreten ist.

6.3 Checkliste ‚Digitale Sicherheit'

- ☐ Unser Unternehmen besitzt ein Informationsschutzsystem, in das auch unser Projekt eingebunden ist
- ☐ Alle Teammitglieder kennen und beachten die Grundsätze sicherer Software- und Hardwarenutzung, sicherer Entwicklung und sicheren Betriebs von digitalen Lösungen
- ☐ Wo wir unsicher sind, ziehen wir frühzeitig interne oder externe Sicherheitsexperten zurate

☐	Wir achten darauf, dass verwendete Soft- und Hardware definierte Sicherheitsstandards einhält
☐	Wir sorgen dafür, dass der technische Standard von Soft- und Hardware immer dem aktuellen Stand entspricht
☐	Wir haben einen Notfallplan

Literatur

Bundesamt für Sicherheit in der Informationstechnik - BSI (2016) IT Grundschutz. https://www.bsi.bund.de/DE/Themen/ITGrundschutz/itgrundschutz_node.html

Klipper S (2015) Cyber security: Ein Einblick für Wirtschaftswissenschaftler (essentials). Springer Vieweg, Wiesbaden

Lipner S, Howard M (2005) The trustworthy computing security development lifecycle. https://msdn.microsoft.com/en-us/library/ms995349.aspx. Zugegriffen: 14. Apr. 2016

Schmidt N (2009) Sichere Softwareentwicklung nach dem „Security by Design"-Prinzip Königsweg à la Redmond. http://www.heise.de/developer/artikel/Sichere-Softwareentwicklung-nach-dem-Security-by-Design-Prinzip-403663.html. Zugegriffen: 14. Apr. 2016

Schneier B (2004) Secrets and lies: digital security in a networked world. Wiley, New York

Urbas L (2014) Industrielle Informationssicherheit: IT in der Automation. Deutscher Industrieverlag, München

Teil III
Management

7 Digitale Kompetenz

Zusammenfassung

Digitale Geschäftsmodelle basieren auf Daten und Analytik. Manager, die digital getriebene Unternehmen steuern, brauchen entsprechende Kompetenz im Umgang damit. Langfristig wird aber nur die Kooperation zwischen Management und Spezialisten für Datenanalytik zielführend sein.

Eine herausgehobene Stellung nehmen Algorithmen ein. Mit ihrer Hilfe ist es möglich, daten-, regel- und kriterienbasiert Ausschnitte der Welt zu modellieren und Prozesse zu automatisieren. Zur digitalen Kompetenz zählt darüber hinaus ein sicherer Umgang mit den rechtlichen Rahmenbedingungen.

Schlüsselwörter

Digitale Kompetenz · Datenkompetenz · Analytik · Analytische Kompetenz · Algorithmen · Big Data · Digitales Recht

„Liebe Anna, das sage ich doch schon immer. Ihr aus der IT seid einfach zu weit zurück!"

„Ich gehöre nicht mehr zur IT, sondern bin jetzt Koordinatorin Digital Business..."

Tarik Yilmaz winkt lachend ab, „aber deine Herkunft kannst du nicht leugnen."

„Ja gut, das stimmt sicherlich." Anna mochte den Marketingleiter. Er ist direkt, aber stets freundlich.

„Im Marketing", greift Tarik das Thema wieder auf, „nutzen wir wahrscheinlich tonnenweise mehr moderne digitale Technik, als ihr im Serverraum stehen habt. Nur brauchen wir dafür keine Hardware. Unser CRM läuft in der Cloud, unsere

U. Weinreich, *Lean Digitization*, DOI 10.1007/978-3-662-50502-1_7

E-Mail-Marketing-Software läuft in der Cloud, unsere Kundenbefragungen laufen über einen Software-as-a-Service-Dienstleister… Was sagst du, haben wir die Nase vorn, oder etwa nicht?"

„Oh, den Kampf möchte ich nicht führen", grinst Anna, „und schließlich hab ich die CRM-Einführung damals gemanagt, erinnerst du dich? – Ich bin wegen einer anderen Sache hier. Du weißt, wir haben doch jetzt das Projekt mit Gessler. In der Vorbereitung habe ich den Eindruck gewonnen, dass wir manchmal nicht genug von unseren Kunden wissen. Ich werde das Gefühl nicht los, dass wir noch viel besser sein könnten, wenn wir unsere Kunden besser verstehen würden. Vielleicht weiß ja nur ich nicht genug. Kannst du mir helfen?"

„Schieß los, was brauchst du?"

„Was habt ihr an Informationen und Daten über unsere Kunden? Womit kann ich tiefer eintauchen, um die Kunden und ihre Bedürfnisse besser zu verstehen?"

„Wow, den Tag streiche ich mir rot im Kalender an. Eine IT-Frau, die sich für Kunden interessiert! Seit wann gibt es denn so was?"

„Ha, ha. Nun sag schon, hast du etwas für mich?"

„Na klar, was denkst du denn. Haufenweise. Dafür interessiert sich sonst aber kaum jemand. Gebe ich dir gern. Ich such mal was raus und schicke es dir per Mail."

„Super, danke!"

Zurück in ihrem Büro liegt schon eine Mail von Tarik in Annas Postfach mit etlichen Anhängern. Sofort stürzt sie sich darauf. Viel Material. Wunderbar.

Doch die Begeisterung verfliegt schnell. Es sind Dateien aus sehr unterschiedlichen Quellen. Die Aussagen sind sehr allgemein: Die Leistungen von Zemec sind wichtig, grundsätzliche Zufriedenheit, wenig Änderungsbedarf. Außerdem fällt ihr auf, dass es zwar viele Daten gibt – Kundenbefragung, CRM-Auswertungen, ERP-Auswertungen – aber alles unverbunden nebeneinander steht. Auch die Qualität der Daten scheint Anna zweifelhaft zu sein. So sind fast 50 % der Kundenäußerungen von einem einzigen Vertriebsmitarbeiter aufgezeichnet worden. ‚Wie kann man aus so vielen Daten nur so wenige Erkenntnisse gewinnen', fragt Anna sich. So wird das nichts.

‚Lean' ist kein Prozess, der ingenieurwissenschaftlich gelöst werden kann (Steve Blank).

Ist Management eine Kunst oder ein bloßes Anwenden von Regeln? Jüngere Forschungen bestätigen, dass Intuition eine wesentliche Komponente guter Entscheidungen ist (Gigerenzer 2014). Business Schools trainieren ‚Instinkt' von Managern, indem Fallbeispiele bearbeitet werden. Und es wirkt. Erfahrene Managerinnen und Manager treffen Entscheidungen tendenziell anders und sicherer als unerfahrene. Sie beherrschen ihre Kunst und ihre Bauchentscheidungen können großen Wert schaffen.

In diese Managementwelt bricht seit ein paar Jahren mit Macht eine Welle von gigantischen Daten, hoch entwickelten Analysesystemen und ausgefeilten Algorithmen und beansprucht das Recht, mitzugestalten. Ignorieren lässt sich die Welle nicht. Dafür haben Daten und Algorithmen schon zu sehr bewiesen, was sie leisten. Zurückdrehen lässt sich die Entwicklung auch nicht. Der Weg liegt einzig und allein darin, Daten, Analytik und Algorithmen zu Partnern des Managements zu machen.

▶ Daten als das Öl des 21. Jahrhunderts zu bezeichnen, klingt gut, hat aber ernst zu nehmende Konsequenzen. Daten müssen genau wie Öl erst raffiniert werden, um ihren Wert zu entfalten.

Digitale Kompetenz und Datenverständnis sind vielleicht die größten Herausforderungen für die aktuelle Managemententwicklung. Nicht jedem liegt der Umgang mit Zahlen und Zahlenbegeisterte müssen sich immer wieder bewusst machen, dass Daten nur eine ausschnitthafte Abbildung der Welt sind und nicht die Welt selbst.

7.1 Algorithmen

Wer den Film ‚Die Vermessung der Welt' von Detlev Buck nach dem gleichnamigen Roman von Daniel Kehlmann gesehen hat, wird sich sicher an die Szene in einem unfreundlich düsteren Klassenzimmer erinnern, in der Lehrer Büttner versucht, sich eine ruhige Zeit zu verschaffen, indem er den Kindern die Aufgabe gibt, alle Zahlen von 1 bis 100 zu addieren. Während die meisten sofort beginnen, fleißig zusammenzuzählen, lehnt sich der kleine Carl Friedrich Gauß zurück und denkt nach. Bereits nach kurzer Zeit präsentiert er das richtige Ergebnis: 5050. Lehrer Büttner, zunächst verärgert, dass sein Plan nicht aufgeht, erkennt das mathematische Genie von Gauß und engagiert sich für den Jungen, sodass er ein Stipendium des Herzogs von Braunschweig erhält.

Wie hat Gauß das Ergebnis so schnell finden können? Er erklärt die Lösung selbst: Er hat nicht schneller gerechnet als die anderen, sondern einen Weg gesucht, der einfach und elegant ist. Der Trick besteht darin, nicht linear von vorne loszurechnen, sondern gleichzeitig von vorn und hinten zu beginnen und ein Muster zu erkennen: $1 + 100 = 101$, $2 + 99 = 101$ und so weiter. Das lässt sich mit der Zahlenreihe von 1 bis 100 genau 50 Mal durchführen und jedes Mal kommt 101 raus. Das Ergebnis ist $50 \cdot 101 = 5050$. Die dazugehörende Gauß'sche Summenformel lautet:

$$x = \frac{n}{2} \cdot (n + 1) = \frac{n^2 + n}{2}$$

Statt stumpf zu addieren, hat Gauß eine Formel gefunden, die das Rechnen vereinfacht. Diese Art der Faulheit ist übrigens ein typisches Kennzeichen von Mathematikern. Entgegen der landläufigen Vorstellung rechnen sie nicht gern.

In der Datenverarbeitung wäre eine solche Formel ein Algorithmus, eine Regel, nach der ein Problem gelöst wird. Darunter wird ein klar beschriebener Weg zur schrittweisen Lösung eines Problems verstanden. Das Problem in diesem Beispiel ist die Addition der Zahlen von 1 bis 100. Dafür gibt es drei Wege:

1. Der Weg, den alle Schüler außer Gauß gewählt haben, ist ein Algorithmus mit den Schritten: Nimm die erste Zahl, addiere die zweite Zahl, addiere die dritte Zahl und so weiter bis die letzte Zahl erreicht ist. Das macht zusammen 99 Rechenschritte und 98 Mal Merken der Zwischenergebnisse.
2. Der Algorithmus von Gauß lautet: Nimm die Anzahl der Zahlen (n). Teile n durch 2. Merke dir das Ergebnis. Addiere 1 zu n. Merke dir das Ergebnis. Multipliziere das erste mit dem zweiten Ergebnis. Effektiv sind das drei Rechenschritte und zwei zu merkende Zwischenergebnisse, also 96 Rechenschritte weniger, entsprechend 97 % vermiedener Aufwand. Gauß kommt rechnerisch in einem Dreiunddreißigstel der Rechenzeit zum Ergebnis. Das kompensiert leicht die Zeit, die für das initiale Nachdenken investiert wurde.
3. Fasst man die Formel zusammen, wie im rechten Teil der Gleichung, lautet die Anweisung: Nimm die Anzahl der Zahlen (n) und multipliziere sie mit sich selbst. Addiere zum Ergebnis noch einmal n dazu und Teile das jetzige Ergebnis durch 2. Auch hier entstehen nicht mehr als drei Rechenschritte.

Alle drei Wege führen zum selben Ergebnis. In den schrittweisen Formen können die Lösungswege auch problemlos in Programmcode umgesetzt und im Computer verarbeitet werden.

Wie gesehen, gibt es elegante und schnelle Algorithmen und es gibt umständliche und langsame. Würde man alle drei Algorithmen in Programmcode gießen und einen durchschnittlichen Computer rechnen lassen, würden wir Menschen die Unterschiede in der Geschwindigkeit gar nicht merken. Dazu muss gesagt werden, dass die Gauß'sche Summenformel ein wirklich sehr, sehr einfacher Algorithmus ist im Vergleich zu anderen, wie zum Beispiel dem Google-Suchalgorithmus oder den Algorithmen, die in Navigationsgeräten den Weg berechnen. Bei denen kommt es wirklich auf Eleganz und Geschwindigkeit an.

Prof. Borndörfer vom Konrad Zuse Institut, Berlin hat es bei einem Vortrag so ausgedrückt: Nehmen Sie einen Rechner aus dem Jahr 1995, füttern Sie ihn mit aktuellen Algorithmen und lassen Sie ihn ein Logistik-Problem lösen. Parallel wird ein Rechner mit Technologie und Rechenleistung von heute mit den Algorithmen von 1995 programmiert und bekommt dasselbe Problem zu lösen. Obwohl die Rechenleistung des modernen Computers etwa 1000-mal größer ist als die des Relikts von 1995 ist der historische Rechner aufgrund der besseren Algorithmen etwa 20-mal schneller. So sehr haben sich die Algorithmen im Laufe der letzten Jahrzehnte weiterentwickelt. Die Grundfaulheit der Mathematiker hat zu einem enormen Gewinn an Geschwindigkeit und damit Produktivität beigetragen.

Algorithmen als Geschäftsgrundlage

Kein digitales Geschäftsmodell kommt um Algorithmen herum. Sie sind zentraler Bestandteil der digitalen Umsetzung. Wem die Gauß'sche Summenformel schon Kopfschmerzen bereitet und unschöne Kindheitserinnerungen heraufbeschwört, ist sicher nicht die Person im Unternehmen, die zukünftig an der Entwicklung von Algorithmen mitwirken wird. Dafür gibt es andere. Trotzdem ist ein Minimum an Wissen über Bedeutung, Nutzen und Anwendbarkeit von Algorithmen für die strategische Planung digitalen Geschäfts unverzichtbar. Manager sollten daher Menschen im Unternehmen finden, die die Kompetenz besitzen und mit ihnen ein produktives Bündnis einzugehen.

Warum sind Algorithmen so zentral? Alle automatisierten digitalen Prozesse beruhen auf Algorithmen, sei es ein Buchungsprozess oder die Steuerung einer Anlage. Gerade durch den Algorithmus entsteht der wirtschaftliche Vorteil. Würde man einen Computer nur dazu nutzen, dass eine Mitarbeiterin über ihn eine Maschine fernsteuert, wäre es kein Gewinn. Es entsteht kein Vorteil durch Geschwindigkeit, keiner durch Präzision und auch keiner durch Automatisierung.

▶ Es sind die Algorithmen, die digitale Prozesse wertvoll machen. Daten sind nur Futter.

Algorithmen und Mathematik, das klingt nach Genauigkeit und Logik. Das ist sicher richtig. Damit Präzision und Verlässlichkeit in durch Algorithmen gesteuerten Geschäftsprozessen entsteht, braucht es aber mehr als nur eine Formel. Für Geschäftsanwendungen bringt das reine Ausrechnen eines Wertes wenig. Die Frage ist, welche Konsequenz hat der Wert? Um das zu beurteilen, braucht es Kriterien. Nehmen wir an, die Summen eine Reihe von Zahlen sind für irgendein Unternehmen tatsächlich relevant, aber nur, wenn sie mehr als 1000 ergeben, da das die Grenze ist, die der Vorstand für sein Geschäftsmodell gezogen hat. Das Kriterium ist im Beispiel erfüllt. Das Ergebnis des Algorithmus inklusive Kriterien ist jetzt keine Zahl mehr, sondern die Aussage, ‚wahr', also eine Bestätigung dafür, dass die gesetzten Bedingungen zutreffen. Das kann jetzt zur Grundlage einer Entscheidung werden oder einen Prozess steuern.

Abb. 7.1 zeigt, wie Daten, Regeln und Kriterien gemeinsam das Ergebnis einer Operation bestimmen. Regeln und Kriterien sind Bestandteil von Algorithmen, die auf Daten angewendet werden. Aus Regeln und Kriterien – oft mehrerer – Algorithmen entsteht die Modellierung eines Prozesses im Rechner, also eine verkürzte funktionale Abbildung der Realität.

Erst aus der Kombination der Elemente Daten, Regeln und Kriterien entstehen Ergebnisse. Dabei können Fehler auftreten: Daten können fehlerhaft sein, Regeln und Kriterien sind mal mehr, mal weniger zweckmäßig. Auch für Algorithmen gilt, dass sie Unsicherheiten unterworfen sind. Es ist selten, dass ein neu entwickelter Algorithmus, ja selbst ein bewährter Algorithmus in einem neuen Anwendungsszenario von Anfang an perfekt funktioniert. Algorithmen brauchen Lernprozesse, mit denen sie wachsen.

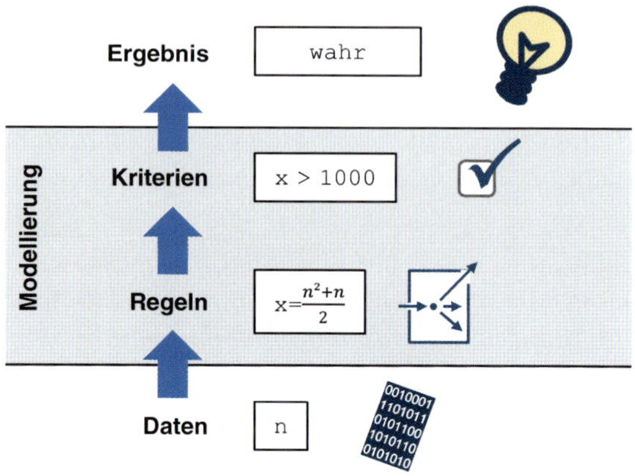

Abb. 7.1 Vier Grundkomponenten bestimmen algorithmengesteuerte Geschäftsprozesse. (Quelle: Uwe Weinreich, CoObeya.net)

Dann erst entfalten sie ihr volles Potenzial. Maschinenlernen und ‚Deep Learning' (Abschn. 5.5) sind Wege, Lernprozesse zu automatisieren.

Die Vorteile von Algorithmen sind überzeugend:

- **Geschwindigkeit**
  Wie wir am Beispiel der Gauß'schen Summenformel gesehen haben, machen Algorithmen irrsinnig schnell im Vergleich zu händischen Verfahren. Das ist ein deutlicher wirtschaftlicher Vorteil.
- **Präzision**
  Funktioniert ein Algorithmus, kann er mit mathematischer Präzision eingesetzt werden. Wer schon einmal einen Industrieroboter bei der Arbeit gesehen hat, wird erstaunt darüber gewesen sein, mit welcher Präzision er bei höchster Geschwindigkeit seine Arbeit ausführt. Da können wir Menschen nicht mithalten.
- **Digitalisierung und Automatisierung**
  Algorithmen sind angewendete Mathematik und können problemlos in Computern realisiert werden. Das ist die Grundlage für digitale Automatisierung.
- **Lernen**
  Algorithmen sind ein wichtiger Teil der Analytik. Nur mit ihnen sind beispielsweise Echtzeit-Analyseprozesse möglich.
- **Variation**
  Mass Customization und individueller Service sind wirtschaftlich nur mithilfe von Algorithmen zu realisieren, die kontextsensitive Variation in ihre Regeln eingebaut haben. Ein Mehr an Service und Individualität in Produkten und Services wäre auf Basis rein menschlicher Leistungen unbezahlbar.

Es lohnt sich, Algorithmen zu ‚Geschäftspartnern' zu machen. Denn auch die erfahrensten Manager werden regelmäßig von ihrer Intuition in die Irre geleitet (Kuncel et al. 2014). Kahnemann (bspw. 2011) hat für seine Forschungen zu Urteilsfindung und kognitiven Verzerrungen sogar den Nobelpreis für Wirtschaft bekommen.

Leider ist der Umgang mit Algorithmen nicht trivial. Standardwerke, wie Sedgewick und Wayne (2014) sind dicke Wälzer, die für Nicht-Mathematiker schwer zugänglich sind. Leichter lesbare Einführungen bieten Stiller (2015) und Drösser (2016).

7.2 Daten und Analytik

Digitale Technik sorgt in einem bisher nicht gekannten Maße für einen Anstieg der Datenmengen, die gespeichert, verarbeitet und genutzt werden. Sie können zu einem enormen Mehrwert sowohl für Kunden als auch für das Unternehmen selbst führen, wenn man damit umzugehen weiß. Daten an sich sind wertlos.

Immer wieder ist in Vorträgen über Big Data, Analytik, künstliche Intelligenz eine Euphorie zu spüren, als ob Daten und Analytik allein und unfehlbar Großartiges vollbringen können. Leider ist es nicht so einfach. Erst durch Analytik und Nutzung werden sie wertvoll. Den Zusammenhang erläutert Abb. 7.2.

> ▶ Daten – egal wie viele es sind – sind nur ein Abbild der Welt, nicht die Welt selbst.

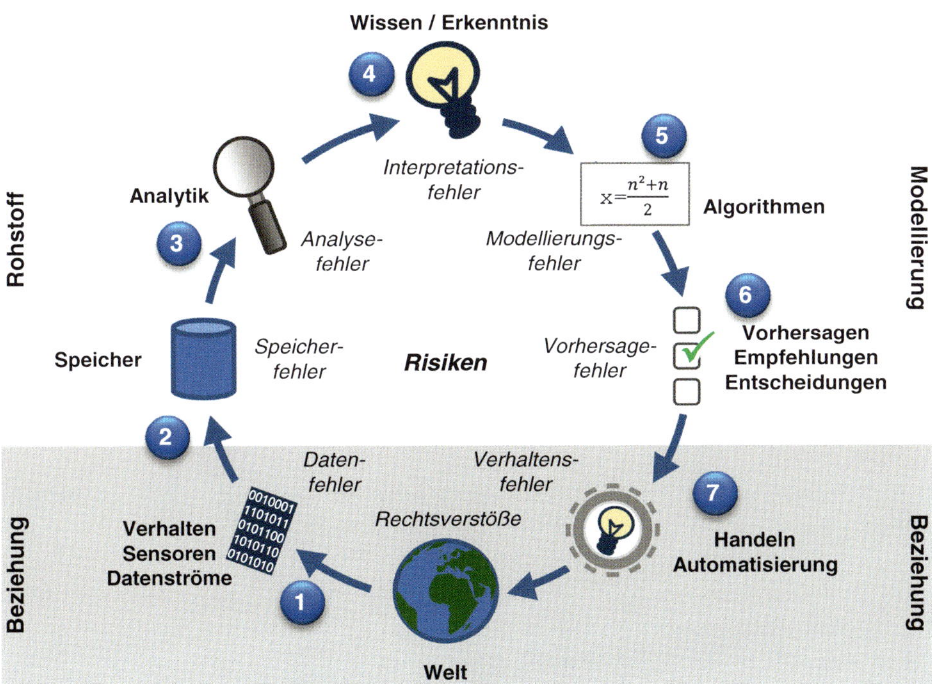

Abb. 7.2 Datenanalytik im Unternehmenskontext. (Quelle: Uwe Weinreich, CoObeya.net)

Es bleibt Aufgabe des Managements, kritisch darauf zu achten, ob Welt, Daten, daraus resultierende Erkenntnis und Modellierungen zusammenpassen. Ein reines Vertrauen auf Daten und Analytik ist leichtsinnig. Die sieben Verarbeitungsschritte in Abb. 7.2 enthalten auch sieben potenzielle Fehlerquellen:

1. **Datengenerierung**
   Bereits in der Datengenerierung können Fehler entstehen. Verhalten, Sensoren und Datenströme lassen sich erfassen, aber nicht alles in gleichem Maße. Aus dem Grund gibt es bei jeder Datensammlung eine Tendenz, dass Daten, die leicht zu beschaffen sind, ein Übergewicht bekommen, selbst wenn sie nicht die relevantesten sind. Auch die Qualität der Daten ist nicht immer so hoch, dass sie als Grundlage für Unternehmensentscheidungen genutzt werden sollten.
2. **Speicher**
   Gesammelte Daten werden gespeichert. Natürlich können physische Speicherfehler auftreten. Das ist aber selten. Entscheidender ist, dass die Daten in einem Format gespeichert werden, das angemessen ist, und ausreichende Präzision gewährleistet. Sonst entstehen Verzerrungen.

   Zudem muss sichergestellt werden, dass Daten im Speicher nicht verändert werden können.
3. **Analytik**
   Erst durch Analytik bekommen Daten einen Wert für Unternehmen. Die Verfahren sind vielfältig, genauso die Fehlerquellen. Unternehmen brauchen Kompetenz in Datenanalytik, um die richtigen Verfahren anzuwenden und systematische Fehler und Artefakte (Ergebnisse, die aus der Analyse entstehen, und trotzdem keine Ergebnisse sind, da sie vom Verfahren selbst produziert wurden) zu erkennen und auszuschließen.
4. **Wissen, Erkenntnis**
   Analyseergebnisse sind noch keine Erkenntnisse und reichern das Wissen des Unternehmens nicht per se an. Bisher ist es noch eine menschliche Domäne, Ergebnisse zu interpretieren und daraus Konsequenzen zu ziehen. Künstliche Intelligenz macht sich gerade auf den Weg, den Job zu übernehmen, ist aber noch nicht am Ziel angelangt. Die Interpretation sollte gemeinsam mit Personen erarbeitet werden, die ausgeprägte analytische Kompetenz besitzen und Fehlinterpretationen erkennen und vermeiden können.
5. **Algorithmen**
   Wirtschaftlich wirksam werden Daten und Analytik im nächsten Schritt, wenn auf ihrer Grundlage ein Stück der Welt (Prozesse, Kundenverhalten, Börsenkurse o.ä.) modelliert wird und Algorithmen entwickelt werden, die auf Veränderungen reagieren. Wie bereits in Abschn. 7.1 beschrieben, müssen viele Algorithmen erst lernen, um genau genug zu arbeiten. Das zu überprüfen ist eine Frage von wiederholten Tests und Korrekturen (Experimente und Lernschleifen).
6. **Vorhersagen, Empfehlungen, Entscheidungen**
   Funktionieren Algorithmen zuverlässig genug, dürfen sie selbstständig Datenströme interpretieren und darauf reagieren, Empfehlungen geben oder sogar selbstständig

entscheiden. Verändern sich Rahmenbedingungen, können erneut Fehler auftreten, weil Welt, Daten und Modellierung nicht mehr zusammen passen.

7. **Automatisierung, Handeln**
   Besonders kritisch wirken sich Fehler aus, wenn sie bei automatisiertem Handeln auftreten, also der Interaktion mit Nutzerinnen, Kunden und weiteren Personen. Auch über Verhalten, das von einem Algorithmus gesteuert wird, definiert ein Unternehmen seine Beziehung zu Kunden, Partnern, Mitarbeiterinnen und Mitarbeitern. Grob fehlerhafte Interaktionen können nachhaltig den Ruf schädigen.

Digitale Verarbeitung von Daten wirft darüber hinaus rechtliche Fragestellungen auf. Dazu mehr in Abschn. 7.3.

Datengetriebene Unternehmen

Gelingt ein produktiver und fehlerarmer Umgang mit Daten und Analytik, entstehen daraus vielfältige Möglichkeiten, wie für Kunden und Unternehmen Wert geschaffen werden kann. Welche wirtschaftlichen Vorteile Analytik mit sich bringt, zeigt Ayres (2007). Produkte und Prozesse können optimiert werden, Services sind individueller möglich, Instandhaltung kann vorausschauend durchgeführt werden und jeden Tag entstehen ganz neue Geschäftsmodelle, die auf Daten als Rohstoff aufsetzen.

Daten und Analytik bekommen in Unternehmensentscheidungen eine herausragende Stellung. Sie machen die Grundlagen für Entscheidungen präziser und nehmen dem Management Entscheidungen an Stellen ab, wo ein Algorithmus selbstständig auf Daten reagiert. Analytik wird zu einem Entscheidungs- oder zumindest Entscheidungsunterstützungssystem (Decision Support System).

Der Schritt in datengetriebenes Unternehmensmanagement sollte stets wohlüberlegt sein. Validiertes Lernen (Kap. 3) ist ein Schlüssel dazu. Wenn eine Modellierung erstellt ist und Algorithmen trainiert sind, sollten zunächst Testzyklen laufen, in denen die Ergebnisse menschlicher Entscheidungen denen des Algorithmus gegenüber gestellt werden. Erst wenn die Ergebnisse überzeugen, kann ein Automatismus risikoarm genutzt werden. Langfristig wird weitere Überwachung und Korrektur notwendig sein.

Der Weg zum datengetriebenen Unternehmen ist nicht nur eine technische Frage, sondern hängt stark von der Entwicklung der Managementkompetenz ab. Davenport (2013) empfiehlt Managern im Umgang mit Zahlenprofis, die Hypothesen und die Interpretationen selbst in die Hand zu nehmen. Erfahrung und Intuition sind wichtige Managementwerkzeuge und sorgen dafür, dass aus reinen Daten und Modellen relevantes Wissen wird. Allerdings sollten Managerinnen dafür über zumindest grundlegende Analytik- und Statistikkenntnisse verfügen.

▶ Daten und Analytik brauchen immer noch menschlichen Verstand, um zu wertvollen Erkenntnissen zu kommen. Immer öfter werden Manager aber Leistungsfähigkeit und Genauigkeit von Analytik brauchen, um schnell angemessene Entscheidungen zu treffen.

Big Data und Echtzeitanalysen erweitern die Möglichkeiten der Unternehmenssteuerung. Sie messen zeitnah, im Entstehen des Erfolgs oder Misserfolgs die beteiligten Faktoren, während klassische Controlling-Kennzahlen bisher nur auf die Resultate schauen konnten. Daraus lassen sich neue Kennzahlen und Scores entwickeln. Wenn sie langfristig im gesamten Analyse- und Controlling-System fest verankert werden, entwickeln sie sich zu einem produktiven Teil der Wertschöpfung und Steuerung.

7.3 Rechtliche Absicherung

▶ Jede neue digitale Lösung schafft auch neue rechtliche Probleme.

Juristinnen und Juristen sind – nicht unähnlich IT-Sicherheitsleuten – bestens darauf trainiert, Schaden vom Unternehmen abzuhalten. Gefahr lauert überall, besonders in neuen digitalen Lösungen. Gute Juristen schauen nicht nur auf die Gefahr, sondern finden Wege, um Chancen zu realisieren.

Juristische Fragen der Digitalen Transformation betreffen vielfältige Rechtsbereiche vgl. Hoeren und Bensinger (2014):

- **IT-Recht**
  Einige Gesetze beziehen sich explizit auf IT. In Deutschland beispielsweise das Telemediengesetz, das BSI-Gesetz und andere.
- **Vertragsrecht**
  Lösungen werden mit Partnern erbracht und SLA sollen den Betrieb sicherstellen. All das erfordert passende Verträge.
- **Eigentums- und Nutzungsrecht**
  Geistiges Eigentum, Urheberrechte und Lizenzen müssen geschützt und gemanagt werden. Die Digitalisierung wirft neue Fragen auf, z. B. in der Sharing Economy.
- **Wettbewerbsrecht**
  Schon in seinen Frühzeiten hat das Internet Wellen von Abmahnungen wegen Verstößen gegen Wettbewerbsrecht ausgelöst.
- **Gesellschaftsrecht**
  Digitale Lösungen müssen die Anforderungen des Gesellschaftsrechts, wie z. B. des Aktienrechts berücksichtigen, wenn sie im Geschäftsumfeld angewandt werden.
- **Haftung: Wirtschaftsprivat- und Strafrecht**
  Haftungsfragen sind immer relevant, besonders bei Lösungen, die aus Komponenten unterschiedlicher Partner zusammengesetzt sind. Wer ist schuld, wenn eine Software aufgrund eines Algorithmus eine falsche Entscheidung provoziert? Anwender oder Anwenderin, der Hardware-Hersteller, das Entwicklerteam des Algorithmus, der Software-Lieferant?

- **Datenschutz- und Persönlichkeitsrecht**
  Daten- und Persönlichkeitsschutz sind zu zentralen Fragen bei jeder digitalen Lösung geworden. Für alle EU-Mitgliedsstaaten ist die wortgleiche EU- Datenschutzgrundverordnung beschlossen.
- **Arbeitsrecht**
  Digitale Lösungen verändern Arbeitsplätze und Arbeitsstrukturen. Vieles ist sogar mitbestimmungspflichtig.
- **Steuerrecht**
  Steuerrelevante Transaktionen finden im digitalen Raum statt und müssen zahlreiche Anforderungen erfüllen.
- und viele weitere Rechtsbereiche, wie z. B. Verkehrsrecht für autonome Fahrzeuge u. a.

Die Zahl der Gesetze, die für digitale Lösungen eine Rolle spielen, ist selbst für Expertinnen und Experten kaum überschaubar, schon gar nicht weltweit. Noch dazu gehört alles, was sich auf digitale Lösungen bezieht, zu den sich am schnellsten entwickelten Rechtsbereichen.

Früher oder später wird jedes Team, das die digitale Transformation gestaltet, mit Rechtsfragen konfrontiert sein. Im Sinne agiler Lösungsentwicklung ist es förderlich, den Schulterschluss mit internen oder externen Juristinnen und Juristen frühzeitig zu suchen, am besten früh in der Phase ‚Entwickeln‘ (Abschn. 3.2).

▶ Teams kommen schneller zu guten, rechtssicheren Lösungen, wenn sie Juristen nicht als Spielverderber, sondern als Ratgeber und Sparringspartner sehen.

Zu Recht fühlen sich Juristen übergangen, wenn sie nur am Ende der Entwicklung die Lösung absegnen sollen. Das kann nicht gut gehen. Wer juristische Expertinnen und Experten zu Freunden macht, indem ihr Beitrag – selbst wenn er kritisch ist – als wertvoll für die Weiterentwicklung betrachtet wird, vermeidet, dass später eine Konfrontation entsteht, bei der die juristische Seite als Verhinderer erscheint.

▶ Es gibt keine hundert Prozent rechtssichere digitale Lösung. Die Entwicklung von digitalen Lösungen bleibt eine Abwägung von Risiko und Nutzen, die von der Geschäftsleitung getragen werden muss.

7.4 Checkliste ‚Digitale Kompetenz‘

- ☐ Wir haben umfassende Daten- und Analysekompetenz in unserem Team
- ☐ Regeln und Kriterien unserer Algorithmen und damit der Modellierung unseres Geschäftsmodells sind klar definiert und können mit einfachen Worten erklärt werden, selbst wenn der Algorithmus komplex ist

- ☐ Wir überprüfen Algorithmen durch Tests in festgelegten Abständen daraufhin, ob sie die Welt noch treffend genug abbilden
- ☐ Wir arbeiten ständig daran, die Algorithmen zu verbessern und noch nicht digital abgebildete Prozesse in Algorithmen zu überführen
- ☐ Wir sind uns möglicher Fehlerquellen bewusst und vermeiden sie
- ☐ Daten werden in immer stärkerem Maße zu einem Rohstoff für unser Geschäftsmodell
- ☐ Datenanalysen stellen eine sinnvolle Grundlage für unsere Entscheidungen dar
- ☐ Wir entwickeln und nutzen Kennzahlen und Scores, die bereits die Erfolgsfaktoren und nicht erst den Erfolg messen
- ☐ Datenanalysen und Kennzahlen etablieren sich immer mehr im Analyse- und Controlling-System des Unternehmens und geben nachvollziehbares Feedback über die Qualität unserer Arbeit
- ☐ Wir sind uns der rechtlichen Dimension digitaler Geschäftsfelder bewusst, achten auf die Einhaltung von Gesetzen und binden frühzeitig Juristen in die Entwicklung ein

Literatur

Ayres I (2007) Super crunchers: why thinking-by-numbers is the new way to be smart. Bantam, New York

Davenport TH (2013) Auf Augenhöhe mit den Zahlenprofis. Harvard Bus Manag 10(2013):99–103

Drösser C (2016) Total berechenbar? Wenn Algorithmen für uns entscheiden. Hanser, München

Gigerenzer G (2014) Risk savvy: how to make good decisions. Penguin, London

Hoeren T, Bensinger V (Hrsg) (2014) Haftung im Internet: Die neue Rechtslage. De Gruyter, Berlin

Kahneman D (2011) Thinking, fast and slow. Farrar, Straus and Giroux, New York

Kuncel NR, Klieger DM, Ones DS (2014) Algorithmen statt Intuition. Harvard Bus Manag 07(2014):14–15

Sedgewick R, Wayne K (2014) Algorithmen: Algorithmen und Datenstrukturen (Pearson Studium – IT). Pearson Studium, München

Stiller S (2015) Planet der Algorithmen: Ein Reiseführer. Knaus, München

8 Agil führen

Zusammenfassung

Digitale Unternehmen leben nicht nur von Technik, sondern ganz wesentlich davon, wie Mitarbeiterinnen und Mitarbeiter die digitalen Möglichkeiten umsetzen. Gerade im Prozess der digitalen Transformation spielt Führung eine entscheidende Rolle. Führungskräften muss es gelingen, Strukturen und Prozesse so zu verändern, dass das digitale Unternehmen reibungslos funktioniert. Persönliches Verhalten, Vorleben, Coaching von Teams und Nutzen moderner digitaler Techniken, die Zusammenarbeit unterstützen, sind die Schlüsselfaktoren. Die zentrale Führungskraft für Digitalisierung, der Chief Digital Officer (CDO) besitzt besondere Bedeutung bei der Gestaltung der Transformation. Dafür brauchen er und sein Change-Team Werkzeuge für das Veränderungsmanagement.

In digitalen Unternehmen wird Arbeit vorwiegend teambasiert und abteilungsübergreifend organisiert. Das funktioniert am besten, wenn Führungskräfte die Selbstorganisationspotenziale von Teams unterstützen und mit Kennzahlen wirksame Feedback-Instrumente zur Verfügung stellen.

Schlüsselwörter

Führung · Führen · Agile Führung · Agiles Führen · Team · Teamarbeit · Selbstorganisation · Führungskraft · Führungsrolle · Change Management · Veränderungsmanagement · Kulturentwicklung

Anna zuckt innerlich zusammen als sie sieht, dass Vertriebsleiter Hermann auf den Tisch zusteuert an dem sie und Tarik Yilmaz gerade ihre Mittagspause machen. „Ist hier noch frei?“ fragt er?

Sie wirft Tarik einen kurzen Blick zu.

U. Weinreich, *Lean Digitization*, DOI 10.1007/978-3-662-50502-1_8

„Ich habe gehört, dass Ihr Team ein Sicherheitsrisiko für die Firma ist, Frau Jacobi.“ Der vorwurfsvolle Unterton ist nicht zu überhören. „Ich beobachte das sowieso schon eine ganze Weile, was Sie da treiben. Ihre Leute scheinen ja echte Narrenfreiheit zu haben. Meistens sieht man sie nicht. Und wenn doch, dann verlassen sie gerade mit breitem Grinsen das Werksgelände. So gut würden wir es im Vertrieb auch gern mal haben. Aber wir müssen uns krumm legen, damit Sie sich in Wolkenkuckucksheime zurückziehen können.“

Anna schnappt nach Luft. Darauf war sie nicht vorbereitet. „Herr Hermann, ich weiß nicht was Sie wollen. Wir machen unseren Job. Und das sogar ziemlich gut.“

„Na, ich denke, es fehlt einfach Führung in ihrem Team. Die müssen mal härter an die Kandare genommen werden. Vielleicht ist das für eine Frau ja auch eine Nummer zu groß.“

Anna steht entrüstet auf: „Was erlauben Sie sich? Meinen Sie dem Unternehmen wäre geholfen, wenn alle so eingeschüchtert wären wie bei Ihnen im Vertrieb? – Auf Wiedersehen, Herr Hermann.“

Anna ärgert sich. Der Hermann hat es nicht verdient, dass sie sich so aufregt. Tarik geht ihr nach und erreicht sie an der Geschirrrückgabe. Im Rausgehen raunt er Anna zu: „Ich glaube, es gibt noch eine ganz andere Aufgabe zu lösen als die digitale Transformation.“

„Was denn?“ fragt Anna noch etwas gereizt.

„Du und dein Team, ihr arbeitet nicht nur an technischen Lösungen und digitalen Möglichkeiten für die Zukunft. Ihr seid scheinbar auch eine Provokation für redlich arbeitende Menschen.“

Anna war kurz davor zu explodieren, sah dann aber den verschmitzten Gesichtsausdruck von Tarik.

„Also, ich meine“, fährt er fort, „ihr habt eine Art von Teamarbeit entwickelt, die bei Zemec nicht unbedingt alltäglich ist. Kein Druck, kein Anschreien. Du führst ganz anders und das scheint auch zu funktionieren. Damit können solche polternden Führungsdinosaurier nicht umgehen.“

Anna lächelt. „Ja, vielleicht hast du Recht. Wäre es nicht gut, wenn das ganze Unternehmen so funktionieren würde?“

„Keine Frage“, antwortet Tarik grinsend, „ich würde sofort bei dir als Chefin anheuern.“

„Das würdest du keine zwei Tage aushalten“, erwidert Anna lachend.

Digitale Transformation ist nicht nur eine Frage von Technik und Prozessen, sondern ganz wesentlich von Führung und Verhalten. Digitale Kompetenz und agiles Vorgehen entstehen nicht von allein. Sie sind Ergebnis eines aktiv geführten Prozesses. Agile Führung ist eine Voraussetzung dafür, das Potenzial zu realisieren, das Mitarbeiterinnen und Mitarbeiter mit ihren Fertigkeiten erreichen können. Sechs Faktoren tragen dazu bei:

1. Orientierung an Wertschöpfung und Werten als übergeordnete Handlungsmaximen
2. Selbststeuerung von Teams und Einzelpersonen
3. Eine veränderte Rolle der Führungskraft
4. Strukturen und Prozesse gestalten
5. Führen mit Metriken
6. Veränderung und Lernen als Grundstein eines agilen Unternehmens

Zum Vergleich ein Blick auf das direktiv-hierarchische Führungsmodell (Abb. 8.1). Führung ist eine Einbahnstraße, bei der die Führungskraft Mitarbeiterinnen mit Arbeit beauftragt, kontrolliert und bei deutlichen Abweichungen von den Erwartungen diszipliniert.

Seit der zweiten Hälfte des letzten Jahrhunderts haben partizipative Führungsmodelle Mitarbeitern mehr Mitbestimmungsmöglichkeiten gegeben und Freiräume für eigenständiges Handeln geschaffen. Agile Führung geht noch einen Schritt weiter. Mitarbeiterinnen und Mitarbeiter agieren weitgehend selbstgesteuert. Führung besitzt weitaus weniger direkten Einfluss als selbst in partizipativen Modellen (Abb. 8.2). Die Führungskraft steht eher am Rande als über dem Team und führt mittels:

- Gestalten von Strukturen und Prozessen
- Vorleben von Orientierung an Wertschöpfung und Werten
- Coaching des Teams

Beide, Team und Führungskraft, werden geleitet von übergeordneten Zielen und Werten. Für Führungskräfte ist das eine nicht ganz leichte Situation. Das in direktiver und auch partizipativer Führung wirksame Instrumentarium des Kontrollierens und Disziplinierens tritt soweit in den Hintergrund, dass es nur noch in Extremfällen genutzt werden kann. Führungskräfte sind vielmehr auf ihre Vorbildfunktion, auf ihre persönliche Integrität, sozialen Kompetenzen und die Fähigkeit zurückgeworfen, andere zu begeistern (Kotter 1990). Das wird auch im Deutschen häufig zusammengefasst unter dem Begriff ‚Leadership'. Burns (2003) beschreibt diese Art der Führung als ‚transformative Führung'.

Die Jahreszahlen der Veröffentlichungen zeigen, dass die Konzepte in den Managementwissenschaften nicht neu sind. In vielen Unternehmen schon. Das ist erstaunlich. Denn gerade agile Führung ist für Führungskräfte oft die einzige Möglichkeit, in Matrixorganisationen wirksam zu werden.

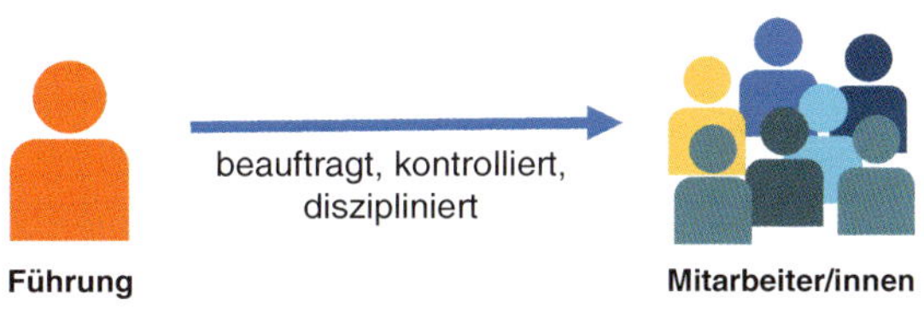

Abb. 8.1 Direktiv-hierarchische Führung wirkt als Einbahnstraße. (Quelle: Uwe Weinreich, CoObeya.net)

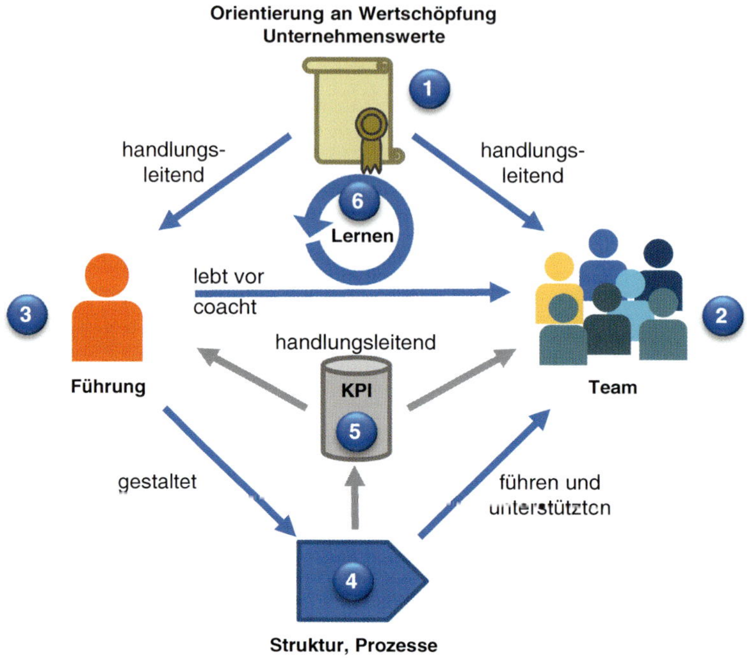

Abb. 8.2 Agile Führung. (Quelle: Uwe Weinreich, CoObeya.net)

8.1 Wertschöpfung und Werteorientierung

In Kap. 1 wurde dargestellt, wie stark die komplexen, dynamischen Veränderungen im wirtschaftlichen Umfeld in Unternehmen hineinwirken. Der vom Militär geprägte Ausdruck VUCA (volatile, uncertain, complex, ambiguous) (Kap. 1) beschreibt, wie schwierig es ist, ‚richtige' Entscheidungen zu treffen. Genau aus dem Grunde sind VUCA-Situationen von Militärstrategen so gefürchtet. Sie haben dafür aber auch eine Lösung entwickelt, die zunächst erstaunen mag. Der Ausdruck heißt ‚Command Intent' (Curts und Cambell 2006; Gustavsson et al. 2008). Wenn Situationen so komplex und unsicher sind, dass klare Befehle nicht funktionieren, nutzt das US-Militär Command Intent. Es werden Ziele formuliert, die nicht zu präzise sind, sondern einen breiteren Zielkorridor abbilden, und Methoden festgelegt, aus denen die Ausführenden schöpfen können. Die unpräzisen Vorgaben werden von den Truppen selbst interpretiert, in Aktion umgesetzt und anhand der Ergebnisse nachgesteuert. Was für das US-Militär recht neu ist, existiert übrigens in etwas anderer Form in Deutschland unter dem Begriff ‚Auftragstaktik' schon lange.

Dieser Managementstil erlaubt den Truppen – im Unternehmen den Teams – agiles Vorgehen. Teams selbst können aufgrund ihrer Erkenntnisse in der Situation und ihrer Erfahrungen schnell entscheiden, ohne sich vorher beim Vorgesetzten rückversichern zu müssen. Ein klar kommunizierter Ziel- und Methodenkanon steckt ab, in welchem

Rahmen sich Teams bewegen dürfen. Das ist vergleichbar mit Leitplanken auf einer Autobahn, die die Fahrbahn begrenzen und Fahrern die Möglichkeit lassen, sich dazwischen frei zu bewegen, solange die Regeln eingehalten werden.

Den Rahmen bei Lean Digitization liefern wesentlich Orientierung an Wertschöpfung (Verschwendung vermeiden) und Werteorientierung.

Orientierung an Wertschöpfung

Lean Digitization setzt auf das Vermeiden von Verschwendung. Im idealen Falle produzieren alle Aktivitäten Wert für Kunden und das Unternehmen. Wertorientierung sollte auch für Teams ein handlungsleitendes Kriterium sein. Das klingt logisch, ist in der Praxis aber oftmals fern der Realität. Viel zu oft dreht sich die Arbeit von Teams nur um sich selbst oder die Bewältigung bürokratischer Vorgaben.

Wenn das durchbrochen werden soll, ist es notwendig, das Prinzip ‚Orientierung an Wertschöpfung' bewusst zu machen und den Teams Feedback-Möglichkeiten zu geben, anhand derer sie selbst einschätzen können, wie sehr sie dazu beitragen. Auf einer reichhaltigen und aktuellen Datenbasis ist es möglich, entsprechende Kennzahlen zur Verfügung zu stellen.

Werteorientierung

Während Orientierung an der Wertschöpfung aussagt, wofür ein Team arbeitet, beschreiben Unternehmenswerte, wie die Arbeit getan wird. Googles ‚don't be evil' ist einer der berühmtesten Sätze, der einen Unternehmenswert ausdrückt. Als Leitsatz für das Handeln eines Weltkonzerns klingt er allgemein und altruistisch. Tatsächlich erlaubt ein solcher Satz jedoch jedem einzelnen im Unternehmen, in Zweifelsfällen schnell Antworten zu finden, die im Einklang mit den Unternehmenswerten stehen, vom einfachen Mitarbeiter bis zum Vorstandschef.

Werte werden leicht in die Ecke der ‚weichen Managementmethoden' geschoben, sind jedoch ein harter Teil des Managements. Überzeugend gelebte Werte formen Image und Reputation des Unternehmens, tragen aktiv zum Umsatz bei und sind in überproportional starkem Maße dafür verantwortlich, ob ein Unternehmen die besten Köpfe gewinnt und Mitarbeiterinnen und Mitarbeiter voller Stolz T-Shirts mit Logo-Aufdruck tragen. Werte sind ein wahrer Motor für Motivation, Produktivität und Reputation.

Darüber hinaus haben Werte einen pragmatischen Effekt. Sie tragen in sich Botschaften, die ausdrücken, was zulässig ist und was nicht, wie Dinge gemacht werden und wo die Grenzen des Handelns sind. Auf die Weise wirken Werte handlungsleitend und erleichtern Entscheidungen in selbst gesteuerten Prozessen.

▶ Werte und Orientierung an Wertschöpfung lassen sich in wohlgeformten Sätzen aufschreiben. Wirklich wirksam werden sie erst, wenn sie von Führungskräften durch und durch gelebt und in Geschichten immer wieder neu erzählt werden.

8.2 Selbststeuerung von Teams und Einzelpersonen

Für Unternehmen, die bei Entwicklungsgeschwindigkeit und Dynamik im digitalen Raum mithalten wollen, ist es unerlässlich, Geschwindigkeit in das eigene Handeln zu bringen. Streng hierarchisch geführten Unternehmen fällt das schwer. Erst wenn weitreichende Handlungskompetenz auf Teams oder einzelne zuständige Personen verlagert wird, gelingt agiles Handeln. Ziele, Spielregeln und Grenzen müssen klar sein. Wie ein Team seine Ziele erreicht, bleibt ihm jedoch – wie bei Command Intent – selbst überlassen.

Zehn Regeln helfen, Teams fähig zu machen für Selbststeuerung:

1. **Die richtigen Leute**
   Bereits in der Anfangsphase ist es erfolgsentscheidend, dass Personen in den Teams arbeiten, die optimal zur Lösung beitragen und nicht die, auf die man am leichtesten verzichten kann. Diversität des Teams ist hilfreich, um uniformes Denken zu vermeiden. Die härtesten Konkurrenten des Teams werden nicht andere interne Teams sein, sondern junge Start-ups, die bis in die Haarspitzen motiviert die besten Leute daran setzen, eine Lösung zu entwickeln. Daran sollte sich das eigene Team messen lassen.
2. **Ziele, Werte, Spielregeln und Grenzen klar kommunizieren**
   Nicht selten stoßen Teams oder Einzelpersonen an Grenzen ihrer Befugnisse, nicht weil sie sie bewusst überschreiten wollen, sondern weil sie einfach nicht klar waren. Daraus darf niemandem ein Nachteil erwachsen.

   Was für das Verhalten gilt, gilt auch für das Budget. Geld hilft, Geld kann aber auch träge machen. Digitale Lösungen werden kreativer und besser, wenn das Team nicht im Geld schwimmt. Knappheit sorgt für tieferes Nachdenken und Entwickeln Verschwendung vermeidender und damit eleganterer Lösungen. Zu geringes Budget führt jedoch zum Tod des Projektes.

   Digitalisierungs-Teams sollten zudem Zeit bekommen, um ausreichend zu lernen und zu experimentieren. Aber auch die zeitliche Begrenzung sollte von Anfang an klar sein. Je nach Projektanforderungen und Möglichkeiten des Unternehmens hat sich ein Zeitraum von minimal drei bis maximal sechs Monaten als sinnvoll erwiesen bis erste Ergebnisse vorliegen.

   Ziele, Werte, Spielregeln und Grenzen sollten wiederholt kommuniziert werden. Es ist auch möglich, sie in einer Vereinbarung mit einem Team oder einer Person festzuhalten.
3. **Teams den Start erleichtern**
   Teams sollten nicht nur mit den geeigneten Personen besetzt werden, sondern auch eine Chance erhalten, als Team zusammenzuwachsen. Sie entwickeln sich schneller und arbeiten besser, wenn sie initial durch ein moderiertes Teambuilding laufen. Idealerweise ist das auch der Ort, an dem Regeln vereinbart werden. Kontraproduktiv wird es, wenn Menschen nur nominell zu Teams zusammengefasst werden, aber de facto weiterhin als Einzelkämpfer arbeiten.

4. **Methoden und Technik zur Unterstützung von Teamarbeit zur Verfügung stellen**
   Mittlerweile stehen vielfältige funktionale Teammethoden zur Verfügung, die die Zusammenarbeit erleichtern, von der einfachen Moderation von Teammeetings, über Visualisierung der Arbeit und Scrum bis hin zu ausgefeilten virtuellen Team-Workspaces im Intra- oder Extranet, Social Intranet oder die digitale Abbildung von Projekten. Eine zentrale Rolle sollte die Vermittlung von validiertem Lernen und Experimentieren als Methoden zur kontinuierlichen Verbesserung der Teamarbeit einnehmen.
5. **Interne Rollen und Regeln klären**
   Meistens dauert es etwas länger als das initiale Teambuilding bis wirklich alle Rollen und Regeln geklärt sind. Es gibt Fragen, die erst im alltäglichen Tun auftreten und teilweise fach- und aufgabenspezifisch sind. Im besten Falle lassen sich Regeln, wie Teams intern miteinander umgehen, zu einem großen Teil aus den Unternehmenswerten ableiten.
6. **Externe Rolle klären**
   Teams sollte klar sein, in welchem Umfeld sie arbeiten, was von Ihnen erwartet wird und was sie von anderen erwarten können. Zwischen einzelnen Teams und sogar zwischen Team und Führungskraft kann eine Vereinbarung im Sinne einer Art Service Level Agreement geschlossen werden.
7. **Förderliche Umwelt schaffen**
   Räumliche Nähe und die Möglichkeit, den Raum nach Bedürfnissen des Teams zu gestalten, fördert die Arbeitsfähigkeit und die Konzentration erheblich. Dafür braucht ein Digitalisierungsteam einen eigenen Raum mit entsprechender Ausstattung (Abschn. 8.4). Weitere prägende Komponenten sind die Einbindung in das Gesamtunternehmen sowie die Organisation von Unterstützung für die eigene Arbeit durch andere Teams und Führungskräfte.
8. **Daten aufbereiten und nutzen**
   Selbststeuerung wird leichter und die Teammitglieder können ihre Aktivitäten besser organisieren, wenn sie stets aufgrund aktueller Daten und Kennzahlen ein verständliches Feedback darüber bekommen, wo sie gerade stehen. Für Vertriebsteams und Callcenter ist es einfach. Verkaufszahlen und beantwortete Calls liegen als Daten vor und können leicht visualisiert werden. Bei anderen Aufgaben ist es schwieriger, eine passende Darstellung zu finden. Für Entwicklungsteams hat sich z. B. die Zahl der Experimente pro Zeiteinheit als förderlich erwiesen, wobei alle Experimente einfließen, nicht nur die, die eine Hypothese bestätigen (Abschn. 3.3).
9. **Verantwortung übertragen und Selbstorganisation fördern**
   Es kommt häufiger vor, dass Teams in ihrer Leistung gebremst werden, weil Führungskräfte zu oft in die Details der Arbeit hineinreden, als durch einen Mangel an Aufmerksamkeit von oben. Führungskräfte sollten unterstützend und gesprächsbereit zur Seite stehen und dem Team auf der anderen Seite jederzeit die Chance geben, Aufgaben eigenständig zu erledigen. Reporting-Pflichten und Kontrolle des

Teams können auf ein Minimum reduziert werden. Die Aufgabe des Teams besteht nicht darin, Papier zu produzieren und exakt nach Vorgaben zu arbeiten, sondern in schnellen Entwicklungszyklen aus Realisieren-Messen-Lernen neue Lösungen zu entwickeln. Sparsame Vorgaben und Kontrolle sind förderlich.

10. **Schutz vor dem übrigen Unternehmen und Kommunikation**
Kolleginnen und Kollegen aus anderen Abteilungen können das Team stören. Das Hauptproblem ist aber ein anderes. In Unternehmen, die der Empfehlung folgen, die besten Leute für die Lösung in das Team zu holen, fehlen die guten Mitarbeiterinnen und Mitarbeiter an anderen Stellen schmerzhaft. Wenn es eng wird, wenn Kunden drängen oder Projekt-Deadlines kaum gehalten werden können, ereilt die Personen die Anordnung, zumindest temporär in ihren alten Arbeitsbereich zurück zu wechseln. Das Digitalisierungsteam blutet aus.

    Um das zu verhindern, braucht es eine starke Rückendeckung des Teams von höchster Ebene. Auch die räumliche Trennung von operativen Abteilungen hilft.

    Auf der anderen Seite ist es wichtig, dass Innovationsprojekte eine Kommunikationskultur mit dem übrigen Unternehmen entwickeln, z. B. durch Berichte im Intranet, in Newslettern, Zwischenpräsentationen und Feedback-Kanälen, um Akzeptanz zu gewinnen.

8.3 Die veränderte Rolle der Führungskraft

Agile Organisation stellt Grundpositionen infrage, die seit Jahrzehnten den Grundstock etablierter Unternehmen bilden. In der typischen hierarchisch-linearen Organisation wird ein großer Teil von Management und Führungsaktivität dafür verwendet, Kontrolle und Sicherheit zu organisieren. Lean Digitization spielt sich jedoch in einer VUCA-Umwelt (Abschn. 1.1) ab und entzieht sich dem klassischen Kontroll-und Sicherheitsbedürfnis weitgehend. Validiertes Lernen (Kap. 3) in sich selbstorganisierenden Teams machen Handeln und Orientierung in solch komplexen und unsicheren Situationen möglich.

▶ Agiles Vorgehen erhöht Sicherheit in VUCA-Umwelten, befriedigt jedoch nicht das Sicherheits-und Kontrollbedürfnis traditioneller Manager.

Die Rolle von Führungskräften hat sich in großen Unternehmen in den letzten Jahrzehnten grundlegend verändert. Matrixorganisationen haben vielerorts die klassische Pyramide abgelöst und machen direktes Durchgreifen unmöglich. Die disziplinarische Führung von Mitarbeiterinnen und Mitarbeitern ist in den Hintergrund getreten. Immer mehr Menschen sind mit abteilungsübergreifenden, temporären Arbeitsstrukturen konfrontiert. Führung kann nur noch fachlich, oft sogar nur lateral erfolgen. Das erfordert mehr und andere Führungskompetenzen als direkte disziplinarische Führung. Führungskräfte sind in ihrem persönlichen Verhalten und Vorleben gefordert und füllen zunehmend die Rolle eines Coaches aus.

Mitarbeiterinnen und Mitarbeiter der Generationen Y, die als ‚digital Natives' für Unternehmen so wertvoll sein können und gleichzeitig wissen, wie begehrt sie auf dem Arbeitsmarkt sind, tolerieren hierarchische Führung kaum. Die Treue zum Unternehmen war noch nie so gering wie in diesen Gruppen. Ein Grund mehr, agile Führung zu praktizieren.

Sicherheit mit agilen Methoden gewinnen

Der Weg hin zu agiler Führung ist für Führungskräfte, die ihr Handwerk in traditionellen Unternehmen erlernt haben, nicht leicht. Es ist so ähnlich, wie beim Erlernen einer auf Geschicklichkeit basierenden Sportart, wie zum Beispiel Skifahren, Inline Skaten oder Drachenfliegen, alles Tätigkeiten, die durchaus ein gewisses Risiko für die körperliche Unversehrtheit mit sich bringen. Jeder, der nicht in jungen Jahren eine solche Sportart erlernt, wird erleben, wie die ersten Versuche von geistiger und körperlicher Anspannung begleitet werden. Paradox ist, dass sicheres Skifahren, Inline Skaten, Drachenfliegen etc. erst dann möglich ist, wenn man seinem Körper vertraut, die Bewegungsabläufe intuitiv beherrscht und die körperliche Anspannung geschwunden ist. Solange man krampfhaft versucht, weiter strikt mit dem Kopf die Kontrolle zu halten, statt aus dem Körper heraus Sicherheit zu gewinnen, wird die Bewegung nicht nur wenig elegant aussehen, sondern das Verletzungsrisiko ist in diesem Moment tatsächlich erhöht.

▶ Erst Vertrauen in agiles Handeln sorgt dafür, dass Agilität Sicherheit schafft. Hohes Kontrollbedürfnis verhindert Agilität und schafft Risiken, die es eigentlich verhindern will.

Ähnlich ergeht es Führungskräften, wenn sie mit agiler Führung und den Methoden des validierten Lernens und Experimentierens beginnen. Die – in vielen Fällen doch nur scheinbare – Sicherheit geht verloren, die detaillierte Businesspläne, Forecasts und Planungen bringen sollen, ohne dass bereits Vertrauen in das neue Vorgehen gewachsen sein kann. Mitarbeiterinnen und Mitarbeitern fällt es meistens viel leichter, sich auf agile Vorgehensweisen einzulassen. Das ist verständlich, denn sie sind selten diejenigen, die Gesamtverantwortung für Gelingen oder Scheitern tragen. Insofern ist der Druck, der auf Führungskräften lastet, höher.

Dennoch, es gibt nur einen Weg: lernen, üben und sicherer werden in Lean Digitization. In dem Moment, wo Kompetenz und Routine mit dem Vorgehensmodell entstanden sind, weicht das Unsicherheitsgefühl einer Zuversicht, dass agiles Vorgehen genauso sicher, wenn nicht sogar sicherer ist als klassische Planung und Ausführung von Projekten. Die Beispiele General Electric und Procter & Gamble zeigen, dass selbst große Konzerne in der Lage sind, agile Methoden sinnvoll und wirksam im eigenen Unternehmen zu etablieren und zu höherer Leistungs- und Anpassungsfähigkeit zu gelangen. Unter dem Namen ‚FastWorks' ist bei GE ein Programm entstanden, das im Konzern weiter ausgerollt wird (Power 2014). Interdisziplinäre Teams arbeiten wie in Start-ups an neuen Produkten. Die Ergebnisse sind überzeugend: halbierte Entwicklungskosten, doppelte Geschwindigkeit, und Verdoppelung der Verkaufszahlen.

Eine neue Beziehung zum Team

Eine weitere Herausforderung ist die Veränderung der Rolle als Führungskraft in Beziehung zu agilen Teams. Führung verändert sich in Richtung einer lateralen Führung. Das bedeutet, dass Eingriffe in das Handeln des Teams nur selten und wohl gewählt erfolgen sollten. Wie kann unter diesen Bedingungen geführt werden? Die drei wirksamsten Methoden sind Festlegen eines Zielsystems, Coaching des Teams und Setzen von förderlichen Rahmenbedingungen.

Eines der wirksamsten Kommunikationsinstrumente zwischen Digital-Manager und Lean-Digitization-Team ist die gemeinsame Vereinbarung über die Entwicklung des Digitalprojektes. Darin wird festgehalten, welche Ziele und Visionen verfolgt werden, welche Freiheiten, Möglichkeiten, Unterstützung und Ressourcen zur Verfügung gestellt werden und an welchen grundsätzlichen Werten und Vorgaben sich das Team zu orientieren hat. Ziele sollten so präzise formuliert werden, dass sie ausreichend scharf sind, aber nicht zu detailliert. Dem Team hilft es, wenn Hintergrundinformationen transparent gemacht werden. Eine wichtige Rolle spielt auch das gemeinsame Festlegen geeigneter Metriken (KPI), an denen das Team seine eigene Leistung messen kann.

Eine Vereinbarung zwischen Führungskraft und Team ist nichts anderes, als die schriftliche Formulierung dessen, worauf Manager und Team sich gemeinsam verpflichten. Die schriftliche Fixierung – im besten Falle sogar mit Visualisierung der jeweiligen Rahmenkomponenten – dient dazu, über einen langen Zeitraum hinweg immer wieder darauf zurückgreifen zu können. Die Vereinbarung sollte wie das Digitalprojekt selbst immer wieder einem validierten Lernprozess unterzogen und daraufhin geprüft werden, ob sie noch sinnvoll und angemessen ist und gegebenenfalls angepasst werden.

Beim Coaching agieren Führungskräfte als Sparringpartner des Teams. Sie geben dem Team Feedback, gehen mit ihm gemeinsam Erkenntnisse der Experimente durch, diskutieren Abweichungen von den Kennzahlen und helfen dem Team, selbst Lösungen zu entwickeln. Sie führen durch Einbringen einer externen Sichtweise sowie durch Fragen und sie unterstützen das Team, indem sie die Methodenkompetenz erweitern.

Den prägendsten Einfluss auf das Verhalten von Teams, Mitarbeiterinnen und Mitarbeitern besitzt die Art und Weise, wie Führungskräfte sich verhalten. Wer Teamarbeit predigt, sich aber selbst mit Ellbogen nach oben kämpft, wer validiertes Lernen fördern will, aber bei jedem Experiment, dass nicht mit dem erwarteten Ergebnis endet, in Rage gerät, sendet ein deutlich negatives Signal.

▶ Taten wirken stärker als Worte. Auch die eigenen!

Wenn Führungskräfte selbst agil handeln, ihr Handeln an Fakten und Daten orientieren und daraus lernen, entsteht ein Rollenmodell, das langfristig auf Mitarbeiterinnen und Mitarbeiter abfärbt.

8.4 Strukturen und Prozesse

Eine der wirksamsten und oft unterschätzten Führungsmethoden im agilen Unternehmen ist das Führen durch Gestalten der Rahmenbedingungen.

Bereits in den 80er-Jahren hat Oswald Neuberger (1990) zu symbolischer Führung geforscht. Darunter wird die Art Führung verstanden, die nicht durch direkte Kommunikation zwischen Führungskräften und Mitarbeitern ausgeübt wird, sondern durch Symbole, die die in Form gegossene Kultur des Unternehmens darstellen. Zu diesen Symbolen gehören nicht nur Insignien der Macht, wie Anzüge, Manschettenknöpfe, Firmenwagen und Eckbüros in der obersten Etage, sondern auch viel unscheinbarere Dinge, wie die Art, wie Kantine oder Raucherecke ausgestattet sind, welche Rituale (Meetings, Firmenveranstaltungen etc.) es gibt, welche Formulare man ausfüllen und welche Prozessschritte gegangen werden müssen, um einen Urlaubsantrag auszufüllen.

Die Mittel, mit denen symbolische Führung ausgeübt wird, sind vielfältig und es sind längst nicht alle bewusst errichtet worden. Bei der Analyse der Unternehmenskultur spielt der Blick auf symbolische Führungsinstrument eine wichtige Rolle. Besonders interessant sind dabei immer die Instrumente, die nicht bewusst installiert wurden und ein Eigenleben führen und die Abkürzungen, die Mitarbeiterinnen gefunden haben, die eigentlich nicht vorgesehen waren.

Räume und Materialien

Räume und Materialien haben erheblichen Einfluss auf die Teamarbeit (Doorley und Witthoft 2012), Es sollten kreativitätsfördernde Arbeitsmittel vorhanden sein: Pinnwände, Flipcharts, Papier, Haftnotizen, Marker, Scheren, Klebstoff und jede Menge Materialien zum schnellen Simulieren und Bauen möglicher Lösungen. Dazu sollten auch Rechner, Entwicklungssoftware, Maker-Boards (Raspberry PI, Arduino o. ä.) usw. gehören. Die Einrichtung des Raumes ist idealer Weise variabel und erlaubt Arbeiten sowohl im Stehen als auch im Sitzen, in der Gruppe und in Einzelarbeit.

Belohnungssystem

Der prägendste Umweltfaktor ist, inwiefern das formelle und informelle Belohnungssystem die Teamarbeit unterstützen. Werden gute Teamleistungen honoriert? Werden Widersprüche zwischen geschriebenen Unternehmenswerten und körpersprachliche Missbilligung durch Führungskräfte vermieden?

Ein besonders kritischer Punkt ist die Frage, wie Führungskräfte mit Fehlern und Scheitern umgehen – sowohl wenn sie selbst die Betroffenen sind als auch in der Kommunikation mit dem Team selbst. Verantwortung kann von Teams am leichtesten getragen werden, wenn es eine positive Fehlerkultur (Abschn. 11.8) im Unternehmen gibt. Fehler sollten keine Schuldgefühle provozieren, sondern Auslöser sein für eine tiefer gehende Ursachensuche und einen Lernprozess, der zu kontinuierlicher Verbesserung führt.

Einbettung in das Unternehmen
Wie die Beziehung des Teams zu anderen Organisationseinheiten und Teams gestaltet wird, legt fest, welche Wirkung es entfaltet. Ein Lean-Digitization-Team arbeitet nicht im luftleeren Raum und ist auf Austausch und Zuarbeit von anderen angewiesen. Gerade dann, wenn agiles Management noch nicht komplett im Unternehmen verankert ist, kann die andere Arbeits- und Kommunikationsweise des Lean-Digitization-Teams zu Irritationen bei Kollegen und Kolleginnen aus anderen Abteilungen führen. Es ist hilfreich, wenn sich das Lean-Digitization-Team gemeinsam auf Prinzipien des Umgangs mit anderen Organisationseinheiten verpflichtet und schriftlich festhält, welches Serviceangebot sie selbst anderen Einheiten bieten.

Die Idee, eines Service-Angebots an andere Teams mag kurios klingen. Das Team wurde ja für die Entwicklung neuer Lösungen eingesetzt. Immer wieder tauchen jedoch Diskussionen auf, bei denen Mitarbeiterinnen, Mitarbeiter und Führungskräfte aus den konventionellen Arbeitsbereichen Innovations- und Lean-Digitization-Teams vorwerfen, dass sie ja nur das Geld verbrennen würden, das andere ins Unternehmen hereinholen. In einer solchen Diskussion ist es hilfreich, wenn das Team überzeugend darlegt, welchen Beitrag es dem Unternehmen und welchen Service es ggf. anderen Abteilungen liefert.

Zur Gestaltung der Teamumwelt gehört aber auch, dass sich die Führungskraft von Zeit zu Zeit als Mentor und Förderer für Unterstützung aus dem Unternehmen und produktive Zusammenarbeit mit anderen Teams und Abteilungen einsetzt.

Rituale und Symbole
Es hilft jeder Innovationsinitiative, wenn sie mit passenden Symbolen ausgestattet wird und es Rituale gibt, Erfolge zu feiern, aber auch Fehlversuche zu beerdigen. Symbole und Rituale können sich dabei an bereits im Unternehmen etablierte Praktiken anlehnen, bewusst kontrastieren oder etwas ganz Neues einführen. Die Möglichkeiten sind vielfältig. Es können Maskottchen verwendet werden, Symbolisieren des Entwicklungsfortschritts durch eine übergroße Grafik u.v.a.m.

8.5 Führen mit Metriken

Daten und Analytik spielen eine so entscheidende Rolle in digitalen Unternehmen, dass sie auch Führung unterstützen. Zahlen sind eines der am meisten unterschätzten Führungswerkzeuge. Auf den ersten Blick klingt das kontraintuitiv. Haben nicht viele Menschen eine Ablehnung gegenüber allem was mit Zahlen und Mathematik zu tun hat? Nein, eigentlich nicht, solange es nachvollziehbar ist. Zahlen können sogar eine ganz eigene Magie entfalten.

Zu Lean Digitization passt das Führen mit Metriken und Kennzahlen perfekt, dreht sich doch vieles um Daten, die durch Messen generiert werden. Richtig anspornend werden Zahlen, wenn sie gut visualisiert werden. So hatte ein Maschinenbauunternehmen in einem Veränderungsprozess den Stand der Entwicklung mit einem verschiebbaren

Reiter auf einer drei Meter hohen, hölzernen Anzeigetafel visualisiert. Jeden Morgen sah nicht nur das Projektteam, sondern die gesamte Belegschaft den aktuellen Stand. Eine Zahl in einer Excel-Tabelle hat eine ganz andere Wirkung. Wenn für das Team nachvollziehbar ist, was die Zahlen bedeuten und wie sie zustande kommen, unterstützen sie die Selbststeuerung des Teams, indem sie kontinuierlich relevantes Feedback liefern. Dafür braucht es noch nicht einmal eine Incentivierung. Der Motivationsforschung ist schon lange klar, dass intrinsische, also von innen kommende Motivation stabiler ist und stärker wirkt als extrinsische, wie zum Beispiel Prämien.

▶ Eigenen Erfolg zu erleben, beflügelt Menschen. Nichts motiviert Teams mehr.

Die Kunst liegt darin, die Metriken zu finden, die dem Team eine verlässliche Rückmeldung über die eigene Arbeit liefern. Mit automatisierten Visualisierungen kann dem am besten Team kurzfristiges Feedback über die eigene Leistung gegeben werden. So liefern beispielsweise Kundenbewertungen über die Nützlichkeit der Lösung, das Sinken von Suchbewegungen auf User Interfaces und die steigende Geschwindigkeit des Durchlaufs von Experimentierzyklen sinnvolles Feedback, das die Motivation des Teams unterstützt.

Darüber hinaus ist der generelle Umgang mit Daten und Informationen im Unternehmen ein zentraler Faktor für Selbststeuerung. Nur wenn Informationen weitgehend ungehindert fließen und transparent sind, werden Teams in die Lage versetzt, eigenständig und schnell zu reagieren.

8.6 Change-Management: Veränderung und Lernen als Grundstein eines agilen Unternehmens

Digitalisierung bringt weitreichende Veränderungen mit sich, die Mitarbeiterinnen und Mitarbeiter tief verunsichern können:

- Ist der Arbeitsplatz noch sicher?
- Werde ich mit meinen Kompetenzen noch hinreichend qualifiziert sein?
- Werden wir jetzt alle von Daten und Algorithmen dominiert?
- Steigt durch die Geschwindigkeit der Stress?
- Werde ich noch mit den vertrauten Kolleginnen und Kollegen zusammenarbeiten?

Die Fragen können starke Unsicherheitsgefühle auslösen, die nicht nur Mitarbeiter erfassen, sondern auch Führungskräfte. Gerade im Mittelmanagement kommt es für viele zu schwer aushaltbaren Situationen. Manager und Managerinnen sind verpflichtet, Digitalisierung in der eigenen Abteilung voran zu treiben, sehen aber auf sich selbst unsichere Zeiten zukommen.

Zum Vergleich: Start-ups sind nicht nur schneller, weil sie agile Methoden anwenden, sondern sie können auch bei null anfangen. Das hat einen gewaltigen Vorteil. Sie müssen gegen nichts ankämpfen. Auch Häuser werden auf freien Grundstücken schneller gebaut, als wenn vorher ein Bauwerk abgerissen werden muss. Das gilt besonders, wenn Personen, die an dem alten Gebäude hängen, es vorher besetzten, davor protestieren, Sitzblockaden durchführen und die Bagger sabotieren. Zu drastisch? Keineswegs. Dieser Kleinkrieg findet in vielen Unternehmen tagtäglich statt.

Dem Management stellen sich zwei Aufgaben:

1. Die kurz- bis mittelfristige Aufgabe besteht darin, den aktuellen Veränderungsprozess nicht nur zu managen, sondern Mitarbeiterinnen und Mitarbeiter aktiv in die neue Welt zu führen. Abb. 8.3 zeigt den vereinfachten schematischen Ablauf eines Veränderungsprozesses.
2. Die langfristige Aufgabe ist, die Lern- und Wandlungsfähigkeit der Organisation dauerhaft zu stärken, um zukünftig dynamischen Veränderungen besser zu begegnen.

▶ Nirgendwo zeigt sich die Qualität einer Führungskraft so deutlich, wie beim Gestalten und Führen eines fundamentalen Transformationsprozesses.

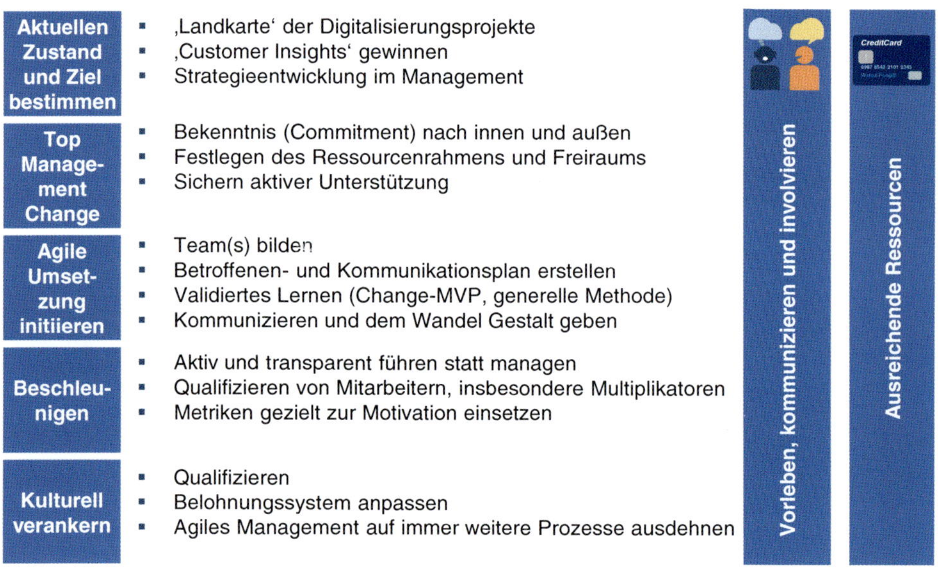

Abb. 8.3 Schematischer Ablauf eines Transformationsprozesses. (Quelle: Uwe Weinreich, CoObeya.net)

Aktuellen Zustand und Ziel bestimmen

Egal, welche Zukunftsvorstellung ein Unternehmen von seiner digitalen Transformation im Strategieprozess entwickelt, eine Neuausrichtung zieht zwangsläufig auch Veränderungen in der Organisation, den Arbeitsstrukturen und Arbeitsweisen, den Rollen und Verantwortlichkeiten der Führungskräfte, Teams, Mitarbeiterinnen und Mitarbeiter nach sich. Ein neues, digitales Geschäftsmodell (Kap. 10) und die strategische Roadmap (Kap. 11) zu entwerfen, ist simpel im Vergleich zu den Herausforderungen und Aufgaben, die gebraucht werden, um Organisation und Menschen auf diesen Weg zu bringen. Es ist eine Herkulesaufgabe.

Wie vor jeder großen Aufgabe gilt es zunächst einmal, sich Klarheit zu verschaffen. Dabei sollten nicht nur Prozesse betrachtet, alte und neue Organisationsstruktur nebeneinander gelegt und eine positive Zukunftsvision beschrieben werden. Das ist meistens schon während der Strategieentwicklung passiert (Kap. 11) und wird hier als Grundlage genutzt, um darauf aufzubauen. Um die eigentlichen Risiken, Chancen und Wege zu erkennen, muss man tiefer graben und urmenschliche Motive erkennen.

Jedes Unternehmen hat einen Motor, Leitsätze und Geschichten in denen deutlich wird, wofür das Unternehmen steht und wie es seine Aufgabe erledigt. Oftmals sind die am stärksten wirkenden Prinzipien nirgends explizit aufgeschrieben, aber sie werden aktiv gelebt. Sie sind Teil der Kultur. Stehen gelebte und niedergeschriebene Kultur in Widerspruch, gewinnt unweigerlich die gelebte. Veränderungsmanager sollten sich darüber klar werden, ob Elemente des gültigen ‚kulturellen Motors' des Unternehmens von der neuen Strategie betroffen sind. Wird auch nur ein einziger zentraler Aspekt verändert, der die Kultur des Unternehmens formt sowie Identität und Orientierung stiftet, wird der Weg steinig werden.

Die in Abb. 8.4 dargestellte Kulturentwicklungsmatrix kann genutzt werden, um die heterogenen Kulturaspekte zu ordnen und erste Ideen für eine Weiterentwicklung zu sammeln. Die abgebildeten Aspekte sind:

Aktueller Zustand

- **Fertigkeiten**
  Fehlen für die zukünftige Ausrichtung Kompetenzen im Unternehmen? Welche Schulungen müssen angeboten werden? Müssen neue Professionen ins Unternehmen geholt werden? Welche Kompetenzen müssen insbesondere die Führungskräfte erwerben?
- **Kommunikation**
  Reichen die bisher genutzten Kommunikationswege und -mittel aus? Passt die Meeting-Kultur zur neuen Ausrichtung? Können wir so, wie wir kommunizieren, die Geschwindigkeit erreichen, die wir brauchen? Ist technische Unterstützung von Kommunikation hilfreich?

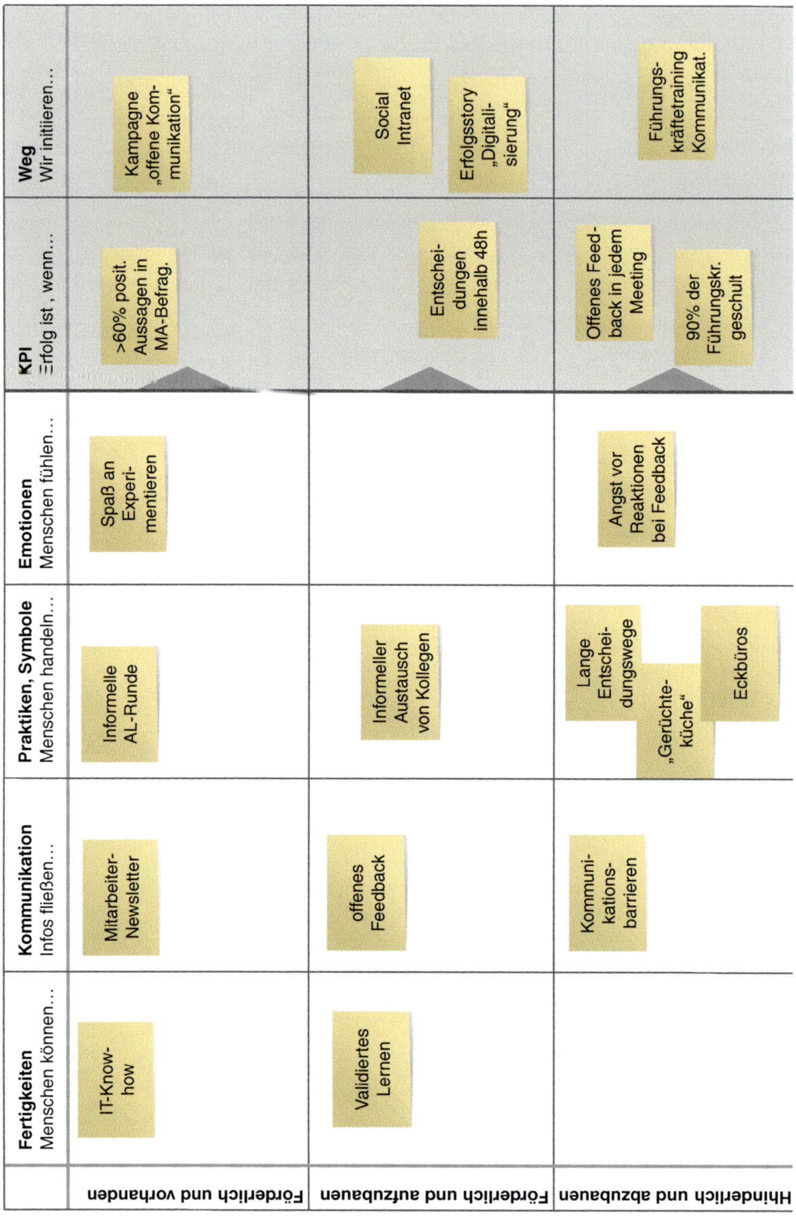

Abb. 8.4 Beispiel für eine Kulturentwicklungsmatrix. (Quelle: Uwe Weinreich, CoObeya.net. Verwendung lizensiert unter Creative Commons BY-SA v 3.0)

- **Praktiken, Gewohnheiten und Symbole**
  Welche im Unternehmen gelebten Usancen behindern die Veränderung? Welche neuen Verhaltensweisen sind wünschenswert? Wie können neue Verhaltensweisen etabliert und verstärkt werden? Welche Symbole repräsentieren die neue, welche die alte Kultur? (Siehe zu symbolischer Führung auch Abschn. 8.4)
- **Emotionen**
  Werden Dinge verloren gehen, an denen Mitarbeiter und Mitarbeiterinnen hängen oder mit denen sie sich identifizieren? Welche Ängste entstehen? Welche positiven Emotionen löst das Zukunftsszenario aus?

Ziel und Weg

- **Kennzahlen (KPI)**
  An welchen Metriken lässt sich der Fortschritt des Veränderungsprozesses am besten ablesen? Wie werden die Kennzahlen visualisiert? Wie werden sie für alle transparent kommuniziert?
- **Weg**
  Als weiteres enthält die Kulturentwicklungsmatrix eine Spalte ‚Weg'. Da bei der Analyse der genannten Aspekte in der Regel auch sofort Ideen entstehen, wie der Weg zu einer Lösung aussehen kann, bietet sich hier Platz für Notizen.

Beteiligte

Beteiligte haben keine eigene Spalte in der Kulturentwicklungsmatrix, da sich das in der Praxis als wenig sinnvoll erwiesen hat. Die Darstellungen werden zu komplex. Beteiligte können in der Kulturentwicklungsmatrix besser mit unterschiedlichen Farben gekennzeichnet werden. Für einige Personengruppen bietet es sich an, eine eigene Matrix zu erstellen. Wer ist vom Veränderungsprozess in welcher Art und Weise betroffen? Wie stehen die Personen und Personengruppen vermutlich dazu? Mit welcher Unterstützung beziehungsweise mit welchem Widerstand ist zu rechnen? Wie werden die Personen bzw. Personengruppen aktiv einbezogen?

Besonders externe und neue Mitarbeiterinnen und Mitarbeiter sind noch nicht vollständig an die Kultur gewöhnt. Das schärft den Blick und macht Dinge im Kontrast zu anderen Unternehmen deutlich. Es lohnt sich, gerade diese Personen zu befragen.

Top Management Change

Ist die Entscheidung für die digitale Strategie im Management gefallen, sollte das auch der erste Ort sein, wo sie sichtbar wird. Vorstand oder Geschäftsführung sind aufgefordert, öffentlich ein klares Bekenntnis zum strategischen Wandel abzulegen. Dazu gehört auch festzulegen, wer aus dem Kreis für den Prozess verantwortlich ist, als Sponsor für die Projekte dient sowie für aktive Unterstützung sorgt, wenn der Prozess ins Stocken gerät.

Eine stille Zuordnung in der Geschäftsleitung reicht nicht aus. Damit eine Signalwirkung entsteht, muss sich der Sponsor kommunikativ aus dem Fenster lehnen. Wenn es nicht der CEO selbst ist, sollte er unmissverständlich deutlich machen, dass auch er vollkommen hinter dem Wandel steht. Sonst bleibt zu viel Interpretationsspielraum.

Eine zweite Aufgabe des Top-Managements ist es, einen ausreichenden Ressourcenrahmen für den strategischen Veränderungsprozess festzulegen, sowohl finanzieller als auch personeller Natur. Dabei gilt für den Veränderungsprozess als Ganzes nicht die Regel, die für Innovationsprojekte sinnvoll ist: das Budget knapp halten. Im Gegenteil. Das Budget muss ausreichend sein, um Wirkung erzielen zu können. Leider scheitern viele Change-Projekte daran, dass sie ein zu geringes Budget besitzen.

> Ein gut geführter Change-Prozess ist validiertes Lernen mit vielen kleinen Experimenten, die auch mal scheitern dürfen. Ein Scheitern als Ganzes wäre jedoch katastrophal. Ein Change-Prozess ist kein Experiment, sondern existenzieller Überlebenskampf.

Unternehmensleitungen, die die existenzielle Bedeutung des Veränderungsprozesses erkennen, werden ihn mit den notwendigen Ressourcen ausstatten, nicht nur finanziell, sondern auch personell. Die Planung im Detail wird am besten mit einer erfahrenen Change-Managerin aus dem Unternehmen oder von extern vorgenommen.

Ebenfalls in die Verantwortung des Top Managements gehört es, den Handlungsrahmen für den Veränderungsprozess und das Change-Team festzulegen. Es sollte klar sein, welche Freiheiten bestehen und wo klare Grenzen gezogen sind. Wenn es einen deutlichen Bruch in der Unternehmenskultur gibt, ist es hilfreich, das dem Change-Team explizit deutlich zu machen und es zu bestärken, die Handlungsfreiheiten auch zu nutzen. Die Rahmensetzung gibt den Akteuren im Change-Team Sicherheit und Freiheit, um den Prozess agil zu gestalten.

Agile Umsetzung initiieren

Die Chancen, einen Veränderungsprozess direkt zu steuern, dürfen nicht überschätzt werden. In Unternehmen mit mehr als 50 Mitarbeitern entwickeln sich zwangsläufig Eigendynamik und Selbstorganisation. Leider ist das nicht immer funktional. Und wenn tief greifende Veränderungen vonstatten gehen, kann die Eigendynamik zu einem echten Hemmnis werden. Eine herausfordernde Aufgabe des Change-Teams wird darin bestehen, Selbstorganisationsprozesse zu erkennen, zu nutzen und zu beeinflussen, sodass sie mit der technischen Entwicklung wachsen. Eine herausragende Bedeutung nimmt die Frage ein, inwieweit es dem Top-Management und dem Change-Team gelingt, die Herzen und die Überzeugungen der Mitarbeiterinnen und Mitarbeiter für die Vision der Zukunft zu gewinnen.

Ein Change-Team sollte klein und schlagkräftig sein und möglichst breit, divers und kompetent aufgestellt sein. Es braucht Leute mit fachlicher Kompetenz auf der einen Seite und mit hohen kommunikativen Fertigkeiten sowie einer guten Vernetzung innerhalb des Unternehmens auf der anderen. Wenn beides nicht in Kombination zu bekommen ist, sollten Kommunikation und Vernetzung stärker bewertet werden.

> Fachkompetenz lässt sich temporär ins Team holen. Soziale Kompetenz nicht.

Eine der ersten Aufgaben des Change-Teams besteht darin, den Beteiligten- und Kommunikationsplan (Abb. 8.5) auszuarbeiten und mit konkreten Kommunikationsmaßnahmen für einzelne Personen, Abteilungen und Interessengruppen zu hinterlegen.

Die Ideen aus der Kulturentwicklungsmatrix werden jetzt konkreten Personengruppen zugeordnet. Auch dieser Plan sollte im Sinne agilen Vorgehens nicht statisch sein, sondern als Werkzeug gesehen werden, das sich mit dem Voranschreiten des Prozesses wandelt und anpasst. Mindestens zweimal im Monat sollte der Plan kritisch durchgegangen und aktualisiert werden.

Die Überschriften des Beteiligten- und Kommunikationsplans sind weitgehend selbsterklärend. Hier nur ein Hinweis zu Spalte ‚Angebot/Kernbotschaften': Es ist immer ein guter Ansatz, für Beteiligtengruppen Vorteile zu identifizieren, die für sie aus dem Projekt erwachsen. Das kann sozusagen als Angebot verstanden werden. Manchmal müssen tatsächlich auch Zugeständnisse gemacht werden.

Von herausragender Bedeutung sind die Kernbotschaften. Sie sollten klar, glaubwürdig und überzeugend formuliert werden. Botschaften können eine große Macht entfalten. Barak Obamas Leitsatz ‚Yes we can' hat mit nur drei Worten Stolz, Hoffnungen und Herzen der Menschen angesprochen und zum Wahlerfolg beigetragen. Die Kernbotschaften sind auch Grundlage für die Entwicklung von Geschichten, die um die Veränderung herum entwickelt und erzählt werden.

Veränderungs-MVP

Auch Veränderungsprojekte haben MVP. Die Minimal verkaufbaren Produkte sind hier Pilotprojekte, in denen digitale Anwendungen oder neue Lösungen modellhaft erprobt werden. Sie sollten in einem geschützten Rahmen stattfinden. Das heißt, es werden Arbeitsbereiche und Teilaspekte des Veränderungsprozesses ausgewählt, die folgenden Kriterien genügen:

- Der Arbeitsbereich ist relativ selbstständig.
- Der angestrebte Veränderungsschritt ist überschaubar und realistisch.
- Ein Erfolg des Pilotprojektes hebt das Image des Arbeitsbereiches und des dort arbeitenden Teams.
- Mitarbeiter vor Ort sind grundsätzlich bereit, am Pilotprojekt teilzunehmen.
- Die zuständige Führungskraft kann überzeugt werden, das Projekt zu unterstützen.
- Das Ergebnis wird eine Signalwirkung für weitere Arbeitsbereiche haben.

Ein gutes Beispiel ist das Vorgehen, das gern von Krankenhäusern gewählt wird. Bevor alle Stationen mit digitalen Patientenakten ausgestattet werden, sind es das Labor oder die Apotheke, die als erste den Schritt in die Digitalisierung wagen. Die Vorteile liegen auf der Hand. Hochtechnologie ist gerade im Labor Alltag und Mitarbeiterinnen und Mitarbeiter sind nicht nur den Umgang damit gewohnt, sondern generell

Beteiligte (Person/ Gruppe)	Betroffen durch Veränderung	Einstellung zu Veränderung	Rolle und Ansprache im Projekt	Angebot/Kern-botschaften	Kommunikation
IT-Manager	Verantwortung für technische Infrastruktur	Positiv, jedoch nicht begeistert	Unterstützer. Kontinuierlicher Dialog erforderlich	Erfolg wird sein Erfolg.	Regelmäßiger Jour fixe
Vertrieb	Digitaler Kanal führt zu deutlichen Veränderungen	sehr kritisch, Angst vor Verlust der Boni	Zu gewinnende Gruppe. Frühzeitiger Dialog, HR mit einbeziehen. Hoher Qualifizierungsbedarf	Neue Formen der Incentivierung aufgrund von Vertriebserfolg durch Social Media Dialog	Vorabinfo, Newsletter, regelm. Austausch, Intranet-Kanal

Abb. 8.5 Beispiel für einen Beteiligten- und Kommunikationsplan. (Quelle: Uwe Weinreich, CoObeya.net. Verwendung lizensiert unter Creative Commons BY-SA v 3.0)

technologieaffiner als andere. Zudem arbeiten die beiden Abteilungen weitgehend unabhängig von den Stationen, pflegen aber täglich Kontakt, sodass ein Gelingen schnell eine Signalwirkung entfaltet.

Gelingen Pilotprojekte, so lassen sich die Erkenntnisse aus dem Lernprozess auch für andere Teilaspekte des Transformationsprozesses einsetzen. Modellprojekte und ihre Lernerfahrungen dürfen kein Nischendasein führen (,Ja, das funktioniert in der IT, sonst nicht'), sondern die Erkenntnisse sollten abteilungsübergreifend verfügbar gemacht und genutzt werden (,Wenn die das schaffen, können wir das auch').

Veränderungsmanagement als Prozess des validierten Lernens

Ein großes Problem in vielen digitalen und nicht digitalen Veränderungsprozessen ist, dass Change-Manager die Transformation ebenso anlegen, wie den Bau eines Gebäudes, nämlich als Wasserfall-Modell. Stoßen Change-Teams auf Schwierigkeiten, wird der übliche direktive Korrekturmechanismus eingeschaltet, um wieder auf Linie zu kommen. Das funktioniert in der Praxis nicht.

Jeder Veränderungsprozess kann als validierter Lernprozess verstanden werden. Das eröffnet neue Möglichkeiten, gerade im Umgang mit schwierigen Situationen, Konflikten und Widerstand. ,Unser Plan für die Umsetzung funktioniert nicht wie gedacht? OK, vielleicht sind unsere Grundannahmen falsch. Versuchen wir tiefer zu verstehen und einen neuen Versuch zu starten'. Diese Grundhaltung entstresst nicht nur das Change-Team, sondern führt auch zu besseren Ergebnissen. Gerade Kolleginnen und Kollegen, die sich quer stellen, besitzen oftmals wichtige Informationen über Aspekte und Nebenwirkungen, die im Horizont des Transformationsprozesses nicht ausreichend abgebildet sind. Sie zu verstehen, kann nicht nur Widerstand vorbeugen, sondern auch zu robusteren Lösungen führen.

Insgesamt ist der agile Veränderungsprozess eine komplexe Angelegenheit. Ein Vorgehen, gekennzeichnet durch Realisieren-Messen-Lernen-Zyklen ist vorteilhaft. Durch das Messen entstehen Daten, die nicht nur für das Change-Teams nützlich sind, sondern auch relevant für die Kommunikation mit Kolleginnen und Kollegen und deren Verständnis. Erkenntnissen kann und sollte eine angemessene Gestalt in Form einer Visualisierung, einer Installation o. ä. gegeben werden. Genauso helfen bildhafte Darstellungen des Ist- und des Zielzustandes, den Sinn des Wandels zu verdeutlichen und Menschen emotional anzusprechen.

Kommunizieren

Neunzig Prozent der Arbeit des Change-Teams wird sich um Kommunikation drehen. In der Anfangsphase werden dafür die Instrumentarien, Formate und Kanäle festgelegt. Sie sollten vielfältig und auf die Kommunikationsgewohnheiten der adressierten Personengruppen zugeschnitten sein. So sind für Mitarbeiterinnen, die sowieso den ganzen Tag am Rechner sitzen, elektronische Formate wie E-Mail, Blog und Chat sinnvoll. Mitarbeiter in der Produktion profitieren auch von gedruckten Unterlagen, Wandzeitungen etc. Trotzdem, nichts ist wirkungsvoller als das direkte Gespräch. Ein Change-Team kann das nicht allein leisten und es wäre auch gar nicht sinnvoll. Kommunikation kann besser als Netzwerk verschiedener, ineinander greifender Maßnahmen und Formate aufgebaut werden:

1. Information des oberen und mittleren Managements durch das Top Management und – wenn möglich – Strategieklausuren mit diesen Gruppen.
2. Information der Mitarbeiterschaft in der Breite über mehrere Kanäle, wie z. B. Intranet, Infoveranstaltung, Newsletter etc.
3. Persönliche Gespräche der Geschäftsleitung mit der zweiten Führungsebene, um Zielbild und Erwartungen zu klären.
4. Kontinuierliche Information der Mitarbeiterinnen und Mitarbeiter über die entwickelten Formate.
5. Qualifikationsworkshops mit Führungskräften, in denen Wissen und Managementkompetenzen für die Neugestaltung vermittelt werden.
6. Auswahl und Training von Multiplikatoren, die als Prozessbegleiter später vor Ort die Umsetzung begleiten und als Ansprechpartner für Kolleginnen und Kollegen zur Verfügung stehen. Sie können aus dem Pool derjenigen gewonnen werden, die sich bereits als begeistert oder positiv dem Wandel gegenüber dargestellt haben.

Führungskräfte und Prozessbegleiter werden zu Trägern des Veränderungsprozesses. Sie werden mit vielfältigen Ansichten, Ideen und Kritik in Kontakt kommen. Dafür sollten Feedback-Kanäle und regelmäßige Treffen mit dem Change-Team eingeplant werden.

Kommunikation gelingt, wenn die Inhalte treffend, verständlich und nachvollziehbar aufbereitet werden. Einige Unternehmen engagieren dafür Agenturen. Das hilft, ist aber nicht unbedingt notwendig, wenn folgende Teilaufgaben intern gelöst werden:

- **Kernbotschaften festlegen**
  Die Kernbotschaften zum Veränderungsprozess sollten in klaren und einfachen Sätzen formuliert sein. Es sollte zum Ausdruck kommen, warum der Wandel sinnvoll ist und welches positive Zielbild angestrebt wird.
- **Geschichte (Story) entwickeln**
  Storytelling ist schon immer ein Schlüsselelement in Veränderungsprozessen gewesen und in den letzten Jahren auch in der Fachliteratur stärker beachtet worden (Simmons 2006; Smith 2012). Über Geschichten ist es möglich, Menschen nicht nur kognitiv, sondern auch emotional zu erreichen. Außerdem bleiben Geschichten besser präsent. Sie werden im episodischen Gedächtnis gespeichert und lebendiger und vielfältiger erinnert. Am wirksamsten sind wahre Geschichten aus dem eigenen Unternehmen, die mit dem Wandlungsprozess verbunden sind. Mit etwas Glück ergeben sie sich aus den Pilotprojekten. Auch Geschichten aus der Branche oder von Unternehmen mit vergleichbarer Größe, Struktur und Problemlage helfen.

- **Einen treffenden Claim formulieren**
  Die Werbebranche macht es jeden Tag mit gutem Grund. Für jedes Unternehmen und jedes Produkt, das beworben werden soll, wird ein kurzer Satz entwickelt, der die Sache auf den Punkt bringt, positiv klingt, leicht zu merken ist und inhaltlich sowohl an das Unternehmen, als auch dessen Produkte und das positive Zielbild anschließt.
- **Visualisierungen und Symbole gestalten**
  Menschen denken in Bildern und Bilder bleiben im Gedächtnis haften. Symbole und bildhafte Darstellungen des Wandels bieten eine große Chance, Menschen zu erreichen.

Mit dieser Vorarbeit werden die verschiedenen Kommunikationsformate zielgruppengerecht ausgestaltet.

Für die Kommunikation des Change-Teams mit Mitarbeiterinnen und Mitarbeitern gilt dasselbe wie für Führungskräfte. Kommunikation braucht geeignete Rückkanäle. Die dürfen keine schwarzen Löcher sein, in denen Meinungen verschwinden, sondern es muss ein echter Dialog entstehen, der bis zur obersten Geschäftsleitung reicht. Dabei können technische Lösungen wie Social Intranet helfen (Abschn. 9.8).

Beschleunigen des Transformationsprozesses
Komplexität besitzt die Tendenz zu verlangsamen. Das ist für einen Transformationsprozess tödlich. Deshalb ist es ratsam, ab dem Punkt, an dem die digitale Lösung so weit entwickelt ist, dass sie in der Breite umgesetzt werden kann, auf Methoden zur Beschleunigung zu setzen. Wird jetzt keine Geschwindigkeit erzeugt, kann die Umsetzung versanden. Möglichkeiten zu beschleunigen sind:

- **Aktive, transparente, transformative Führung**
  Viel zu viele Manager ziehen sich auf eine administrative Position zurück. In der Beschleunigungsphase sind gerade aktive Führung, Motivation von Mitarbeiterinnen und Mitarbeitern entscheidend. Das lässt sich nur durch persönlichen Einsatz als Führungskraft erreichen. Neben Vorleben und Motivieren zur Veränderung muss gegebenenfalls auch Verhalten kritisiert werden, das kontraproduktiv ist. Auch hier sind Führungskräfte gefordert, auf ihre Mitarbeiter zuzugehen. Damit transformative Führung im Unternehmen gelebt wird, ist eine initiale Schulung der Führungskräfte sinnvoll.
- **Einsetzen der Multiplikatoren**
  Dem Change-Team wird es niemals gelingen, alle Mitarbeiter persönlich zu erreichen. An dieser Stelle kommen die Prozessbegleiter ins Spiel. Damit sie das Projekt wirksam unterstützen, sollten sie nicht nur als erste Zugang zu Informationen bekommen, sondern auch geschult sein im Umgang mit der neuen digitalen Lösung auf der einen Seite und kommunikativen Fertigkeiten auf der anderen.

- **Qualifizieren von Mitarbeiterinnen und Mitarbeitern**
  Wenn Prozesse sich digital verändern und neue Software zum Einsatz kommt, ist eine gründliche Schulung aller, die damit auch nur entfernt arbeiten müssen, unumgänglich.
  Um den Bedarf richtig einzuschätzen, muss das Change-Team sich vergegenwärtigen, dass die Change-Team-Mitglieder sich von Beginn an mit der neuen Lösung entwickeln konnten und so wahrscheinlich bereits das Gefühl entstanden ist, dass das ja alles gar nicht so schwer ist. Allen anderen Kollegen und Kolleginnen fehlt die Entwicklung, sodass die digitale Lösung u. U. als schockierend anders, komplex und schwer verständlich erlebt wird. Die Planung von Qualifikationsmaßnahmen sollte sich an den Nutzern und Nutzerinnen, nicht am Erleben des Change-Teams orientieren.
- **Metriken zur Motivation nutzen**
  Messen und Lernen, Daten und Metriken gehören zur agilen Umsetzung. In der Beschleunigungsphase helfen ausgewählte Metriken. Menschen orientieren sich gern an Zahlen, die verständlich visualisiert und kommuniziert werden (Abschn. 8.5).

Lean Digitization kulturell verankern
Selbst wenn der digitale Wandel weit fortgeschritten ist, kann es sein, dass er noch längst nicht fest in der Unternehmenskultur verankert ist. Häufig erleben Unternehmen in der Phase ein Nebeneinander von zwei Kulturen und bei einigen Mitarbeiterinnen und Mitarbeitern ist deutlich eine Sehnsucht nach der ‚guten, alten Zeit' zu spüren. Das sollte Anreiz sein, die neue Kultur tiefer zu verankern. Die Prozesse sind langwierig, lohnen sich aber und fördern die Leistungsfähigkeit des Unternehmens erheblich.

- **Kontinuierliches Qualifizieren**
  Oftmals ist es nicht mit einer einmaligen Schulung in der Beschleunigungsphase getan. Es ist ein ziemlicher Aufwand, erlernte Verhaltensweisen neuen Bedingungen anzupassen. Weiterführende und auffrischende Schulungen vermitteln Kolleginnen und Kollegen mehr Sicherheit und Vertrautheit mit den digitalen Prozessen.
- **Belohnungssystem anpassen**
  Das ist einer der wichtigsten Punkte. Viele Unternehmen arbeiten mit Boni und auch Lob der Führungskräfte gehört zum Belohnungssystem. Unterstützen das formelle und informelle Belohnungssystem wirklich schon konsequent die digitale Kultur oder gibt es noch Elemente, die auf die alte Welt gemünzt sind? Sondieren und aufräumen hilft. Digitale Kanäle werden sich nicht durchsetzen, wenn Papierformulare oder informelle Telefonate konsequent schneller zum Ergebnis führen, als Nutzen des digitalisierten Prozesses.
- **Agiles Management auf weitere Prozesse ausdehnen**
  Jedes Projekt, das auf validiertes Lernen setzt, und jeder Veränderungsprozess, der agil gelebt wird, stärkt die Lernerfahrung des Unternehmens im Umgang mit agilem Management. Die Erfahrungen können und sollten auch auf andere Prozesse

und Projekte ausgedehnt werden. Nicht nur Wissensaustausch und Qualifikation von Managern helfen, sondern auch der Austausch von Personen zwischen Abteilungen und Projekten. Eine Projektmanagerin, die bereits Erfahrungen mit agiler Methodik gemacht hat, wird einem Projekt in der Nachbarabteilung als aktive Projektbeteiligte im Zweifel besser helfen als Unterlagen.

- **Mit digitalen Lösungen positive Erfahrungen gestalten**
  Nichts überzeugt mehr, als wenn Mitarbeiterinnen und Mitarbeiter schnell positive Erfahrungen mit neuen Systemen und Lösungen sammeln. Passiert das nicht von allein? Leider nicht. Noch immer werden in vielen Unternehmen und Organisationen riesige IT-Systeme eingeführt, die technikzentriert am grünen Tisch entworfen wurden und so fehlgeplant und fehlerhaft sind, dass sie Arbeit eher behindern als fördern. Man sieht auf den ersten Blick, dass die Lösungen nicht mit validiertem Lernen entwickelt wurden, sondern einer monströsen Wasserfalllogik folgen.

Vorleben, kommunizieren und involvieren
Kultureller Wandel ist selbst bei digitaler Transformation etwas Menschliches und lebt davon, wie Menschen miteinander umgehen. Führungskräfte tragen eine besondere Verantwortung. Verhalten, das sie vorleben, ist prägender als jede Sonntagsrede. Autoritäre oder bürokratische Führung unterstützt keine agilen Prozesse. Hohe Transparenz, Kommunikationsbereitschaft und Offenheit gegenüber Mitarbeiterinnen und Mitarbeitern schon, insbesondere, wenn sie mit ihrer Kompetenz aktiv in die Gestaltung der Arbeit der Zukunft einbezogen werden. Gefragt ist ausgeprägte Führungskompetenz. Die lässt sich nicht durch ein Buch vermitteln, sondern nur durch aktives Training, Führungskräfteentwicklung und Vorbilder im Unternehmen. Gerade in Übergangszeiten hilft Führungskräften ein gezieltes Coaching.

Für ausreichende Ressourcen sorgen
Über Ressourcen ist im Zusammenhang mit dem digitalen Wandel bereits viel gesagt worden. Ja, Digitalisierung kostet Geld. Selbst bei Lean Digitization kommt irgendwann der Punkt, wo umfangreicher in Hard- und Software investiert werden muss. Auch das Umstellen der Prozesse kostet Geld.

Selbst wenn die Kosten sich schon zu hohen Summen addieren, sollte das nicht dazu verleiten, aufseiten des Change-Managements zu sparen. Wie bereits gesagt, trifft die Regel der knappen Budgets nicht auf das Change-Management zu, sondern nur auf Innovationsprojekte. Knausrigkeit wird sich rächen.

▶ Jede Technik, jede digitale Lösung ist nur so gut, wie die Menschen, die mit ihr umgehen.

Übrigens ist bereits seit langem nicht mehr mangelndes Kapital der Engpass für die Entwicklung von Unternehmen, sondern der Mangel wirklich guter Leute. Dennoch wird so geplant und gemanagt als wäre es umgekehrt. Dass Mitarbeiter eine derartige

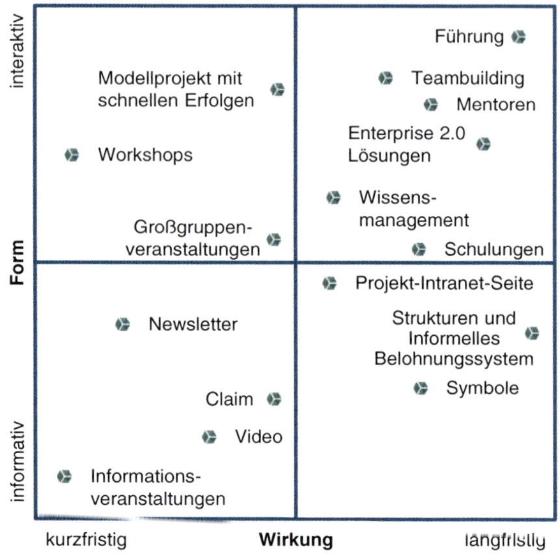

Abb. 8.6 Wirkung und Form unterschiedlicher Formate des Change-Managements. (Quelle: Uwe Weinreich, CoObeya.net)

Geringschätzung durch Abwanderung und potenzielle Bewerber durch Entscheiden für ein anderes Unternehmen abstrafen, ist kein Risiko, sondern tagtäglich gelebte Realität. Das Management kann entscheiden, auf welcher Seite es stehen möchte: Auf Seiten der attraktiven, agilen und Mitarbeiter wertschätzenden Unternehmen oder auf Seiten der hierarchisch-linearen, bei denen Mitarbeiter nur eine austauschbare Ressource sind.

Die passenden Formate auswählen
Es sind sehr unterschiedliche Formate und Methoden entwickelt worden, die im Change-Management insbesondere in der Kommunikation mit Mitarbeiterinnen und Mitarbeitern eingesetzt werden können. Sie können hier nicht vertieft dargestellt werden. Abb. 8.6 zeigt aber ein paar ausgewählte Formate und bewertet sie danach, ob sie eher informativ oder interaktiv bzw. kurzfristig oder langfristig wirken. Zur Vertiefung kann Rohm (2015) dienen.

8.7 Die unternehmensweite Führungskraft für Digitalisierung (CDO)

Die Rolle eines Chief Digital Officers (CDO), also einer Führungskraft für digitale Lösungen und Prozesse wird zurzeit vehement gefordert. Es gibt eine Kategorie von Unternehmen, die einen CDO nicht brauchen. Es sind die Firmen, die von Anfang an komplett digital aufgestellt sind: Internet-Start-ups, Medienunternehmen, viele IT-Unternehmen u. a. Das digitale Geschäftsmodell ist Kern des Geschäfts. Strategieentwicklung und Management erfolgen auf höchster Managementebene durch Vorstand oder Geschäftsführung. Ein CDO wäre eine überflüssige Position.

Auch in anderen Unternehmen werden CDOs eine auf ein paar Jahre befristete Rolle einnehmen und die Funktion wird danach in die Verantwortung des Vorstandes bzw. der Geschäftsführung über gehen. Solange das nicht der Fall ist, werden Digitalisierungsverantwortliche eine zentrale Rolle im Unternehmen spielen. Häufig gelingt es nur dieser neu geschaffenen Rolle, die notwendige Verbindung zwischen den Abteilungen herzustellen und Akzeptanz für das Vorhaben zu gewinnen.

Aufgaben einer Führungskraft für Digitalisierung

Anders als ein IT-Manager, CTO oder CIO ist der Chief Digital Officer kein Manager von technischer Infrastruktur. Er muss zwar Kenntnisse über die technischen Grundlagen und grundsätzliche technologische Entwicklungen haben, sein Arbeitsschwerpunkt liegt jedoch im Management der strategischen Möglichkeiten der Digitalisierung. Um das zu leisten, braucht er einen abteilungsübergreifenden Blick. Zu seinen Aufgaben gehört:

- **Entwickeln von digitalen Zukunftsoptionen, Geschäftsmodellen und Strategien**
  Impulse, die aus technischen Innovationen und neuen Geschäftsmodellen entstehen, werden sondiert, geprüft und strategisch weiterentwickelt, um zukünftige Geschäftsmodelloptionen zu bewerten.
- **Innovation bei Produkten, Services, Prozessen vorantreiben**
  In keinem anderen Bereich findet Entwicklung so schnell statt, wie im digitalen Raum. Das trifft auf Produkte und Services gleichermaßen zu, wie auf Prozesse, Marketing, Vertrieb und ganze Geschäftsmodelle. Zur Rolle eines CDO gehört es, kontinuierlich auf Chancen zu achten, die sich aus Entwicklungen ergeben und bei Eignung Innovationsprozesse auszulösen, die die neuen Möglichkeiten in Experimenten testen. Das darf keine Einbahnstraße sein, sondern ein CDO sollte auch zu Initiativen aus den Fachabteilungen motivieren und offen sein für Anregungen.
- **Verankern der digitalen Geschäftsperspektive und des Transformationsprozesses in der Geschäftsleitung**
  Er ist der oberste Repräsentant des digitalen Wandels. Genauso, wie es Aufgabe des Finanzvorstands ist, kontinuierlich die finanzielle Situation und den Ausblick des Unternehmens in Vorstandsrunden zu bringen, sollte ein CDO den Status der Digitalisierung des Geschäfts, strategische Optionen und neue Entwicklungen zur Diskussion stellen.
- **Einen abteilungsübergreifenden Blick stärken und Silos auflösen**
  Da der CDO nicht in einer Abteilung verankert ist, sondern digitale Potenziale und Veränderungen in allen Bereichen im Blick hat, wird es zu seinen Aufgaben gehören, die übergreifende Perspektive zum Tragen zu bringen. Integrierte digitale Unternehmen vertragen keine Abteilungssilos. Dahin zu kommen ist schwer. Der CDO ist Agent der Entwicklung und Brückenbauer zwischen bisher unverbundenen Teilen.
- **Daten einen Raum in der Unternehmensführung erkämpfen**
  Daten und Analytik sind scharfe Werkzeuge für die zukünftige Prosperität eines Unternehmens. Ein tiefes Verständnis für Daten und Analytik kann nicht bei

allen Managern vorhanden sein. Beim CDO sollte das jedoch der Fall sein und er sollte seine Chance nutzen, Daten und Analytik als Treiber der Entwicklung zu implementieren.

- **Transformation antreiben**
  Auch bei der Gestaltung des Transformationsprozesses spielt er eine Rolle. Im besten Falle ist er das charmante Gesicht des Wandels. Außerdem sollte er dem Change-Team als Coach und Sparringspartner zu Seite stehen, sodass alle Maßnahmen bestens ineinander greifen. Bestimmte Türen im Unternehmen wird nur er und nicht das Team öffnen können.

Vom Chief Information Officer (CIO) zum CDO: eine fundamentale Veränderung der Rolle

Vielleicht weil digital mit ähnlichen Dingen assoziiert wird wie IT, werden oftmals IT-Managerinnen und -Manager in die Rolle eines CDO berufen. Natürlich ist eine Menge Hintergrundwissen vorhanden und es kann wunderbar funktionieren. In der Praxis ist es trotzdem nicht immer ein glücklicher Griff, und zwar für beide Seiten.

IT-Managerinnen und -Manager können nur dann die CDO-Rolle wirklich so ausfüllen, wie es sinnvoll ist, wenn sie von ihren sonstigen Aufgaben weitgehend entbunden werden. In Kap. 5 hatten wir gesehen, wie komplex und lebenswichtig IT-Management für das Unternehmen ist. Beide Aufgaben voll auszufüllen ist nicht möglich. IT-Managementaufgaben werden in größerem Maße auf Stellvertreter übergehen müssen. Das muss unbedingt mit der Geschäftsleitung abgestimmt und am besten schriftlich in einer veränderten Stellenbeschreibung fixiert werden. Erfahrungsgemäß gibt es früher oder später darüber Diskussionen.

Neben der Veränderung der Aufgaben, Verantwortung und Rolle werden auch andere Kompetenzen vom CDO erwartet. Forschergeist und gedankliche Flexibilität sind hoffentlich schon vorhanden, denn die lassen sich nicht trainieren. Durch vielfältige Auseinandersetzungen mit den Fachabteilungen wird der neue CDO auch bereits abteilungsübergreifendes Denken verinnerlicht haben.

Darüber hinaus gibt es Felder, in denen er höchstwahrscheinlich dazulernen muss. IT-Manager zu sein, heißt nicht unbedingt auch mit Big Data und erweiterter Analytik auf Du und Du zu stehen. Gegebenenfalls kann durch Schulung die Datenkompetenz deutlich erhöht werden. Vor allen Dingen wird die Begleitung und Steuerung des Veränderungsprozesses ganz neue Anforderungen stellen, für die Kompetenzen zunächst erworben werden müssen. Selbst wenn schon einige IT-Change-Projekte erfolgreich durchgeführt wurden, reicht das nicht für die digitale Transformation. Sie durchzieht das gesamte Unternehmen, erreicht viel mehr Menschen und es sind nicht nur Techniker, sondern auch Personen, die komplett anders denken.

▶ Ein Unternehmen als Ganzes in die digitale Zukunft zu führen ist kein etwas größeres IT-Change-Projekt, sondern eine qualitativ komplett andere Veranstaltung.

Selbst Change-Profis meistern das nicht über Nacht. Eine entsprechende Fortbildung sollte zur Beförderung zum CDO dazu gehören und im Budget für den Transformationsprozess ist auch ein Posten für begleitendes Coaching sicher gut investiert. Mut braucht ein CDO trotzdem.

8.8 Checkliste ‚Agil führen'

□	Das Top Management steht hinter dem Entwicklungsprozess des Unternehmens und macht das nach außen deutlich
□	Es gibt einen ‚Sponsor' im Top Management, der sich aktiv und verantwortlich für die digitale Transformation einsetzt
□	Der CEO oder ein CDO sorgt dafür, dass digitale Transformation in der Unternehmensleitung präsent ist, aktuelle Entwicklungen am Markt verfolgt werden und interne Transformationsprozesse in Gang kommen
□	Wertschöpfung für Kunden und das Unternehmen ist für Führungskräfte und Teams handlungsleitend
□	Die Werte des Unternehmens sind klar und bilden einen verlässlichen und akzeptierten Rahmen für das Handeln von Teams und Führungskräften
□	Wir sorgen dafür, dass die Leute in Teams berufen werden, die mit Kompetenz und Erfahrung zur Lösung beitragen können, und nicht nur diejenigen, die gerade verfügbar sind
□	Teams erhalten so viel Möglichkeit zur Selbststeuerung wie möglich
□	Teams ist dabei klar, welche Ziele sie verfolgen und wo die Grenzen ihres Handels liegen
□	Teams erhalten vielfältige Hilfestellungen wie initiales Teambuilding, geeignete Räume, Arbeitsmittel und Materialien, teamförderliche Methoden und digitale Lösungen (Kollaboration)
□	Führungskräfte sind sich ihrer veränderten Rolle bewusst und haben Schulungen in agiler Führung erhalten
□	Führungskräfte bekommen ein Coaching, wenn sie Transformationsprozesse zu führen haben
□	Führungskräfte leben Orientierung an Wertschöpfung, Unternehmenswerte und agiles Handeln vor
□	Metriken und Kennzahlen werden dafür eingesetzt, Teams und Führungskräften ein valides Feedback über die Effekte ihres eigenen Handelns zu geben
□	Rahmenbedingungen, Organisationsstrukturen und Prozesse werden so gestaltet, dass sie nicht nur agiles Arbeiten unterstützen, sondern agiles Arbeiten zum ‚natürlichen Vorgehen' wird
□	Das Belohnungssystem des Unternehmens belohnt agiles, abteilungsübergreifendes Handeln und die Übernahme von Verantwortung
□	Wir haben ausgeprägte Kompetenzen für Change-Management entwickelt
□	Mitarbeiter und Führungskräfte werden kontinuierlich weiterqualifiziert, um den steigenden Anforderungen gewachsen zu sein

☐	Wir achten auf Emotionen im Unternehmen und reagieren darauf adäquat
☐	Wir haben uns eine Übersicht über die kulturellen Anforderungen an den Wandel (Kulturentwicklungsmatrix) erstellt und entsprechende Maßnahmen abgeleitet
☐	Kommunikation erfolgt transparent und regelhaft, in Change-Prozessen aufgrund eines Beteiligten-und Kommunikationsplans
☐	Kommunikation wird bildhaft mit Geschichten und mit Symbolen unterstützt
☐	Wir initiieren Pilotprojekte, an denen wir in der digitalen Transformation lernen können und die eine Signalwirkung entfalten
☐	Der Transformationsprozess ist als validiertes Lernen aufgebaut.
☐	Wir bauen Möglichkeiten auf (Prozessbegleiter, Führungskompetenz, Schulungen etc.), um Transformationsprozesse zum richtigen Zeitpunkt beschleunigen zu können
☐	Wir verfügen über ausreichende finanzielle und personelle Ressourcen für den Transformationsprozess

Literatur

Burns JM (2003) Transforming leadership. Grove Press, New York

Curts RJ, Cambell DE (2006) Rethinking command and control. In: March 2006, San Diego: CCRP. http://www.dodccrp.org/events/2006_CCRTS/html/papers/005.pdf. Zugegriffen: 14. Apr. 2016

Doorley WS (2012) Make space: how to set the stage for creative collaboration. Wiley, New York

Gustavsson PM, Hieb MR, Niklasson L, Eriksson P, Moore P (2008) Machine interpretable representation of commander's intent. In: Proceedings of the 13th international command and control research and technology symposium (ICCRTS). Bellevue, Washington. http://www.dodccrp.org/events/13th_iccrts_2008/CD/html/papers/188.pdf. Zugegriffen: 14. Apr. 2016

Kotter JP (1990) Force for change: how leadership differs from management. Free Press, New York

Neuberger O (1990) Führen und geführt werden. Enke, Stuttgart

o.V. (o.J.) Creative Commons – Attribution-ShareAlike 3.0 Unported (CC BY-SA 3.0). https://creativecommons.org/licenses/by-sa/3.0/. Zugegriffen: 20. Febr. 2016

Power B (2014) How GE applies lean startup practices. Harvard Bus Rev. https://hbr.org/2014/04. Zugegriffen: 22. Febr. 2016

Rohm A (2015) Change-Tools: Erfahrene Prozessberater präsentieren wirksame Workshop-Interventionen. managerSeminare Verlagsgesellschaft, Bonn

Simmons A (2006) The story factor. Basic Books, Cambridge

Smith P (2012) Lead with a story: a guide to crafting business narratives that captivate, convince, and inspire. AMACOM, New York

Agile Organisation

9

Zusammenfassung

Während digitale Start-ups von Anfang an auf digitales Arbeiten ausgerichtet sind, müssen etablierte Unternehmen dafür erst Strukturen entwickeln. Dadurch entsteht ein Nebeneinander von zwei Kulturen und Arbeitsweisen, das es zu managen gilt. Als förderlich hat sich erwiesen, den Innovationsteams eigene Organisationsformen zu geben, die ein Stück weit vom regulären Betrieb abgetrennt sind. Das können Innovationslabore, Corporate Start-ups oder in das Unternehmen integrierte Formen wie DevOps sein.

Schlüsselwörter

Agile Organisation · *Digitales Unternehmen* · *Agiles Unternehmen* · *DevOps* · *Innovations*-Team · *Digitalisierungsteam* · *Innovationslabor* · *Corporate Start*-up · *Innovation* · *Digitalisierung* · *Accelerator* · *Smart Factory* · *Industrie 4.0* · *Digitale Arbeitsstrukturen*

Anna fühlt sich als Außenseiterin in diesem reinen Männerkreis. Nicht nur, dass sie die einzige Frau ist, auch ihre abteilungsübergreifende Stellung gibt ihr einen Sonderstatus, bei dem sie sich nie ganz klar wird, ob er vorteilhaft oder schädlich ist.

„Gut, dann zum nächsten Punkt", leitet Sattler über, „Frau Jacobi, Sie wollten uns heute von Ihren Erkenntnissen aus dem 3-D-Druck-Projekt berichten, die für das gesamte Unternehmen Bedeutung haben."

Anna steht auf. „Herzlichen Dank, Herr Sattler. Ich hatte ja schon letzte Woche über den Stand der Produktentwicklung und das Modellprojekt mit Gessler

U. Weinreich, *Lean Digitization,* DOI 10.1007/978-3-662-50502-1_9

berichtet. Heute geht es um etwas anderes. Wir haben Erfahrungen mit dem Projekt gemacht, die auch für andere interessant sind."

„Ha, ha, Freizeit für alle", wirft Hermann sarkastisch ein.

„Ja, auch das", antwortet Anna geistesgegenwärtig. „Wir haben tatsächlich unseren Arbeitsstil deutlich verändert, indem wir Verschwendung vermeiden. Wir haben unproduktive Meetings abgeschafft und arbeiten sehr konzentriert. Dann wird es auch mal möglich, pünktlich Feierabend zu machen."

Sie sieht, wie Hermann sich aufplustert, aber wieder in sich zusammen fällt als ihn ein strenger Blick von Sattler trifft.

„Das ist ein Punkt, jedoch nicht der einzige. Wir haben viel gelernt. Wir haben begonnen, intensiv zu experimentieren und für uns Arbeitsstrukturen gefunden, von denen andere profitieren können. Bisher lebt das Projekt ziemlich abgeschieden vom Rest des Unternehmens. Ehrlich gesagt, bin ich Herrn Sattler sehr dankbar, dass er das ermöglicht hat. Ich glaube nicht, dass wir sonst so weit gekommen wären. Langfristig geht es aber um die digitale Transformation unseres gesamten Unternehmens. Nun zu dem, was wir gelernt haben."

Anna startet ihre Präsentation und geht zügig durch. Hermann sitzt wie versteinert und redet während des gesamten Meetings kein Wort mehr.

Nach dem Meeting auf dem Flur neckt Tarik Yilmaz sie: „Ich hätte gar nicht gedacht, dass ihr ITler so moderne Arbeitsformen entwickeln könnt."

Noch bevor Anna antworten kann, kontert Dombrowski von hinten: „Ich hab auch noch keinen Marketing-Menschen auf einer Scrum-Schulung erlebt."

Als Anna sich zu Dombrowski umdreht sieht sie im Hintergrund, dass Hermann noch bei Sattler steht und mit hochrotem Kopf auf ihn einredet.

In Kap. 1 wurde diskutiert, wie agiles Management Unternehmen befähigt, in komplexen und dynamischen Umwelten Geschwindigkeit aufzunehmen und Entwicklungen risikoarm und erfolgreich zu steuern. Agile Projekte des Managementsystems 2 werden parallel zu linearem Management in System 1 entstehen. Damit existieren nicht nur zwei unterschiedliche Ziele – Innovation versus optimalem Betrieb des Bestandsgeschäfts – sondern es entwickeln sich zwei Geschwindigkeiten und zwei Kulturen (Kotter 2012). Das bleibt nicht ohne Reibung. Schon Christensen (2000) hat beschrieben, dass es sinnvoll ist, Innovationsteams und -abteilungen von der übrigen Organisation deutlich zu trennen, teilweise hunderte von Kilometern.

Selbst wenn das nicht möglich ist, werden innovative Teams, die digitale Lösungen entwickeln, einen organisationalen Rahmen brauchen, der die Arbeit fördert. Im Folgenden werden erprobte Konzepte vorgestellt und diskutiert.

Langfristig wird Digitalisierung das gesamte Unternehmen erfassen, auch den operativen Betrieb. Und auch er wird ein Stück weit agiler werden. Damit das gelingt, reicht es nicht, agile Organisationseinheiten zu schaffen, sondern agiles Vorgehen sollte zu einem sinnvoll nutzbaren Managementansatz neben anderen entwickelt werden.

9.1 Digitalisierungs-Teams

Die meisten Digital-Projekte, ja selbst komplette Transformationen von Geschäftsmodellen beginnen mit kleinen Modellprojekten. Teams in der Größenordnung von drei bis höchstens sechs Personen sind ideal. Sie sind kostengünstig und verändern die Organisation kaum. In einigen Fällen arbeiten sogar mehrere Teams parallel an unterschiedlichen Lösungen desselben Problems. Es wird sozusagen bereits in der Entwicklung ein Split-Test durchgeführt.

Beim Aufsetzen der Teams sollten ein paar Bedingungen beachtet werden, wie sie bereits in Abschn. 8.2 beschrieben sind.

Vorteile
Die Teams sind temporär angelegt und bündeln abteilungsübergreifende Kompetenzen. Das sorgt dafür, dass sie sich nicht abkoppeln. Mit den passenden Rahmenbedingungen entwickeln interne Teams schnell überzeugende Lösungen.

Nachteile
Abgesehen davon, dass die Personen an anderer Stelle fehlen, gibt es wenig Nachteile. Die Zeit der Einarbeitung und des sich Findens als Team gehört dazu und sollte nicht als lästiger Nebeneffekt gewertet werden.

Einsatzgebiet
Digitalisierungs-Teams sind gerade in der Startphase der digitalen Transformation unverzichtbar. Wenn neue Produkte, Services oder Prozesse entwickelt werden, wird es kaum ohne Digitalisierungs-Teams gehen.

Vorsicht
Digitalisierungs-Teams versagen, wenn sie nicht mit den Personen besetzt werden, die eigentlich dafür gebraucht werden, sondern mit denen, die gerade verfügbar sind. Durch unzureichende Ausstattung und Kompetenzen kann ‚Failure by Design', also ein geplantes Scheitern auftreten.

9.2 Digitale Innovationslabore

Gerade weil Digitalisierungs-Teams stets der Gefahr des Ausblutens durch Kompetenzabzug ausgesetzt sind, setzen große Unternehmen mittlerweile auf räumlich getrennte Innovationslabore. Die Labore werden häufig nicht am Unternehmensstandort, sondern dort errichtet, wo zusätzliche innovative und digitale Kompetenz und Dynamik vorhanden ist. So hat sich Berlin mit seinen vier Universitäten, zwölf Fachhochschulen sowie zahllosen digitalen Start-ups zu einem Epizentrum für digitale Innovationslabore von Industrieunternehmen entwickelt.

In den meisten Fällen arbeiten in den Laboren mehrere Teams parallel an unterschiedlichen Themen. Die Arbeit läuft ab, wie bei Digitalisierungs-Teams geschildert. Die räumliche Distanz und die schon in der Konzeption der Labore mit berücksichtigte förderliche Ausstattung helfen den Teams, schnell Fahrt aufnehmen.

Innovationslabore sind langfristig angelegt. Das heißt aber nicht, dass die Teams langfristig hier arbeiten. Im Gegenteil, es werden von Zeit zu Zeit neue Teams einziehen oder Teams bekommen eine neue Aufgabe.

Vorteile
Innovationslabore bieten den Teams und Projekten ausreichend Schutz und Abgeschiedenheit vom Tagesgeschäft. In diesem Umfeld können wirklich neue Gedanken und Lösungen entwickelt werden.

Nachteile
Die Ferne zum Unternehmen und Betriebsalltag sorgt gelegentlich dafür, dass entwickelte Lösungen nicht wirklich zu den Herausforderungen passen, vor denen das Unternehmen steht. Wer das nicht in Kauf nehmen möchte, sollte in den Zyklen des validierten Lernens darauf achten, dass ausreichend Experimente mit Beteiligten aus dem Unternehmen durchgeführt werden.

Einsatzgebiet
Labore lohnen sich, wenn Unternehmen die Kultur des schnellen Lernens und Innovierens langfristig und fokussiert anstreben. Labore können als Übungsfelder und als zusätzliche Beschleuniger dienen.

Vorsicht
Innovationslabore brauchen ein großes Maß an Freiheit, um ihre Wirkung zu entfalten. Dennoch sollte im Management darauf geachtet werden, dass kein Wildwuchs entsteht, sondern Teams an Themen arbeiten, die für das Unternehmen relevant sind.

9.3 Externe Innovationsteams

Die Idee, die Entwicklung einer digitalen Lösung nach außen zu verlagern, kann hilfreich sein. Mittlerweile haben sich einige Unternehmen darauf spezialisiert. Eine lange Geschichte, die mit dem Erfolg des Silicon Valley eng verbunden ist, besitzt IDEO, gegründet von David Kelley. In dem Unternehmen sind wegweisende Dinge, wie die erste Apple Computermaus erfunden worden. Das IDEO Team hat eine eigene agile Methodik entwickelt, um Lösungen zu finden (Kelley und Littman 2004). Die Methode wurde später in erweiterter Form als Design Thinking bekannt. Hasso Plattner hat die Gründung von Design Thinking Akademien in Stanford und Potsdam ermöglicht. Es hat Tradition, dass Unternehmen bestimmte Fragestellungen – nicht nur digitaler Natur – an das Hasso Plattner Institut geben, um dort Lösungen von Studententeams entwickeln zu lassen.

Egal ob am HPI oder durch ein Unternehmen, das solche Lösungen anbietet, in den meisten Fällen ist ein externes Innovationsteam für die Phase des Lernens von Kunden und des Entwickeln des Grundkonzeptes hervorragend geeignet. Das ist aber nur eine temporäre Lösung. Danach wird dringend die Anbindung an das Unternehmen gebraucht, sodass das Projekt tiefer im Unternehmen verankert wird.

Vorteile

Externe Teams sind schnell, unvoreingenommen und können ihre ganze Energie auf den Lösungsprozess konzentrieren. Es besteht keine Gefahr, für andere Aufgaben abgezogen zu werden. Oftmals entstehen daraus Ideen mit einem frischen Charakter.

Nachteile

Das volle Verständnis für Herausforderungen und Rahmenbedingungen des Unternehmens kann nicht erwartet werden. In streng regulierten Märkten beispielsweise schießen externe Teams mit ihren Ideen meistens weit über das hinaus, was möglich ist. Dennoch kann die Anregung sinnvoll sein.

Einsatzgebiet

Externe Innovationsteams finden Einsatz besonders, wenn es gilt, schnell zu starten und Lösungen zu entwickeln, ohne die internen Ressourcen zu belasten. Unternehmen nutzen auch dann externe Teams, wenn sie bewusst eine kontrastierende Außensicht einbinden wollen, die frei ist von Branchenscheuklappen.

Vorsicht

Externe Teams sind eine temporäre Lösung, die einen Innovationsschub auslösen kann. Langfristig wird eine digitale Transformation nur gelingen, wenn sie mit Überzeugung von innen heraus getrieben wird.

9.4 Corporate Start-ups

Eine konsequente und ambitionierte Art, ein digitales Geschäftsmodell aufzusetzen besteht darin, ein eigenes Start-up zu gründen. Es liegt zwar ein gewisser Anfangsaufwand darin, der höher ist als bei einem reinen Digitalisierungs-Team, dafür ergeben sich bedeutende Vorteile:

- Die Trennung zwischen Stammunternehmen und corporate Start-up ist schärfer, sowohl rechtlich als auch personell.
- Das Start-up bekommt mehr Möglichkeiten, eigene Arbeitsweisen zu entwickeln, die für das Projekt optimal, für das Stammunternehmen aber provozierend wirken können.

- Corporate Start-ups sind eine Form, in der digitale Modelle besonders gut in Kooperation mit anderen entwickelt werden, die als Investoren und Know-how-Geber mit in das Projekt einsteigen.

Corporate Start-ups werden erst gegründet, wenn eine digitale Innovation schon so weit entwickelt ist, dass ein ernst zu nehmendes Marktpotenzial absehbar wird. Ansonsten wären Kosten und Aufwand zu hoch.

Vorteile
Corporate Start-ups besitzen eine deutliche Trennung vom Stammgeschäft. Sie entwickeln eine eigene Dynamik, die mit schnellen digitalen Märkten besser mithalten kann als das Mutterunternehmen. Gleichzeitig drückt die Gründung eines Corporate Start-ups Ernsthaftigkeit des Vorhabens aus.

Nachteile
Der Aufwand ist hoch und bei einem Scheitern können die Verluste stärker zu Buche schlagen als in den anderen Organisationsformen.

Einsatzgebiet
Corporate Start-ups sind sinnvoll, wenn hohe Geschwindigkeit mit einer Lösung erreicht werden soll, die kurz vor der Marktreife steht. Auch für Kooperationsprojekte lohnt sich die Gründung einer gemeinsamen digitalen Innovationsgesellschaft.

Vorsicht
Corporate Start-ups sollten mit derselben Sorgfalt geplant und umgesetzt werden, wie andere finanzielle Beteiligungen auch. Das Unternehmen investiert tatsächlich Risikokapital.

9.5 Inkubatoren und Acceleratoren

Eine lockerere Verbindung zwischen Start-ups, die in diesem Falle nicht zum Unternehmen gehören, und investierendem Unternehmen besteht in Inkubatoren und Acceleratoren. Beides sind Einrichtungen, die einen förderlichen Rahmen und Unterstützung für neu gegründete Unternehmen in der Phase der Ideenfindung (Inkubatoren) und des schnellen Aufbau des Unternehmens (Acceleratoren) geben.

Unternehmen, die Inkubatoren und Acceleratoren aufbauen, suchen dafür in der Regel Start-ups, die im Branchenumfeld tätig sind, treten als Kapitalgeber der Einrichtungen auf und unterstützen mit Know-how und Kontakten zu wichtigen Personen und Unternehmen in der Branche.

Vorteile
Inkubatoren und Acceleratoren sind eine kostengünstige Art, interessante junge Unternehmen an sich zu binden und sich so kontinuierlich Zugang zu digitalem Know-how und neuen Geschäftsmodellen zu sichern.

Nachteile
Anders als reine Finanzbeteiligungen benötigen Inkubatoren und Acceleratoren ein Management. Dafür müssen Ressourcen eingeplant werden.

Einsatzgebiet
Inkubatoren und Acceleratoren liefern besonders in sich schnell entwickelnden Technologiebranchen eine Möglichkeit, nahe am Puls der Zeit zu sein, ohne selbst Entwicklungsaufwand betreiben zu müssen. In gewisser Weise sind sie eine Art Trendscout oder Crowd-Sourcing auf Unternehmensebene.

Vorsicht
Wenn das Angebot des Unternehmens zur Unterstützung von Start-ups attraktiv ist, wird es eine Vielzahl von Bewerbern für die raren Plätze geben. Ohne klares Konzept für die Auswahl wird Potenzial verschwendet. Vergabe nach dem Gießkannenprinzip bringt nichts.

9.6 DevOps

Eine Brücke zwischen agiler Entwicklung digitaler Lösungen und dem Betrieb stellen sogenannte DevOps dar. Das Kunstwort ist ein Kürzel für *Dev*elopment & IT-*Op*eration*s*.

Anders als projektbezogene Innovations-Teams, die davon profitieren, wenn sie abseits der operativen Tätigkeit des Unternehmens arbeiten, sind DevOps-Teams integriert. Sie begleiten insbesondere den Übergang neuer Software und neuer Releases aus der Entwicklung bzw. Vorproduktion in den operativen Betrieb. Sie setzen auf agiles Management, Vermeiden von Verschwendung, Automatisierung, zyklisch-iteratives Vorgehen, Lernen und den Einsatz geeigneter Metriken. Sie bieten so eine Unterstützung des Lean Digitization-Ansatzes und steigern die Agilität und Anpassungsfähigkeit im operativen IT-Betrieb.

Gerade durch Automatisierung von Tests wird ein entscheidender Gewinn an Geschwindigkeit und Sicherheit erzeugt. Nur so ist es möglich, sowohl schnell zu agieren, wie z. B. beim kontinuierlichen Bereitstellen von Software (Continuous Deployment/Continuous Delivery), als auch einen hohen Qualitäts- und Sicherheitsstandard zu erreichen. Für die Aufgabe können von Herstellern bereits integrierte Tests und eine Reihe frei verfügbarer Werkzeuge genutzt werden.

Vorteile

DevOps verbinden Entwicklung und Betrieb. Sie bilden eine Brücke zu agilem und schlankem IT-Management bei hoher Qualität.

Nachteile

Es ist anspruchsvoll, DevOps zu implementieren. Die Teams brauchen eine initiale Qualifizierung und Einarbeitungszeit, da sie zwei sich bisher widersprechende Ziele gleichzeitig auf hohem Niveau erreichen müssen: hohe Anpassungsfähigkeit der IT und hohen Qualitäts- und Sicherheitsstandard.

Bisher ist der DevOps-Ansatz noch zu eng auf Software-Entwicklung und Bereitstellung fokussiert, also klassische IT-Management-Aufgaben, als das er für umfassende Digitalisierungsvorhaben ausreichen würde.

Einsatzgebiet

DevOps werden vorwiegend von großen Firmen mit hoch entwickelter IT-Infrastruktur und hohen Anforderungen an die IT-Flexibilität eingesetzt, wie z. B. Amazon. Es ist anzunehmen, dass sich der Ansatz auf andere Unternehme ausdehnen wird, die schnelle Anpassungen benötigen.

Vorsicht

DevOps sorgen für höhere Geschwindigkeit in der Anpassung der IT an aktuelle Herausforderungen und machen den IT-Betrieb agiler. Damit nicht die von der IT geforderte Sicherheit leidet, ist es essenziell, dass DevOps-Teams Tests, Monitoring und Feedback ausführlich nutzen und akribisch auswerten.

9.7 Smart Factory: Industrie 4.0

Industrie 4.0, die intelligente Produktion ist der Begriff mit dem größten Hype der letzten Jahre im industriellen Umfeld. Die vollständig digitalisierte Fabrik verspricht viele Vorteile:

- hohe Effizienz
- niedrige Kosten
- individualisierte Massenfertigung
- sich selbst optimierende und konfigurierende Prozesse
- smarte, selbstlernende Prozesse und Anlagen
- nahtlose Integration von Kunden und Partnern in Prozesse

Realisiert werden die Vorteile durch digital gesteuerte Maschinen, eingebettete Systeme (Embedded Systems/Internet of Things Devices – IoT), Maschine zu Maschine Kommunikation (M2M) und steuernde Produktionsleitsysteme (Manufacturing Execution

Systems – MES). Industrie 4.0 ist damit auf die Produktion und im Weiteren auf die Lieferkette fokussiert.

Durch die Fokussierung werden weder kunden- und produktbezogene Perspektiven (Kap. 11) noch die strategischen Möglichkeiten von Geschäftsmodellen (Kap. 10) ausreichend beleuchtet, die sich aus der Digitalisierung ergeben. Nichtsdestotrotz ist Industrie 4.0 für Produktionsunternehmen ein wichtiger Schritt, um Vorteile im internationalen Wettbewerb zu erzielen. In den betroffenen Branchen werden die entsprechenden Systeme zunehmend zur Standardausrüstung gehören.

Vorteile
Die vollständige digitale Abbildung des gesamten Produktionsprozesses macht es möglich, Prozessoptimierung und individualisierte Massenfertigung auf einem bisher undenkbar hohen Niveau zu gestalten.

Nachteile
Unternehmenstransformationen in Richtung Industrie 4.0 werden selten lean gestaltet. Es ist in der Regel ein großer Wurf, der ein großes Investment erfordert und in der Umsetzung ein Kraftakt wird. Konzentrieren Unternehmen sich nur auf smarte Produktion, besteht die Gefahr, dass sie weitere Chancen der Digitalisierung aus dem Auge verlieren.

Einsatzgebiet
Industrie 4.0 ist interessant für produzierende Unternehmen, insbesondere, wenn sie unter starkem internationalem Wettbewerbsdruck stehen und Effizienzvorteile generieren müssen.

Vorsicht
Die Digitalisierung von Prozessen ist nur sinnvoll, wenn zuvor die Prozesse maximal optimiert worden sind. Unzureichende Prozesse werden nicht besser, wenn sie digital gesteuert werden. Industrie-4.0-Initiativen setzen damit eine tief gehende Prozessoptimierung voraus.

9.8 Digitale Arbeitsstrukturen: Enterprise 2.0

Digitale Lösungen führen nicht nur zu neuen Angeboten für Kunden und zu automatisierten Prozessen, sondern sie verändern die Zusammenarbeit innerhalb eines Unternehmens. Nicht zuletzt spielt eine Rolle, dass viele Menschen – nicht nur Vertreter der sogenannten ‚digital Natives', also jungen Personen, die mit dem Internet aufgewachsen sind – mittlerweile in ihrer gesamten Lebensumwelt an bequeme und smarte Systeme gewöhnt sind. Wer dann acht Stunden am Tag vor einer umständlichen, mehrseitigen ERP-Eingabemaske sitzt, wird sich schnell in die Zeit der Dinosaurier zurückversetzt fühlen. Mitarbeiterinnen und Mitarbeiter erwarten heutzutage denselben Komfort, dieselbe Konnektivität und denselben Austausch, wie zu Hause. Die Vorbilder sind Facebook, Google, Webmailer und viele andere.

Kollaboration statt Silos

Arbeitsteilung ist eine Erfindung der Industrialisierung, um Menschen in hierarchisch-linearen System-1-Strukturen zu ermöglichen, in einzelnen Disziplinen höchste Leistungen zu erbringen. Das gelingt, weil jeder sich auf sein Spezialgebiet konzentrieren kann. Auf diesem Weg haben Industrien großartige Entwicklungen durchlaufen.

Die Digitalisierung bricht mit dem Erbe in zweierlei Hinsicht. Auf der einen Seite ist es in den meisten Fällen nur möglich, sinnvolle digitale Prozesse zu generieren, wenn unterschiedlichste Disziplinen daran mitwirken und ihr Wissen einfließen lassen. Das gilt nicht nur für die technische Seite und die Erstellung von Programmcode. Auch die Erkenntnisse aus Marktforschung, aus dem Service, von Vertrieblern und weiteren Experten und Expertinnen sind unverzichtbar. Zudem erfordern digitale Geschäftsmodelle Kompetenzen, die im Unternehmen nicht vorhanden sind und von externen Partnern erbracht werden müssen.

Auf der anderen Seite ist es eine herausragende Stärke digitaler Prozesse, dass sie nicht mehr an Kompetenzen einzelner Personen gebunden sind, sondern unterschiedlichen Personen ermöglichen, ein breites Aufgabenspektrum zu betreuen. Ein Beispiel: Banken sind heutzutage in der Lage, die Kreditwürdigkeit eines Kunden durch Zugriff auf Datenbanken und entsprechende Algorithmen in Echtzeit zu prüfen. Die Bearbeitungszeit verkürzt sich von früher mehr als einer Woche auf wenige Stunden. In nicht seltenen Fällen kann ein Berater sofort im Kundengespräch eine Zu- oder Absage erteilen, ohne andere Abteilungen einbeziehen zu müssen.

Sind Abteilungen strikt getrennt und läuft die Kommunikation nur schleppend und fehlerbehaftet, besteht Handlungsbedarf. Damit digitale Lösungen funktionieren und für Kunden und das Unternehmen Wert schaffen, ist eine Kooperation der Abteilungen unerlässlich. Digitale Transformation braucht einen Blick, der über Abteilungsgrenzen und insbesondere Abteilungsegoismen hinausgeht. Leider sieht die Realität in Unternehmen oft noch anders aus.

Eine der ersten Aufgaben eines CDO besteht darin, sinnvolle Kooperationsstrukturen aufzubauen, sowohl innerhalb des Unternehmens als auch mit externen Dienstleistern. Wird darauf verzichtet, entsteht Verschwendung durch Nachbesserung, Fehlerbeseitigung oder sogar dadurch, dass Lösungen von einzelnen Abteilungen torpediert werden – manchmal gar nicht zu unrecht.

Mittlerweile existiert eine Reihe von technischen Lösungen, die die Anforderungen an die neue Arbeitswelt sinnvoll umsetzen. Sie unterstützen die Kommunikation (Kollaborationsplattformen, Social Media/Social Intranet, Wikis, Blogs, Gamification, Fernzugriff/mobile Arbeitsstrukturen) und die Produktivität (Kollaborationsplattformen, Projektmanagement-Tools, Workflow-Engines). Ihr Einsatz sorgt nicht nur für produktivere Zusammenarbeit, sondern verändert die Kultur des Unternehmens hin zu agilerem Vorgehen.

Kollaborationsplattformen
Kollaborationsplattformen sind Softwaresysteme, die im Unternehmen gehostet oder aus der Cloud genutzt werden, und die eine ganze Reihe von Funktionen unter einem Dach integrieren. Dabei bieten sie eine intuitive Oberfläche, die Nutzerinnen und Nutzer aus sozialen Netzwerken kennen (Abb. 9.1) Verschiedene Wettbewerber konkurrieren miteinander und bieten teils abweichende Optionen. Eine lange Liste von Anbieter findet sich bei Wikipedia. Hier nur eine Auswahl möglicher Funktionen:

- Kommunikation
  - Kurznachrichtendienst (Messenger/Chat)
  - Statusmeldungen von Mitgliedern (Timeline)
  - News-Boards
  - Diskussionsforen
  - E-Mail-Integration
- Teamorganisation und Wissensmanagement
  - Kontaktdaten
  - Vernetzung
  - Blogs
  - Wikis
  - Bilden von offenen und geschlossenen Gruppen
  - Urlaubsplanung
  - Geburtstagskalender

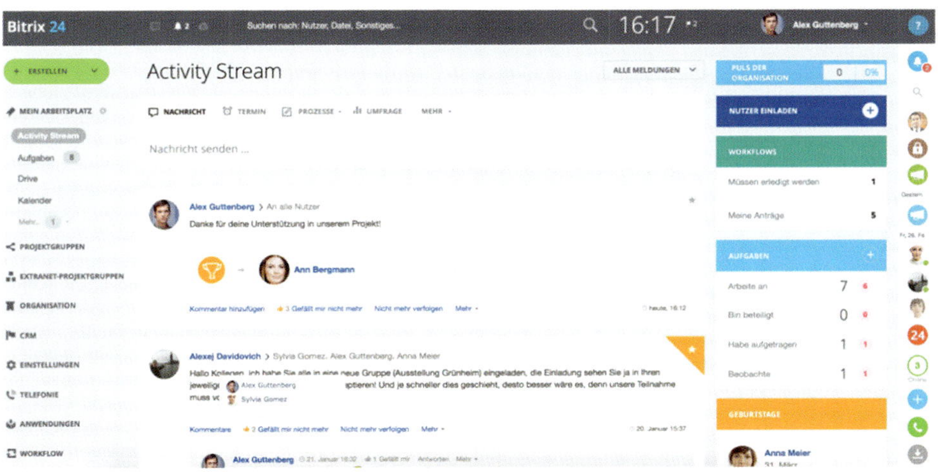

Abb. 9.1 Internetgestützte Kollaborationsplattformen vereinen vielfältige Funktionen eines virtuellen Büros und bieten intuitive Nutzerführung, wie Anwender sie aus sozialen Medien kennen. (Quelle: Bitrix24.de)

- Funktionen von Standard-Unternehmensanwendungen
  - Projektplanung
  - Projektmanagement
  - Zeiterfassung
  - Buchen von Aufwänden
  - Reisekostenabrechnung
  - Dokumentenmanagement
  - CRM
  - Schnittstellen zu Webshops und anderen Systemen
- und vieles mehr

Damit sind viele Funktionen der weiteren im Folgenden dargestellten Enterprise 2.0 Systeme bereits abgedeckt. Gerade für weit verzweigte, räumlich getrennte und mobile Organisationen sind solche Plattformen unverzichtbar. Auch große Unternehmen berichten davon, dass sich die interne Kollaboration deutlich verbessern lässt.

Bei der Einführung ist es ratsam, die Vielzahl der Möglichkeiten auf das wirklich notwendige Maß einzuschränken und ggf. langsam zu erweitern. Normalerweise sind Chefs und Mitarbeiter unterschiedlicher Meinung, welche Funktionen zu den absolut notwendigen gehören. Es lohnt sich, sich frühzeitig abzustimmen und eine pragmatische Lösung zu finden, die diejenigen wirksam unterstützt, die damit arbeiten müssen. Die Verweildauer von Chefs ist in den Systemen übrigens meistens gering.

Social Media, Social Intranet

Früher gab es – abgesehen von so ‚altmodischen Dingen' wie persönlichen Gesprächen, Telefonaten und Schriftstücken – nur ERP-Systeme wie SAP, die Menschen anonym an standardisierten Prozessen arbeiten ließen, und E-Mail als persönlicheres Kommunikationsmedium. So wurde Zusammenarbeit von Menschen im Unternehmen organisiert. Die Systeme entstammen alle einer Ära, in der Prozesse und Organisationsstrukturen starr fixiert waren. Es war einfach, so klare Strukturen in Programmcode zu gießen.

Mit Aufkommen des Internets hat sich die Kommunikationskultur deutlich verändert. Der klassische Weg – Ich informiere meine Vorgesetzte, die wiederum ihren Chef, der fragt bei der Leiterin der Nachbarabteilung nach, die zunächst einen Teamleiter einbindet, damit er eine erfahrene Mitarbeiterin um Rat fragen kann, und dann der ganze Weg wieder zurück – wird heutzutage selbstverständlich und intuitiv abgekürzt: Ich frage die Kollegin direkt. Und wenn nicht klar ist, wer die Information überhaupt besitzt, die ich brauche, wird die Frage einfach offen in den Raum gestellt.

Genau für solche Prozesse werden in Unternehmen Social-Media-Plattformen eingesetzt. Sie unterstützen den direkten Austausch mit einzelnen Personen über Messenger-Funktionen. Allgemeine Fragen und Mitteilungen können über Nachrichten-Boards oder wie bei Facebook über eine ‚Timeline' genannte Ansicht, in der die Meldungen (Status Posts) aller Personen, denen man auf der Plattform folgt, aufgelistet werden. Die Form der Ansicht plus die dazugehörenden Bewertungs- und Antwortmöglichkeiten haben sich als Quasistandard durchgesetzt und werden in unterschiedlichen Plattformen realisiert.

Die bereits genannten Kollaborationsplattformen enthalten bereits Social Media Funktionalitäten. Es gibt aber auch spezialisierte Angebote wie z. B. Yammer, Chatter und andere.

Wikis, Blogs und Wissensmanagement

Längere Texte lassen sich gut in den Formaten Wiki oder Blog ablegen. Wer mehr Struktur haben möchte, kann auf umfassende Wissensmanagementsysteme aufsetzen, die sich an die Formate sozialer Medien anlehnen.

Suchfunktionen innerhalb der Systeme sorgen dafür, dass Inhalte gefunden werden. Erfahrungsgemäß läuft die Nutzung der Formate immer etwas schwer an und das Risiko, dass daraus Datenfriedhöfe entstehen, ist nicht gering. Eine initiale Motivation hilft, z. B. die Auslobung eines Preises für den wertvollsten Beitrag. Langfristig wird nur ein Bruchteil von Mitarbeiterinnen und Mitarbeitern aktiv zum Wissenszuwachs beitragen (weniger als 10 %). Der Rest nutzt ggf. die Informationen.

Gamification

Um Datenfriedhöfe zu vermeiden, setzen einige Plattformanbieter auf Gamifikation. Das Sammeln von Wissen oder Generieren von Ideen wird in Wettbewerbe oder spielerische Ausgestaltungen umgesetzt. Das kann tatsächlich einen zusätzlichen Reiz auslösen.

Fernzugriff, mobile Arbeitsstrukturen und Home Office

Digitales Arbeiten ist nicht mehr an Rechner im Unternehmen gebunden. Über geschützte, verschlüsselte Verbindungen (Virtual Private Network VPN) kann eine Arbeitsumgebung mit Fernzugriff überall dort genutzt werden, wo eine ausreichende Internetverbindung besteht.

Eine Weiterentwicklung sind browserbasierte Systeme, die meistens aus der Cloud genutzt werden. Die Funktionalität wird vom Server bereitgestellt. Moderne Browser sind nicht mehr bloß Leseprogramme für Informationen aus dem Internet, sondern mit Hilfe von Skripten können komplexe Interaktionen realisiert werden, für die es früher eigene Software brauchte.

Unaufwendiger und leichter in mobilen Arbeitsstrukturen und im Home Office nutzbar ist der klassische Weg, die Anwendersoftware auf den einzelnen Rechnern zu installieren und nur die Datenzugriffe über VPN zu realisieren.

Digitales Sourcing und Crowdsourcing

Im Unternehmen und darüber hinaus können Kollaborationsformen über das Internet etabliert werden, die viele unterschiedliche Personen und Prozesse einbinden. Beispiele sind Open Innovation und Crowdsourcing Plattformen (Abschn. 5.8).

Digitale Arbeitsstrukturen prägen die Kultur
Digitale Arbeitsstrukturen verändern die Kultur eines Unternehmens, meistens zum Positiven. Kommunikation wird flüssiger und abteilungsübergreifendes Arbeiten leichter. Natürlich müssen dafür Kompetenzen erworben werden. Der Aufwand hält sich in Grenzen. Viele Mitarbeiter und Mitarbeiterinnen sind bereits im Privatleben an die intuitiven Oberflächen gewöhnt.

Für Führungskräfte sind digitale Arbeitsstrukturen nicht immer einfach. Die sonst übliche Hürde ‚Vorzimmer' kann von Enterprise 2.0 noch lockerer übersprungen werden als es mit E-Mail schon möglich war. Wissensgefälle werden geringer.

Eine Führungsaufgabe entsteht durch digitale Arbeitsstrukturen da, wo es gilt, Verhaltensregeln aufzustellen und einzuhalten. So werden stundenlange private Chats auf Social Media genauso wenig erwünscht sein, wie destruktiver Diskussionsstil in Wissensforen. Netiquette sollte klar formuliert und vermittelt werden.

Besonders Mitarbeiterinnen und Mitarbeiter, die oft auf Reisen sind oder von zu Hause aus arbeiten, schätzen die aufgeführten Möglichkeiten von Enterprise-2.0- Lösungen im Unternehmensalltag, da es wesentlich leichter ist, Kontakt zu Kolleginnen und Kollegen zu halten, auch und gerade was Smalltalk angeht.

9.9 System 1 und System 2 in produktiver Kollaboration

Zugegeben, dieses Buch macht sich stark für agiles Management in einer System-2-Organisation. Bereits in Kap. 1 wurde dargestellt, wie agiles Vorgehen in dynamischen und komplexen Umwelten dem linear-hierarchischen System-1-Management überlegen ist. Wird die Zukunft komplett agilem Management gehören?

Nein, System 1 hat große Vorteile und schafft Produktivität, Effizienz und Sicherheit bei klar planbaren Prozessen. Hochsicherheitsorganisationen, z. B. in kritischen Infrastrukturen, werden Experimentieren nur begrenzt und in klar umschriebenen Innovationsbereichen aushalten können. System 1 wird neben System 2 existieren und beide werden Wege finden müssen, sich gegenseitig zu tolerieren und sinnvoll zusammenzuarbeiten (Kotter 2012).

Mittelstufenschülerinnen und -schüler werden irgendwann damit gequält die Definitionsbereiche für eine Funktion zu bestimmen. Beispielsweise kann man im Raum der reellen Zahlen ($\mathbb{R}$) aus einer negativen Zahl keine Wurzel ziehen. Der Definitionsbereich ist also beschränkt auf $x \geq 0$.

$$f(x) = \sqrt{x} \quad D_f = \{x \in \mathbb{R} | x \geq 0\}$$

Genauso ist es mit System 1 und System 2. Beide besitzen einen eigenen Definitionsbereich. Beide Definitionsbereiche überschneiden sich, aber es gibt Regionen, wo jeweils nur ein System sinnvoll ist. Die große Aufgabe für Managerinnen und Manager besteht darin, die Handlungsräume zu identifizieren, die nur durch System-1-Handeln auf der einen Seite bzw. nur durch System-2-Handeln auf der anderen zu bewältigen sind. In dem Bereich dazwischen besteht ein Raum, der aktiv gestaltet werden muss (Abb. 9.2). Steigende System-2-Anteile sind empfehlenswert.

Es liegt auf der Hand, dass Unternehmen Risiken eingehen, wenn sie Handlungsbereiche mit Experimentieren (System 2) ausfüllen, die aufgrund der hohen Sicherheitsanforderungen klare System-1-Prozesse erfordern. Solches Management ist unverantwortlich. Auf der anderen Seite drohen Unternehmen zu erstarren und ihre Anpassungsfähigkeit zu verlieren, wenn es ihnen nicht gelingt, agiles Management in den gestaltbaren Räumen sinnvoll zu nutzen, oder wenn sie sogar versuchen, System 1 auf Bereiche auszudehnen, in denen es komplett dysfunktional wird.

Dadurch, dass sich die Welt immer mehr in Richtung VUCA (Abschn. 1.1) entwickelt, verändern sich auch die Anteile der Management-Systeme. Noch vor wenigen Jahrzehnten wurden Phasen einer Erschütterung und kompletten Veränderung eines Geschäftsmodells als absolute Ausnahme und Katastrophe gesehen. System 1 dominierte das Management und die Bewältigung der Veränderung fiel unter Krisenmanagement.

Mittlerweile haben alle Unternehmen gelernt, mit beschleunigten Veränderungszyklen zu leben. Innovation und Change-Management gehören zum Alltag. Dabei steht als großes Ziel aber im Vordergrund, so schnell wie möglich wieder in ein stabiles System 1 zurück zu kehren.

Die Beschleunigung geht weiter und fordert weitergehende Anpassungsleistungen. Künftig wird System 2 immer mehr zum führenden System in Unternehmen werden und Phasen, in denen System-1-Management gelebt werden kann, sind glückliche und entspannte Ausnahmen im Lebenszyklus des Unternehmens (Abb. 9.3).

Verantwortliche Managerinnen und Manager sind gut beraten, wenn sie die System-2-Kompetenz des Unternehmens gezielt erhöhen. Das gilt nicht nur für die digitale Transformation. Hier damit zu beginnen, ist besonders wichtig und auch besonders leicht.

Mittlerweile stehen vielfältige, erprobte Methoden zur Verfügung, wie sie in diesem Buch dargestellt wurden. Sie können erlernt und im Unternehmen kultiviert werden. Je früher das geschieht, desto besser.

Damit das kontinuierlich gelingt, werden unter http://lean-digitization.com werden kontinuierlich neue Methoden und Vorgehensweise diskutiert und Vorlagen zum Download bereitgestellt.

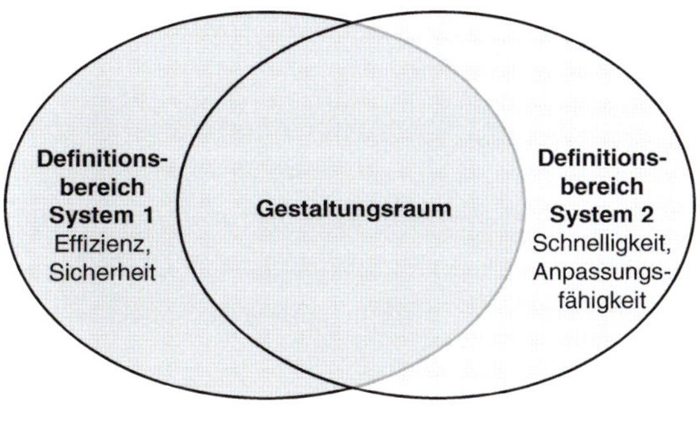

Abb. 9.2 System 1 und System 2 besitzen jeweils einen Bereich, in dem sie jeweils allein gültig sind, aber auch einen großen Überschneidungsbereich. (Quelle: Uwe Weinreich, CoObeya.net)

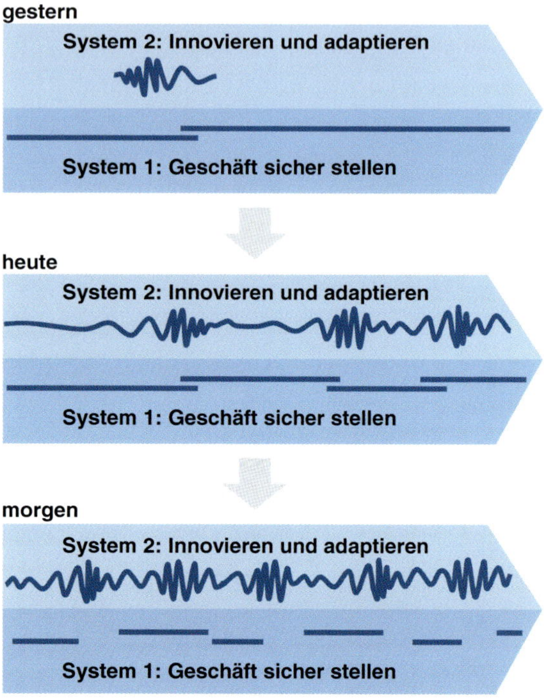

Abb. 9.3 System 2 löst System 1 als führendes Managementsystem sukzessive ab. Phasen, in denen System-1 gelebt werden kann, werden kürzer und sind Ausnahmen. (Quelle: Uwe Weinreich, CoObeya.net)

9.10 Checkliste 'Agile Organisation'

□	Wir sind uns bewusst darüber, dass agiles Management dafür sorgt, dass zwei Systeme im Unternehmen existieren: ein den Betrieb sicher stellendes System 1 und ein schnelles und flexibles auf Innovation und Lernen ausgerichtetes System 2
□	Wir sorgen dafür, dass die beiden Systeme nebeneinander existieren können und sich nicht gegenseitig behindern
□	Wir trennen Innovationsbereiche organisatorisch ab, wenn es sinnvoll ist
□	Wir nutzen spezielle Organisationsformen wie Digitalisierungs-Teams, Innovationslabore, Corporate Start-ups, DevOps und andere
□	Wir treiben die Digitalisierung unserer internen Prozesse voran
□	Wir nutzen Industrie 4.0 Technologien
□	Wir binden Partner in unsere digitalen Prozesse ein
□	Wir haben digitale Arbeitsstrukturen und Kollaborationssysteme etabliert (Enterprise 2.0)
□	Wir nutzen Möglichkeiten eines modernen Wissensmanagements
□	Wir nutzen digitales Sourcing, wenn es sinnvoll ist
□	Wir kultivieren das Miteinander der beiden Managementsysteme 1 und 2

Literatur

Christensen CM (2000) The innovator's dilemma: the revolutionary book that will change the way you do business. Harper Business, New York

Kelley T, Littman J (2004) The art of innovation: lessons in creativity from IDEO. America's Leading Design Firm. Profile Books Ltd., London

Kotter JP (2012) Die Kraft der zwei Systeme. Harvard Bus Manag 12(2012):22–36

Wikipedia List of collaborative software. https://en.wikipedia.org/wiki/List_of_collaborative_software. Zugegriffen: 26. Feb. 2016

Teil IV
Strategie

Digitale Geschäftsmodelle 10

Zusammenfassung

Die digitale Transformation bietet vielfältige Möglichkeiten, neue Geschäftsmodelle zu entwerfen und zu testen. Business Model Canvas ist eine einfache Möglichkeit, Geschäftsmodelle schnell zu strukturieren. Die verschiedenen funktionalen Ebenen – Wertschöpfungsmodell, Ertragsmodell, Kostenmodell, Kollaborationsmodell, Technologiemodell, Datenmodell, Kundenbeziehungsmodell – lassen sich darauf abbilden. Mittlerweile existieren erprobte Muster für digitale Geschäftsmodelle, die rekombiniert zu ganz neuen Lösungen führen können. Rahmenbedingungen und besondere Anforderungen der Kunden müssen in jedem Falle beachtet und adaptiert werden, selbst dann, wenn Geschäftsmodelle an anderer Stelle bereits in genau der Form erfolgreich waren und nur kopiert werden. Gerade Plattformstrategien sind durch den Netzwerkeffekt anspruchsvoll und brauchen besondere Aufmerksamkeit.

Schlüsselwörter

Geschäftsmodell · Digitales Geschäftsmodell · Business Model Canvas · Business-Model Generation · Geschäftsmodellentwicklung · Wertangebot · Kundensegmente · Kundenbeziehungsmanagement · Einnahmequellen · Kostenstruktur · Wirtschaftliche Rahmenbedingungen · Wettbewerb · Gesellschaftliche Entwicklungen · Regulierung · Regulatorischer Rahmen · Kompetenzmodell · Wertschöpfungsmodell · Technologiemodell · Datenmodell · Kollaborationsmodell · Kooperationsmodell · Kundenbeziehungsmodell · Preis · Preisgestaltung · Preismanagement · Kostenmodell · Wachstumsmodell · Netzwerkeffekt · Plattform · Wertschöpfung

U. Weinreich, *Lean Digitization,* DOI 10.1007/978-3-662-50502-1_10

Anna sitzt Sattler sprachlos gegenüber. Er hatte sie zum Gespräch gebeten, ohne dass sie wusste worum es geht. Die Intervention von Hermann hat mehr Spuren hinterlassen als sie sich vorstellen konnte.

„Herr Hermann hat schon Recht, wenn er sagt, dass Ihr Projekt ein Vermögen versenkt. Ich habe mir aus dem Controlling die Zahlen geben lassen. Selbst wenn wir mit unserem Pilotkunden Gessler stabiles Geschäft über Jahre aufbauen, werden wir nie so viel verdienen können, wie Entwicklung und Produktion kosten. Das kann nicht so bleiben."

Anna ist unbehaglich. „Ja, Herr Sattler, Sie haben Recht. Die Startphase war arbeitsintensiv. Aber das ändert sich jetzt. Wir haben eine ganze Menge Daten und Erfahrungen. Gesslers Leute sind unheimlich kooperationsbereit. In der Zusammenarbeit lernen wir sehr viel. Das fließt alles in die Entwicklung ein und die Lösung wird richtig gut werden."

Sattler runzelt die Stirn. „Frau Jacobi, Sie wissen, dass ich Ihre Arbeit schätze, wir müssen aber etwas Grundsätzliches klären. Wie lautet der Titel Ihrer Stelle?"

„Koordinatorin Digital Business."

„Richtig. Im letzten Meeting des erweiterten Führungskreises haben Sie uns ja einen Ausblick gegeben, wie digitales Geschäft unser Unternehmen weiterbringt. Lassen Sie mich offen sprechen: Überwiegend erlebe ich Sie aber – und ich muss Herrn Hermann wiederum Recht geben – als eine frei schwebende Projektleiterin mit einer eigenen Innovationsspielwiese."

Anna muss schlucken. Sie versucht nachzuvollziehen, was sie gerade hört.

„Frau Jacobi, meine Erwartung an Sie ist deutlich höher."

‚Jetzt rächt es sich, dass es nie eine genaue Stellenbeschreibung gegeben hat', denkt Anna.

„Ich bin immer noch überzeugt, dass wir den Weg in die Digitalisierung gehen müssen", fährt Sattler fort. „Aber wir sollten es nicht blind tun. Wenn wir sauber vorgehen wollen, gibt es nur einen Weg. Wir müssen aus dem, was wir in der Experimentierphase gelernt haben, tragfähige strategische Optionen für unser Geschäft entwickeln. Frau Jacobi, wie weit sind Sie da?"

Anna fühlt sich überrumpelt. Darüber hatte sie noch gar nicht nachgedacht. Außerdem war Strategieentwicklung nichts, worin Wirtschaftsinformatiker unbedingt sattelfest sind.

Mit Zögern antwortet sie: „Noch nicht sehr weit. Das gebe ich zu".

Sattlers Gesichtszüge entspannen sich und er beginnt zu lächeln. „Ja, das ist mir im letzten Meeting auch klar geworden. Ich mache Ihnen keinen Vorwurf daraus. Es ist mir nur wichtig, dass Sie wissen, dass es in diese Richtung gehen muss."

„Ich glaube nicht, dass ich das mit meinem Team allein leisten kann", wirft Anna unsicher ein und ärgert sich im selben Moment darüber, das gesagt zu haben.

„Das ist mir schon bewusst", antwortet Sattler, „Sie werden Marktkompetenz brauchen. Ich habe schon mit Herrn Yilmaz gesprochen. Er will sie gern unterstützen. Herrn Hermann habe ich gebeten, einen Entwurf für ein Vertriebskonzept zu erarbeiten."

Auf dem Weg zurück in ihr Büro merkt Anna, wie die Euphorie der letzten Tage und Wochen durch das Gespräch mit Sattler einen Dämpfer erhalten hat. Gut, es ist nicht so schlimm geworden, wie sie zwischenzeitlich befürchtet hatte. Trotzdem, ihre Arbeit ist noch mal ganz anders definiert worden als sie sie bisher verstanden hatte. ‚Die Strategie neu zu definieren, wird eine Herausforderung. Das kostet mein Keine-Verschwendung-Konto wieder einiges', geht es ihr durch den Kopf.

Eine Woche später: Zwei Wände in Annas Büro sind über und über voll mit Haftnotizen. Sie und Tarik Yilmaz haben sich in einen kreativen Fluss geredet und entwerfen Bausteine für das Geschäftsmodell ‚Industrieller 3-D-Druck by Zemec'. Julia Ahrens haben sie dazu geholt, denn mit ihren frischen Ideen aus der Start-up-Szene ist sie in Kreativprozessen hilfreich. Schon der Einstieg war gut. Julia schlug vor, eine Wand in neun Felder aufzuteilen, die die unterschiedlichen Aspekte des Geschäftsmodells abbilden. Das Feld in der Mitte ist schon gut gefüllt. Es steht für das Wertangebot durch 3-D-Druck. Die Diskussion läuft sich aber gerade an einem anderen Punkt heiß.

„Wenn wir über Schlüsselpartner sprechen, geht es um mehr als Lieferanten. Man sieht das doch schon an der Kooperation mit Gessler. Das ganze klassische Kunden-Lieferanten-Verhältnis verändert sich. Alle Beziehungen gestalten sich neu." Tarik Yilmaz läuft energisch vor der Geschäftsmodell-Wand auf und ab. „Das ist ein Netzwerk. Wir müssen lernen in einem Netzwerk zu denken. Keiner wirtschaftet heute mehr für sich allein. Wir sind mitten in einem Wertschöpfungs-Ökosystem. Lasst uns das Ganze mal aus dieser Perspektive durchdenken. Hier, unsere Kundenbeziehungen verändern sich, die Kanäle über die wir mit Kunden interagieren, selbst unsere internen Prozesse. Dein Team merkt es doch am stärksten. Ihr denkt und handelt ja schon als wärt ihr bei Gessler angestellt und nicht bei Zemec. Wenn wir es genau betrachten", er stockt bei dem Gedanken, der ihm gerade in den Sinn kommt, „also, wenn man es wirklich ernst nimmt, ist der 3-D-Druck gar kein Produkt."

Er lächelt und schaut in die erstaunten Gesichter von Anna und Julia. „Es ist ein Service! Ja, genau, ein Service und das Produkt selbst ist eigentlich nur ein Hardware-Teil innerhalb eines Service-Prozesses. Wir verkaufen unser Know-how, nicht nur einen Drucker, und integrieren uns tief in die Prozesse der Kunden."

Anna muss zugeben, dass er Recht hat. Ihr Team war mehr und mehr in die Prozesse von Gesslers Unternehmen hineingewachsen und es fühlt sich so an, als ob es genau der richtige Weg wäre. „Was heißt das jetzt?" fragt sie an Tarik gewandt.

„Wir bauen uns jetzt ein Modell, wie wir mit anderen zusammenarbeiten wollen. Das wird, glaube ich ein ganz wichtiger Teil unseres Geschäfts."

10.1 Elemente digitaler Geschäftsmodelle

Lean Digitization heißt auch, das Geschäftsmodell schlank zu entwerfen. Das von Alexander Osterwalder und Yves Pigneur (2010) entwickelte Business Model Canvas (Abb. 10.1) liefert eine hervorragende Grundlage. Auf einem Flipchart, an einer Pinnwand oder besser mit Haftnotizen an einer Wand des Raumes lassen sich schnell Elemente und Beziehungen des Geschäftsmodells entwerfen.

Das Business Model Canvas kann kostenfrei von der Strategyzer-Seite heruntergeladen und genutzt werden. Es lässt sich großformatig ausdrucken, aber auch schnell mit Klebezetteln realisieren. Die Vorteile des Modells sind immens:

- Das Grundgerüst ist leicht verständlich. Es kann Personen vermittelt werden, die bisher mit Strategieentwicklung wenig Berührung hatten, und es ist eine gute Grundlage für interdisziplinäre Arbeit.
- Selbst komplexe Geschäftsmodelle lassen sich in wenigen Minuten visuell darstellen.
- Business Model Canvas erlauben das gleichzeitige Arbeiten mehrerer Beteiligter an einem Modell.
- Bei den Beteiligten entwickelt sich ein gemeinsames Verständnis und eine gemeinsame Sprache.
- Chancen und Treiber werden genauso erkannt wie Lücken und Risiken im Geschäftsmodell.
- Das Geschäftsmodell lässt sich mithilfe des Business Model Canvas leicht kommunizieren.
- Veränderungen, die z. B. durch Zyklen des validierten Lernens entstehen, lassen sich einarbeiten und durch Fotos kann eine Änderungshistorie erzeugt werden.

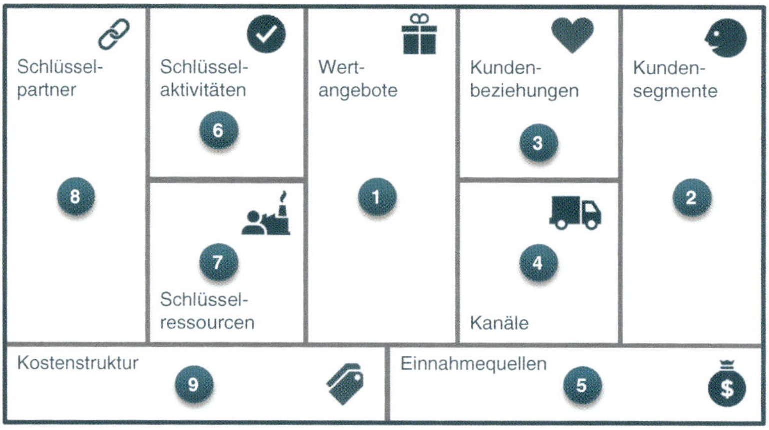

Abb. 10.1 Business model canvas. (Quelle: Strategyzer AG, http://strategyzer.com. Verwendung lizensiert unter Creative Commons BY-SA 3.0)

Allen, die öfter Geschäftsmodelle entwerfen oder modifizieren, bietet die digitale Version noch weitergehende Möglichkeiten.

Die neun Elemente
Bevor wir einzelne Perspektiven von Geschäftsmodellen mithilfe des Business Model Canvas betrachten, eine kurze Darstellung der neun Elemente:

1. **Das Wertangebot**
   Im Zentrum steht das Wertangebot. Nur, wer es schafft, für Kunden Wert zu generieren wird mit seinem Angebot überleben können. Die Möglichkeiten sind so vielfältig wie die Bedürfnisse von Menschen. Es kann ein materieller Wert sein, die Lösung eines Problems und genauso die Vermittlung eines Gefühls oder die Identifikation mit einer Gruppe. In Abschn. 10.2 werden wir uns intensiver mit dem Wertangebot auseinandersetzen.
2. **Kundensegmente**
   Das Element beschreibt, an wen das Wertangebot gerichtet ist. Grobe Unterscheidungen sind Endkunden und Geschäftskunden. Kundensegmente lassen sich weiter differenzieren, nach Branchen, Unternehmensgröße, Alter, Region, bestimmter Problemlage etc. Je besser Kundengruppen beschrieben sind, desto leichter fällt es, sie präzise und ressourcenschonend anzusprechen. Nicht wenige Geschäftsmodelle adressieren gleichzeitig mehrere Kundengruppen mit ganz unterschiedlichen Wertangeboten. So zielt Google mit seinem schnellen und hoch relevanten Suchalgorithmus auf ein breites, nicht zahlendes Massenpublikum. Gleichzeitig sind Werbetreibende zahlende Kunden. Das Wertangebot an sie ist nicht die Suche, sondern es sind die Suchenden selbst, die sich durch ihre Suchanfragen für bestimmte Angebote qualifiziert haben.
3. **Kundenbeziehungen**
   Selbst wenn ein Unternehmen nur anonymen Abverkauf in Einzeltransaktionen durchführt, definiert es eine Kundenbeziehung, aber nur eine sehr schwache. Interessanter wird es, wenn die Qualität und Intensität der Kundenbeziehung zum Wert des Unternehmens beiträgt, z. B. durch Wiederholungskäufe, zunehmend wertvollere Käufe (Upselling), wiederkehrende Käufe und Mitwirkung an der Leistungserbringung bis hin zu aktiver Werbung, die Kunden für das Unternehmen betreiben. Kundenbeziehungsmanagement ist seit Jahren zu einer eigenen Disziplin herangewachsen (Bruhn 2012). Die Digitalisierung hat weitere Möglichkeiten, aber auch Anforderungen an Unternehmen geschaffen (Kreutzer 2016).

   Eine wichtige Frage im digitalen Zeitalter ergibt sich nicht nur aus der Marketingperspektive (Wie können wir Beziehungen im digitalen Raum aufbauen?), sondern auch aus der Gestaltung der Kundenbeziehung selbst (Wie gestalten wir Lösungen ökonomisch, wertschöpfend und beziehungsfördernd?).

   Digitale Lösungen bieten erstaunliche Möglichkeiten zur Automatisierung der ‚Beziehung'. Noch vor wenigen Jahren galt das als unangefochtene menschliche Domäne.

4. **Kanäle**
   Eng verknüpft ist die Frage, welche Kanäle für Akquise, Kommunikation, Leistungserbringung und Service genutzt werden (Wie interagieren wir mit unseren Kunden über alle relevanten Kanäle?).
5. **Einnahmequellen**
   Sind Wertangebot, Kundensegmente, Kundenbeziehungen und Kanäle beschrieben, lässt sich daraus ableiten, welche Einnahmequellen zur Verfügung stehen und welchen Beitrag sie zum Unternehmenswert leisten. Bei digitalen Geschäftsmodellen besteht erheblicher Spielraum für die Gestaltung. Mit wenigen Veränderungen können deutliche Gewinnsteigerungen erzielt werden.
6. **Schlüsselaktivitäten**
   Prozesse, die Wertangebot und Kundeninteraktion ermöglichen, werden Schlüsselaktivitäten genannt. Dazu gehört mehr als die Produktion. Auch Prozesse wie Vertrieb, Marketing, Kundenbeziehungsmanagement und andere sind wichtig. Je nach Geschäftsmodell zählen bestimmte Aktivitäten mal zu den Schlüsselaktivitäten und sind ein anderes Mal nur unterstützende Prozesse. So gehört der Entwurf von Werbekampagnen zu den Schlüsselaktivitäten einer Werbeagentur. Sie wird den Prozess nicht oder nur unter strenger Kontrolle outsourcen. Für ein produzierendes Unternehmen ist es jedoch ein Unterstützungsprozess, der nach außen vergeben wird, da es zu teuer wäre, dafür eigene Kompetenzen und Ressourcen aufzubauen. Welche Aktivitäten ein Unternehmen als Schlüsselaktivitäten betrachtet, hat weitreichende Konsequenzen für die Organisation der Wertschöpfung.
7. **Schlüsselressourcen**
   Um mithilfe der Schlüsselaktivitäten Wert für Kunden zu erzeugen, benötigen Unternehmen Ressourcen. Schlüsselressourcen sind jene, ohne die die Leistungserbringung nicht möglich wäre.
8. **Schlüsselpartner**
   Kein Unternehmen ist in der Lage, sein Wertangebot ohne Partner zu realisieren. Partner sind Lieferanten, Entwicklungspartner, Vertriebspartner u. a., die zur Leistungserbringung beitragen.
9. **Kostenstruktur**
   Aus den Punkten sechs bis acht ergibt sich die Kostenstruktur des Geschäftsmodells. Interne und externe Aufwände, fixe und variable Kostenpunkte können aufgelistet und in eine Kostenkalkulation übernommen werden.

Man sieht meistens auf den ersten Blick, ob das Geschäftsmodell funktioniert. Wenn die Kosten die Einnahmen übersteigen, wird niemand wirklich Freude daran haben. Das ist der Anstoß für erneutes Brainstorming und die nächste Runde der Optimierung.

Ist ein stabiles Modell gefunden, kann es mit betriebswirtschaftlichen Mitteln wie Plan-GuV, Liquiditätsplan, Investitionsplan etc. abgesichert werden. Das lohnt sich erst, wenn die Ausarbeitungen notwendig sind, um Mittel für die nächste Phase zu gewinnen. Zwingend notwendig ist dieser Schritt in der Frühphase nicht, denn in den nächsten

Optimierungsrunden des Geschäftsmodells und insbesondere des Wertangebots werden sich die Grundlagen noch deutlich verändern.

Der Rahmen

Außerhalb der neun Elemente, die vom Business Model Canvas definiert sind, müssen weitere determinierende Einflüsse beachtet werden (Abb. 10.2):

A. Die technologische Basis

Digitale Geschäftsmodelle sind hochgradig von den technologischen Grundlagen abhängig. Vielfach werden neue technische Möglichkeiten genutzt, um Geschäftsmodelle zu entwickeln, die herkömmliche Modelle aus den Angeln heben. Es lohnt sich, technische Entwicklungen innerhalb und außerhalb des eigenen Geschäftsbereichs im Auge zu behalten. Manchmal werden durch Erfindungen in anderen Bereichen bestimmte Modelle erst möglich, so wie der Schaumstoff für die Matten von der chemischen Industrie erst die Entwicklung des Fosbury Flops im Hochsprung möglich gemacht hat. Die Entwicklungen sind hochdynamisch. Bis vor wenigen Jahren galt selbst in Hochtechnologieländern die geringe Konnektivität von Unternehmen und Haushalten als Bremser digitaler Geschäftsmodelle. Cloud-Lösungen wären theoretisch denkbar, aber nicht praktikabel gewesen. In vielen Gegenden ist das mittlerweile kein Problem mehr.

B. Das Wertschöpfungs-Ökosystem

Leistungen werden in den seltensten Fällen von einem Unternehmen allein erbracht. Es gehören Partner dazu, die in vielfältiger Weise miteinander verbunden sind. Genauso, wie Produkte und Leistungen nicht mehr von einzelnen Unternehmen erbracht werden, sondern von einem Netzwerk aus Partnern, konkurrieren nicht mehr

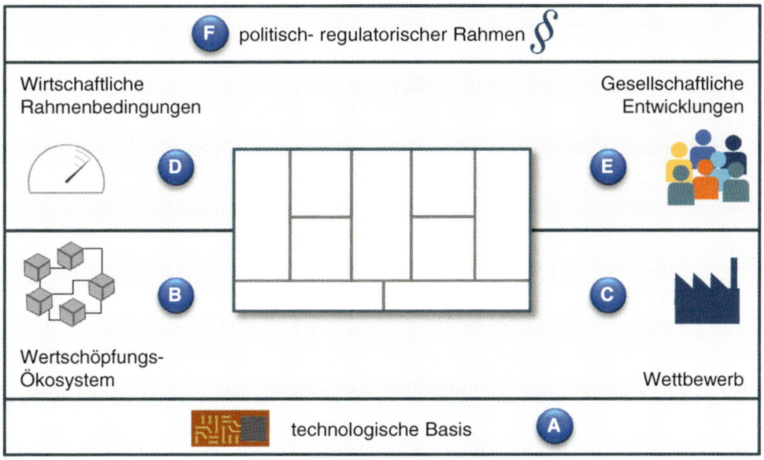

Abb. 10.2 Rahmenfaktoren, die Geschäftsmodelle beeinflussen. (Quelle: Uwe Weinreich, CoObeya.net, Verwendung lizensiert unter Creative Commons BY-SA 3.0)

einzelne Unternehmen miteinander, sondern der Wettbewerb findet zwischen ganzen Wertschöpfungs-Ökosystemen statt. Schlüsselpartner werden bereits im Business Model Canvas in Feld 8 festgehalten. Das Wertschöpfungs-Ökosystem ist aber noch größer und umfasst z. B. auch Partner von Partnern und Partner, die im aktuell betrachteten Geschäftsmodell keine Schlüsselrolle innehaben.

C. Der Wettbewerb

Wettbewerb entsteht vielschichtig. Wie bereits Porter (1985) beschrieben hat, sind es nicht nur die direkten Wettbewerber aus derselben Branche, mit denen sich Unternehmen auseinandersetzen müssen, sondern auch Substitute für die eigene Leistung. Sie können Geschäftsmodelle kompletter Branchen beeinträchtigen, wie der Wechsel vom Tonträger zum Streaming in der Musikindustrie zeigt. Es lohnt sich, einen weit gefassten Wettbewerbsbegriff zugrunde zu legen und den Markt kontinuierlich zu sondieren. Besonders neue, kleine und scheinbar unbedeutende Wettbewerber können eine disruptive Kraft auslösen (Christensen 2000). Ein effektiver Weg, das Drohpotenzial von Wettbewerbern und neuen Lösungen zu analysieren, besteht darin, dafür jeweils ein eigenes Business Model Canvas anzulegen.

D. Wirtschaftliche Rahmenbedingungen

Die gesamtwirtschaftliche Situation und die Entwicklung einzelner Branchen beeinflussen Geschäftsmodelle. Konjunkturelle Auf- und Abwärtsbewegungen verändern die Erfolgsaussichten. Strukturelle Veränderungen einzelner Branchen können neue Geschäftsmodelle interessant machen und tradierte im Bestand gefährden. Auch durch Verknappung und Verteuerung von Rohstoffen geraten Geschäftsmodelle aus den Fugen.

E. Gesellschaftliche Entwicklungen

Gesellschaftliche Veränderungen, wie der demografische Wandel in den Industrienationen und neue Verhaltensmuster und Erwartungen von Kunden, beeinflussen Geschäftsmodelle mit gewaltiger Kraft. Im digitalen Raum haben veränderte Erwartungen und Umgangsformen die Anforderungen an Unternehmen drastisch verändert. Wartezeiten werden kaum noch toleriert und Kommunikation wird direkt erwartet. Auch demografische Veränderungen spielen eine Rolle. Dass Hörgerätehersteller in alternden Gesellschaften mit wachsenden Märkten rechnen können, ist trivial. Neue Medien haben außerdem die ethische Kontrolle von Unternehmen durch die Öffentlichkeit gestärkt. Unternehmen sind durch die Auswirkungen überrascht worden, die Skandale wegen unethischen Verhaltens ausgelöst haben. Unerwartet waren für viele Unternehmen die teils heftigen Reaktionen in sozialen Netzwerken. Kinderarbeitsvorwürfe gegenüber Nike, Proteste gegen Nestlés Milchersatzprodukte in Afrika, gesundheitsgefährdende Spielzeugpuppen von Mattel und viele andere Beispiele zeigen, dass Kunden mittlerweile eine große Macht gewinnen konnten und wissen, wie sie in digitalen Welten einsetzen können, selbst in Fällen, wo die Anschuldigungen falsch sind. Die Verantwortung von Unternehmen endet nicht am Werkstor, sondern das gesamte Wertschöpfungs-Ökosystem muss berücksichtigt werden.

F. Der politische und regulatorische Rahmen

Die Energiewende in Deutschland hat gezeigt, wie durch veränderte regulatorische Rahmenbedingungen eine ganze Industrie praktisch über Nacht ins Straucheln geraten ist, weil traditionelle und bis 2011 sehr profitable Geschäftsmodelle in der konventionellen Energieerzeugung unrentabel wurden. Rahmenbedingungen wirken nicht nur national. Auf internationaler Ebene verändern Handelsbeziehungen, regionale Entwicklungen und Krisen Märkte und Zugänge zu Ressourcen. Mit tief greifenden Veränderungen müssen sich auch digitale Geschäftsmodelle auseinandersetzen. Oftmals besetzen sie Felder, die nicht reguliert sind, weil sich bisher niemand vorstellen konnte, dass so etwas überhaupt möglich ist (Beispiel: Uber Personentransport ohne Fahrzeuge und Fahrer). Das heißt nicht, dass Regulierer schlafen. Sie brauchen meistens nur etwas länger.

Die Beurteilungsebenen Erwünschtheit, Machbarkeit und Wirtschaftlichkeit

Design Thinking (eine kompakte Einführung geben Gürtler und Meyer 2013) bietet eine einfache Bewertungsmethode für Innovationen. Damit eine digitale Innovation erfolgreich wird, muss sie drei Qualitäten aufweisen: Erwünschtheit (Desirability), Machbarkeit (Feasibility) und Wirtschaftlichkeit (Viability). Die Qualität ‚Erwünschtheit' betrachtet eine Lösung aus Kundenperspektive (Wollen Kunden das? Schafft es Wert für Kunden?) Die Frage wird positiv beantwortet, wenn eine hohe Problem-Lösungs-Passung erreicht wird. Die Qualität ‚Machbarkeit' schaut auf die technologische Komponente. Nur wenn ein Unternehmen die notwendigen Technologien und die Kompetenzen im Umgang damit besitzt, kann ein Lösungsansatz in ein überzeugendes Produkt überführt werden. Gefragt ist die Passung zwischen Lösung und Kompetenz (Können wir das?). Die Qualität ‚Wirtschaftlichkeit' bildet die ökonomische Komponente ab (‚Schafft das Wert für das Unternehmen?). Nur wenn eine überzeugende Produkt-Markt-Passung gelingt, entsteht ein ökonomischer Nutzen für das Unternehmen selbst.

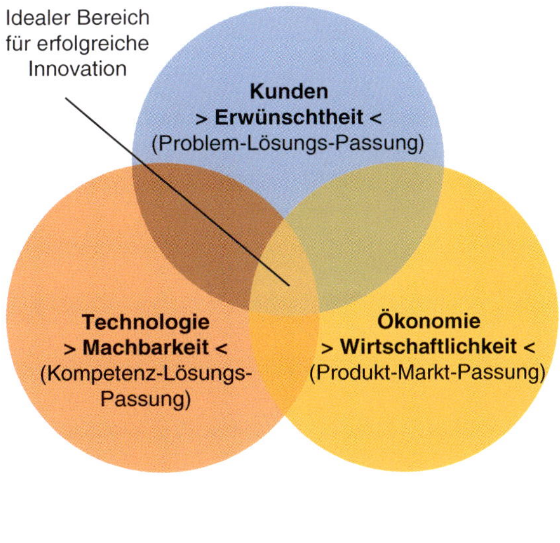

Abb. 10.3 Wenn die drei Qualitäten Erwünschtheit, Machbarkeit und Wirtschaftlichkeit zusammenkommen, ist die Wahrscheinlichkeit groß, dass die Innovation ein Erfolg wird. (Quelle: Flavia Bleuel, Uwe Weinreich, CoObeya.net)

Innovationen, die alle drei Qualitäten aufweisen, sind langfristig überlebensfähig (Abb. 10.3). Ob das der Fall ist, lässt sich nicht in einem Brainstorming zum Geschäftsmodell beurteilen. Nur wenn die Hypothesen durch Experimente und validierte Lernzyklen in direkter Auseinandersetzung mit Kunden getestet werden, erhalten Innovationsteams Antworten.

10.2 Ebenen digitaler Geschäftsmodelle

Das vollständige Bild eines Geschäftsmodells ergibt sich nicht isoliert aus den neun Elementen, sondern erst daraus, wie die Elemente ineinandergreifen, sich gegenseitig stützen und verstärken. Um sich dem anzunähern, können die verschiedenen Aspekte eines Modells wie unterschiedliche Erzählebenen (Abb. 10.4) betrachtet werden, mit denen es einerseits möglich wird, einzelne Aspekte in ihrer Komplexität zu durchdringen und sie andererseits zu kommunizieren. Jede Betrachtung sorgt für ein tieferes Eintauchen und weitere Präzisierungen.

Daneben helfen sie, das Geschäftsmodell zu vermitteln. Jede Ebene liefert Antworten auf eine Frage, die dem Modell gestellt werden kann. Mit jeder beantworteten Frage wird das Modell schlüssiger und belastbarer.

10.2.1 Das Wertangebot

Frage

Welchen Wert schaffen wir für Kunden?

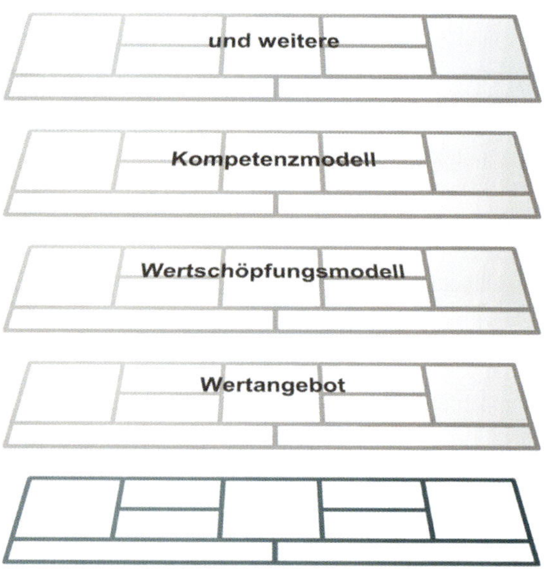

Abb. 10.4 Aspekte (Erzählebenen) von Geschäftsmodellen. (Quelle: Uwe Weinreich, CoObeya.net, Verwendung lizensiert unter Creative Commons BY-SA 3.0)

Nur Lösungen, die ein bedeutendes Problem von Kunden lösen, ein Bedürfnis befriedigen oder als hilfreich erlebt werden, generieren einen Wert. Der Kern jedes Geschäftsmodells besteht aus einem Wertangebot, dass das Unternehmen Kunden gegenüber abgibt. Der Wert sollte klar beschrieben und relevant sein. Damit das gelingt, muss geklärt werden, an welches Kundensegment es sich richtet. Je präziser das Segment erfasst wird, desto leichter fällt es, die Situation, Anforderungen, Bedürfnisse, Wünsche sowie Lebenswelt und Handeln der Zielgruppe zu beschreiben. Das erleichtert den Prozess des Suchens, in dem es gilt, die Situation der Kunden in iterativen Lernzyklen zu verstehen und Grundannahmen zum eigenen Wertangebot zu überprüfen (Abschn. 3.1). Validiertes Lernen und Design Thinking liefern das derzeit wirkungsvollste Instrumentarium, um überzeugende Wertangebote zu entwickeln.

Wertangebote können auf vielfältige Art und Weise überzeugen. Es ist nicht nur der funktionelle Nutzen, der zählt, sondern Ästhetik, der soziale Aspekt oder emotionale Komponenten spielen ebenfalls eine Rolle. Es ist in Ordnung, wenn Teams sich zunächst an Problemen, Problemlösungen und technischen Möglichkeiten orientieren. Wenn sie auf der Stufe stehen bleiben, laufen sie jedoch Gefahr, eine technokratische Lösung zu entwickeln. Die Gefahr ist im B2B-Sektor besonders groß, da Unternehmen oft fälschlich glauben, dass es ausschließlich auf die Funktion ankommt. In den Entwicklungszyklen sollte daher getestet werden, wie Variationen die Reaktion von Kunden beeinflussen. Dabei helfen folgende Fragen:

- Welche bestehenden Produkte und Services können und sollten mit smarten Funktionen ausgestattet bzw. weiterentwickelt werden?
- Welche neuen Produkte und Services sollen erforscht und getestet werden?
- Gibt es eine Möglichkeit, unsere Lösung für Kunden überraschend zu machen?
- Wie sähe die Lösung aus, wenn sie mobil funktioniert?
- Wie können Nutzerinnen und Nutzer zur Lösung beitragen und Spaß dabei haben?
- Ist es möglich, die Lösung zu nutzen, ohne dass man sie wirklich spürt?
- Können wir unserer Lösung eine Verpackung im weitesten Sinne geben, die den Wert noch mal steigert?
- Wie müssen wir unsere Lösung gestalten, damit Kunden anderen davon erzählen?
- Wodurch bekommt unsere Lösung eine emotionale Qualität für Kunden?
- Wie können Design, Material oder Haptik so variiert werden, dass das Produkt ansprechender wird?
- Was sorgt dafür, dass unsere Lösung von Kunden täglich mindestens ein bis zwei Mal genutzt wird?
- Wie müsste unsere Lösung aussehen, um bei einem Discounter verkauft zu werden?
- Wie müsste unsere Lösung aussehen, damit Kunden den zehnfachen Preis dafür zahlen?
- Kann die Lösung soziale Interaktion unterstützen?
- Wie kann Individualisierung den Wert der Lösung steigern?

- Welchen Service würden Kunden schätzen, der bislang zu personalintensiv ist und der über einen Algorithmus realisiert werden kann?
- Was können wir bei der Lösung weglassen und sie dadurch noch überzeugender machen?
- Wie verbessern Updates, Fernwartung etc. das Kundenerlebnis dauerhaft?
- Welche Schritte müssen wir gehen, damit die Lösung Kunden wirklich bezaubert?

Das ist keine abschließende Checkliste für die Produktentwicklung. Bei der Gestaltung des Wertangebots helfen die Fragen dem Team aber, über den reinen Nutzenfokus hinauszudenken. Unter Umständen erweisen sich einige Neben-Wertangebote als die tatsächlich tragenden. So hatten Kevin Systrom und Mike Krieger unter dem Namen burbn eine Check-In-Software für Smartphones entwickelt. Sie erweiterten sie in einer frühen Phase mit einem Feature, das emotionale und soziale Bedürfnisse der Nutzer anspricht: dem Hochladen und Teilen von Fotos. Sie veröffentlichten die App im Oktober 2010 unter dem Namen Instagram. Damit trat eine soziale Plattform ihren schnellen Siegeszug an, die mit der Kernfunktionalität von burbn nicht mehr viel gemeinsam hatte. Im April 2012 gab Facebook bekannt, Instagram für eine Milliarde Euro zu kaufen. Der Fall zeigt, wie wertvoll im wahrsten Sinne des Wortes eine geschickte Gestaltung des Wertangebots sein kann.

Das Wertangebot sollte so frühzeitig wie möglich in direkter Interaktion mit Kunden getestet und überprüft werden. Im Business Model Canvas besitzt es ein eigenes Feld und steht im Zentrum des Modells. Zu Recht.

Bei der Entwicklung des Wertangebotes muss auf jeden Fall auch auf das Feld Kundensegmente geschaut werden, denn nicht für alle Kunden wird das Wertangebot gleich sein. Die Gestaltung von Kundenbeziehungen und Kanälen hat einen erheblichen Einfluss darauf, welchen Wert Kunden erleben. Bestätigen Kunden in Experimenten, dass sie das Wertangebot überzeugt – am besten, indem sie kaufen – kann das Kriterium ‚Erwünschtheit' als erfüllt angesehen werden.

10.2.2 Das Wertschöpfungsmodell

Frage

Wie erbringen wir unsere Leistung?

Um das Wertangebot zu realisieren, ist ein komplexer Prozess notwendig. Die passende Kompetenz und Technologie müssen im Unternehmen vorhanden sein (Schlüsselressourcen). Genauso ist es notwendig, die Prozesse zu beherrschen, die zur Wertschöpfung beitragen (Schlüsselaktivitäten).

Für das Wertschöpfungsmodell sollten nicht nur die eigenen Anteile berücksichtigt werden, sondern der gesamte Prozess innerhalb des Wertschöpfung-Ökosystems. Dazu gehören Leistungen von Partnern und natürlich der Beitrag der Kunden selbst.

Das Wertschöpfungsmodell bestimmt die Organisation des Unternehmens. Digitale Innovationen lösen fast zwangsläufig gewaltige Veränderungen in der Organisation aus. Die neuen digitalen Strukturen liegen in der Regel quer zu allen bisher existierenden. Die neue Lösung jetzt einfach an tradierte Strukturen anzupassen, ist nicht der optimale Weg. Zwangsläufig kommt es zu unsauberen Prozessen und Verschwendung.

Effizienz wird langfristig ein wichtiges Kriterium im Wertschöpfungsmodell sein. Alle Aktivitäten, die nicht zur Wertschöpfung beitragen, also keinen Wert für Kunden oder Unternehmen produzieren, sind Verschwendung und sollten gestrichen werden. Spielen Skaleneffekte eine Rolle, sollten sie von Anfang an mit berücksichtigt werden. Digitale Geschäftsfelder bieten eine besonders attraktive Möglichkeit. Wenn Server laufen, ist es fast egal, ob zehn oder zehn Millionen Nutzer darauf zugreifen. Sind Algorithmen einmal implementiert, verursachen sie keine Kosten mehr. Wenn Nutzerinnen so durch das Angebot geführt werden, dass kein menschlicher Service via Chat oder Callcenter mehr notwendig wird, hält das die Personalkosten gering. Das heißt, viele digitale Angebote verursachen keine zusätzlichen Kosten, wenn die Nutzerzahlen steigen. Die Grenzkosten sind praktisch gleich Null, abgesehen von etwas steigenden Serverkosten. Die Einnahmen steigen trotzdem mit der Zahl der Nutzer weiter und tragen zum Unternehmenswert bei.

Bereits im Entwurf des Wertschöpfungsmodells sollten folgende Fragen berücksichtigt werden:

- Welche Technologien werden Grundlage der Lösung sein?
- Welche Effizienz wird bei der Produktion der Lösung erzielt?
- Wo können Algorithmen eingesetzt werden?
- Besitzt unser Wertschöpfungsmodell das Potenzial, eine Leistung mit Null-Grenzkosten zu generieren?
- Ist unsere Lösung skalierbar? Wie kann sie schnell und problemlos auf zehn, tausend oder zehn Millionen Nutzer angepasst werden?
- Ist es möglich Wertschöpfung in Echtzeit zu gestalten?
- Kann Wert zu einem Zehntel der sonst dafür üblichen Kosten generiert werden?

Ein überzeugendes Wertschöpfungsmodell ist Grundlage für die Wirtschaftlichkeit eines Angebots. Gelingt ein begeisterndes Wertangebot, aber keine Effizienz der Prozesse, ist das Geschäftsmodell ein Kandidat dafür, rasch von einem effizienteren Nachahmer überholt zu werden.

10.2.3 Das Kompetenzmodell

Frage

Welche Kompetenzen zeichnen uns aus?

Aus dem Wertschöpfungsmodell ergibt sich nahtlos die Frage, welche Kompetenzen das Unternehmen besitzt oder besitzen sollte, um die Leistung überzeugend und wirtschaftlich erbringen zu können. Das umfasst natürlich das Wissen und die Fertigkeiten der einzelnen Mitarbeiter. Der Kreis kann aber noch weiter gezogen werden. Der Zugang zu bestimmten Kundengruppen, die Branchenerfahrung oder das Beherrschen bestimmter Prozesse gehören ebenso zu den Kernkompetenzen. Der Blick auf Kompetenzen, die ein Unternehmen bereits besitzt, ist wertvoll. Einerseits profitieren neu entwickelte digitale Produkte davon, wenn sie darauf aufsetzen können, andererseits wird schnell klar, welche Rolle das Unternehmen mit dem neuen Geschäftsmodell im Wertschöpfungs-Ökosystem und gegenüber dem Wettbewerb spielen kann.

Damit Wertschöpfung auf dem qualitativen Niveau erfolgt, das Kunden begeistert, muss sichergestellt sein, dass das Unternehmen nicht nur über die notwendigen Kompetenzen verfügt, sondern sie effektiv zum Einsatz bringt. Ein Anforderungsprofil für die Kompetenzentwicklung des Unternehmens abzuleiten, hilft, Lücken zu erkennen.

- Welche Kompetenzen zeichnen unser Unternehmen aus und machen uns glaubwürdig?
- Welche Kompetenzen werden theoretisch benötigt, um das Geschäftsmodell komplett allein realisieren zu können?
- Welche Kompetenzen sind so zentral, dass sie im Unternehmen aufgebaut und gehalten werden sollten (Kernkompetenzen, Schlüsselressourcen, Schlüsselaktivitäten)?
- Welche Kompetenzen können ganz, teilweise oder übergangsweise von Partnern aus dem Wertschöpfungs-Ökosystem bezogen werden?
- Welche Aktivitäten sind notwendig, um die als zentral erkannten Kompetenzen im Unternehmen aufzubauen?
- Was wird das kosten?
- Wie lange wird es dauern?

Das Kompetenzmodell steuert Informationen zur Beurteilung sowohl der Wirtschaftlichkeit als auch der Machbarkeit bei.

10.2.4 Das Datenmodell

Frage
Wie produzieren Daten Wert?

Daten sind zentraler Rohstoff, um in digitalen Geschäftsmodellen Wert für Kunden und das Unternehmen selbst zu schaffen. Es bietet sich also an, dem Datenmodell entsprechende Aufmerksamkeit zu schenken. Es sind in der Regel nicht die Daten selbst, die einen Wert liefern, sondern Analysen und Datenaggregationen, beides im Folgenden als ‚Ergebnisse' zusammengefasst. Bei der Entwicklung des Datenmodells kann in fünf Schritten vorgegangen werden:

1. **Bestimmen des Wertangebotes, das durch Daten geschaffen wird**
   Nur wenn Nutzung und Verarbeitung von Daten für Kunden und das Unternehmen einen Wert generiert, ist sie sinnvoll. Die Möglichkeiten, Wert zu generieren sind vielfältig:
   - **Für Kunden**
     - Smartere Produkte, die das Leben und Arbeiten erleichtern (Beispiele: Smartphone, vernetzte und smarte Haushaltsgeräte)
     - Schnell verfügbare und kundengerecht aufbereitete Informationen (Beispiele: Reiseinformationen, Wetterdaten)
     - Personalisierte Angebote (Beispiele: Artikelservices, Produktempfehlungen)
     - Automatisierung von Vorgängen (Beispiele: Hausautomatisierung, automatisches Einparken)
     - Voraussagen, Entscheidungs- und Handlungsunterstützung (Beispiele: Wettervorhersagen, Trendanalysen)
     - und andere
   - **Für das Unternehmen**
     - Tiefes Kundenverständnis (Customer Insights) für Gruppen und auf individueller Ebene (Beispiele: Analyse von Verhaltensdaten, Analyse von Stimmungen und Trends z. B. durch Sentimentanalysen)
     - Erkennen von Zusammenhängen im größeren Kontext (Beispiel: Korrelative Zusammenhängen zwischen Einzeldaten wie Bewegungsprofilen und Kaufverhalten)
     - Bessere Vorhersagen und Planung (Beispiele: Erkennen von Trends, Nutzen von zusätzlichen Verkaufsmöglichkeiten)
     - Genaue Zielgruppenbestimmung (Beispiele: Geotargeting, situations- und bedürfnisgesteuerte Angebote)
     - Personalisierte Ansprache von Kunden und individualisierte Produktangebote (Beispiele: individualisierte Angebote, individualisierte Preisbildung)
     - Erkenntnisse über Prozesse (Beispiele: Optimierung von Produktionsprozessen, Erkennen von Anwenderverhalten)
     - Beeinflussung und Steuerung (Beispiele: Steuerung von Produktionsanlagen, Beeinflussung von Kundenverhalten durch visualisierte Ergebnisdarstellungen, wie z. B. Staus in Navigationsgeräten)
     - und andere
2. **Identifizieren der Daten und Ergebnisse, die dafür benötigt werden**
   Wenn das Wertangebot auf Datenbasis beschrieben ist, müssen dafür die Daten und vor allem die Ergebnisse gefunden werden, die das Wertangebot ermöglichen. Es ist der Wertschöpfungsteil des Datenmodells. Es hilft, der Fantasie in diesem Schritt freien Lauf zu lassen und sich nicht auf bereits verfügbare Daten zu beschränken.
3. **Identifizieren der Datenquellen, Datenströme sowie Analyse- und Aggregationsschritte**

Im nächsten Schritt werden mögliche Datenquellen gesucht und der Weg der Daten von der Quelle über Kommunikationslinien, Analyse- und Aggregationsschritte bis hin zum wertschöpfenden Ergebnis dargestellt. Dabei ist der Daten- und Analysestrom nicht auf das eigene Unternehmen beschränkt, sondern bezieht Partner und Kunden mit ein.

4. **Entwickeln der Datengewinnung**
   In den meisten Fällen werden nicht alle Daten verfügbar sein, die für das Datenmodell benötigt werden. Daher wird die Suche nach Daten, die zur Wertschöpfung beitragen können erweitert:
   - Vorliegende Kundendaten (Beispiele: Kundendateien, Klickpfade im Internet, Transaktionsdaten)
   - Aktiv generierte Kundendaten (Beispiele: von Kunden selbst generierte Daten auf einer Plattform, durch aktive Kundeneinbindung generierte Daten, wie z. B. kundengenerierter Inhalt, kundengenerierte Messdaten). An diesem Punkt wird es wichtig, die Ziele für die Gestaltung der Kundenbeziehung und die Nutzung der Kanäle zu überdenken. Wenn es möglich ist, Kunden über mehrere Geräte hinweg zu identifizieren, z. B. weil sie sich mit einem Kundenkonto anmelden, schafft das einen enormen Mehrwert an Daten.
   - Gerätedaten (Beispiele: Smartphone, Navigationsgerät, smarte Haushaltsgeräte, Hausautomatisierung)
   - Prozessdaten (Beispiele: Daten aus Produktion, Sensordaten, Gerätedaten in Anwendung)
   - Daten von Partnern: Eventuell besitzen Partner im Wertschöpfungs-Ökosystem Daten, die helfen können. Austausch von Daten, eventuell auch der Zukauf helfen dem Unternehmen und im besten Falle auch dem Netzwerk.
   - Mitarbeitergenerierte Daten: Mitarbeiterinnen und Mitarbeiter verfügen über reichhaltige Erfahrungen und aktuelle Informationen aus Kundenkontakten, Servicefällen etc. Diese Daten systematisch zu erfassen kann wichtige Datenlücken auffüllen helfen.
   - Öffentlich zugängliche Daten (Open Data): Immer mehr Daten werden anonymisiert öffentlich zugänglich gemacht, sodass sie genutzt werden können, z. B. im Rahmen von Smart City Projekten
   - Zugekaufte Daten: Einige Daten werden sich ggf. von professionellen Anbietern zukaufen und über API einbinden lassen.
5. **Umsetzung in Technologie und Organisation**
   Im letzten Schritt wird geprüft, wie die Daten in die technologische Landschaft integriert werden und welch Anforderungen an die Verarbeitung und die Organisation im Umgang mit den Daten gestellt werden müssen. Dabei sind auch die rechtlichen Rahmenbedingungen zu prüfen. Von höchster Wichtigkeit ist dabei, Daten abteilungsübergreifend zu nutzen und Datensilos aufzulösen.

10.2.5 Das Technologiemodell

Frage
Welche Technologie bildet die Basis unserer Dienstleistung?

Bei digitalen Geschäftsmodellen kommt dem Technologiemodell naturgemäß eine viel höhere Bedeutung zu, als in konventionellen Branchen. Technologie macht digitale Wertschöpfung erst möglich und verdient eine eigenständige Betrachtung.

Rein digital aufgesetzte Unternehmen haben es einfach. Bereits bei vor der Gründung ist meistens klar, auf welche Technologien gesetzt wird. Gründungen aus Universitäten heraus, bilden Geschäftsmodelle um den technologischen Kern herum.

Komplexer wird die Herausforderung, wenn digitale Technologien mit bereits existierenden Lösungen oder mit menschlichen Servicekomponenten kombiniert werden müssen. In den Fällen muss das Technologiemodell die hybride Eigenschaft des Gesamtgeschäftsmodells berücksichtigen und in entsprechenden Nutzerschnittstellen abbilden (User Interfaces). Bei der Entwicklung des Technologie-Modells sind Experten aus den jeweiligen Technologiefeldern erforderlich. Gemeinsam mit dem Team können Sie die Anforderungen definieren. Details zu technischen Grundlagen finden sich in Kap. 4 und 5.

Bei der Entwicklung des Technologie- und Datenmodells helfen folgende Fragen weiter:

- Welche digitalen, konventionell-technischen und menschlichen Komponenten tragen zur Wertschöpfung bei?
- Welcher Teil der Funktionalität soll digital abgebildet werden?
- Welche Technologien sind geeignet, verfügbar und sollen zum Einsatz kommen?
- Wie werden sie miteinander verbunden?
- Welche technischen Plattformen und Standards werden genutzt?
- Welche Funktionalität muss über Schnittstellen zugänglich gemacht werden?
- Wo ist Entwicklungsaufwand notwendig, wo kann auf existierende Komponenten aufgesetzt werden?
- Zu welchen Systemen muss Kompatibilität gewahrt werden?
- Wie und wo werden Daten generiert, gespeichert und verarbeitet?
- Wie werden Daten analysiert und aggregiert?
- Welche Sicherheitsmaßnahmen werden benötigt?
- Welche juristischen Fragestellungen müssen beantwortet werden?

Ohne Expertenwissen ist es nicht möglich, tiefer in die Fragestellungen einzutauchen und befriedigende Antworten zu finden. Das Technologie- und Datenmodell für die Wertschöpfung digitaler Angebote ist zentral und liefert einen wichtigen Baustein zur Beurteilung der Machbarkeit.

10.2.6 Das Kollaborationsmodell

Frage
Was machen wir selbst und was machen andere?

Spätestens, wenn nicht alle Leistungsbestandteile vom Unternehmen selbst erbracht werden können, bekommen Partner eine tragende Rolle. Als Partner gelten alle, die zur Wertschöpfung beitragen. In vielen Fällen sind das auch Kunden und Nutzer selbst. Das gilt zum Beispiel für alle Geschäftsmodelle, die auf digitalen Content setzen, wie Facebook, Twitter und viele andere. Ohne ihre Partner ‚Kunden' wären sie praktisch nutz- und wertlos. Einen detaillierten auf Blick Kollaborationsmöglichkeiten oder -notwendigkeiten kann man sich verschaffen, indem alle potenziellen Partner mit den jeweiligen Leistungen aufgeführt werden.

Es kommt immer wieder vor, dass bestimmte Leistungsaspekte zwar prinzipiell im Unternehmen selbst erbracht werden können, sie aber besser und billiger von Partnern erledigt werden. Die Leistungsaspekte werden als Optionen in das Kollaborationsmodell mit aufgenommen. Die Liste kann als Tabelle angelegt sein, in der Bewertungen vorgenommen werden (Tab. 10.1).

Betrachten wir das Instrument mithilfe eines fiktiven Beispiels. Die Spalten ‚Leistung' und ‚Partner' sind selbsterklärend. In der Spalte ‚Bedeutung/Kompetenz' wird erklärender Text eingefügt, der die Beziehung zum Partner beschreibt oder die Bedeutung erläutert. In der Spalte ‚Substitution' werden Bewertungen vorgenommen, wie leicht es ist, den Anbieter zu wechseln. Beim Serverhosting ist es relativ einfach. Das Angebot vergleichbarer Leistungen ist groß und mit einem Wechsel geht dem Wertschöpfungs-Ökosystem kein spezialisiertes Erfahrungswissen verloren. Gegebenenfalls kann das Hosting sogar im eigenen Serverbetrieb erfolgen. Damit ist die Servermedia AG kein strategischer oder Schlüsselpartner, sondern ein einfacher Lieferant.

Anders sieht es bei der Gehäusefertigung aus. Das ist prinzipiell auf andere Partner übertragbar, der Aufwand wird größer und die vertraglichen Bindungen sind enger. Daher ist die International Spritzguss GmbH ein Schlüsselpartner. Eine noch engere Zusammenarbeit gibt es mit der High Speed Data Explorer, Inc., die von Anfang an in die Entwicklung eingebunden war und spezialisiertes Know-how erworben hat, das fast nicht transferierbar ist. Es besteht die Gefahr einer Pfadabhängigkeit, also einer dauerhaften Abhängigkeit von einer Technologie oder der Kompetenz eines Anbieters. Deshalb ist bereits mit dem Partner vereinbart, dass langfristig ein Insourcing in Zusammenarbeit mit dem Schlüsselpartner realisiert wird.

Die H-Tech Solutions Europe SE besitzt einen hervorragenden Zugang zu einem Kundensegment, das vom Unternehmen selbst nicht erreicht wird. Es wurde eine strategische Partnerschaft geschlossen, die problemlos nach Vertragsablauf beendet werden kann.

Die Trennung zwischen Schlüsselpartnern und strategischen Partnern ist nicht scharf, sondern entspricht eher dem Sprachgebrauch in Unternehmen. Nur diese beiden Gruppen lohnen sich für eine Aufnahme in das Feld Schlüsselpartner des Business Model Canvas. Sonst wäre der Raum schnell überfüllt.

Tab. 10.1 Beispiel für eine Kollaborationsliste

Leistung	Partner	Bedeutung/ Kompetenz	Substitution	Bewertung
Serverhosting	Servermedia AG	Unverzichtbare Infrastruktur	☒ Problemlos ☐ Mit Aufwand ☐ Kaum möglich ☒ Insourcing mögl	Lieferant
IoT Boards	Shenzhen IoT Manufacturing Ltd.	IT-Hardware	☒ Problemlos ☐ Mit Aufwand ☐ Kaum möglich ☐ Insourcing mögl	Lieferant
Gehäuse	International Spritzguss GmbH	Bauteile	☐ Problemlos ☒ Mit Aufwand ☐ Kaum möglich ☐ Insourcing mögl	Schlüsselpartner
Datenanalyse	High Speed Data Explorer, Inc.	Hoch spezialisierte Datenanalyse. Langfristig Übernahme ins eigene Unternehmen!	☐ Problemlos ☐ Mit Aufwand ☒ Kaum möglich ☒ Insourcing mögl	Schlüsselpartner
Vertrieb für Kundensegment B	H-Tech Solutions Europe SE	Vertriebspartner	☒ Problemlos ☐ Mit Aufwand ☐ Kaum möglich ☒ Insourcing mögl	Strategischer Partner
?	?	?	☐ Problemlos ☐ Mit Aufwand ☐ Kaum möglich ☐ Insourcing mögl	?

Für die Auswahl und Bewertung von Schlüsselpartnern ist es sinnvoll, Wunschprofile anzulegen, die z. B. beschreiben, welche Kompetenzen und Erfahrungen der Partner mitbringen soll, welche Zertifizierungen vorliegen müssen, welches Maß an konkreter Kollaboration erwartet wird, wie die Form der Zusammenarbeit aussehen soll etc. Es darf nicht vergessen werden, dass das Angebot der eigenen Firma an den Partner mit skizziert werden sollte, denn gerade die wertvollsten Partner werden ebenfalls mit Wunschprofilen in das Gespräch gehen. Mehr zur Gestaltung von Wertschöpfungs-Ökosystemen findet sich in Abschn. 11.3.

Ein Wertschöpfungs-Ökosystem wirkt tief in das Wertschöpfungsmodell hinein und ist mit größter Aufmerksamkeit zu führen. Qualitätsmängel bei Partnern schreiben Kunden nie den Partnern, sondern immer dem Unternehmen zu, von dem sie gekauft haben.

Leitfragen zur Gestaltung des Kollaborationsmodells:

- Welche Leistungen und Kompetenzen müssen wir von Partnern beziehen, da sie im eigenen Hause nicht vorhanden sind?
- Welche Leistungen und Kompetenzen wollen wir von Partnern beziehen oder mit ihnen realisieren, weil die Resultate besser werden?
- Welche Informationen sollen mit welchem Partner geteilt werden?
- Wie schützen wir unser geistiges Eigentum?
- Wie werden Kooperationen vertraglich abgesichert?
- Über welchen Zeitraum werden Kooperationen vereinbart?
- Wie wird Zusammenarbeit zwischen den einzelnen Netzwerkpartnern nutzbringend?
- Gegen welche Wettbewerber tritt das Wertschöpfungs-Ökosystem als Ganzes an?
- Welche Stärken kann das Unternehmen ausspielen bzw. sollte es aufbauen, um dauerhaft die angestrebte Rolle im Wertschöpfungs-Ökosystem einnehmen zu können?
- Welche Ereignisse würden dazu führen, dass das Kollaborationsmodell grundsätzlich überdacht werden muss?

10.2.7 Das Kundenbeziehungsmodell

Frage
Was verbindet uns mit unseren Kunden?

Je präziser ein Unternehmen die Kundensegmente kennt, die den größten Wert aus dem Angebot ziehen können, desto erfolgreicher wird die Ansprache im Marketing sein. Da Kunden bei Lean Digitization von Anfang an mit in den Entwicklungsprozess eingebunden werden, ist es in der Regel kein Problem, deren Anforderungen, Wünsche, Bedürfnisse und Umgang mit dem späteren digitalen Produkt zu erfassen, zu beschreiben und in ein Wertangebot zu überführen.

Der nächste Schritt wird schwieriger: die Ausgestaltung der Kundenbeziehungen. Sie ist einer der wichtigsten Punkte eines digitalen Geschäftsmodells. Unternehmen können ihre Wünsche an die Qualität der Kundenbeziehungen beschreiben, langfristig ist es jedoch entscheidender, wie Kunden die Beziehung zum Unternehmen definieren. Kunden lassen sich längst nicht mehr auf alle Beziehungsangebote ein. Sie gehen selektiv vor und wechseln schnell, wenn ein anderer Anbieter ansprechender erscheint. Die Frage, wie Kunden langfristig an das Unternehmen gebunden werden können, ist von zentraler Bedeutung.

Seitdem Customer Relationship Management eine eigene Disziplin geworden ist, sind Kundenbeziehungsmodelle weiter ausdifferenziert worden. Moderne Analysemethoden durch Big Data und erweiterte Analytik (Abschn. 5.5) machen genaue Betrachtungen der Beziehungsgestaltung möglich. Hier ein paar zentrale Aspekte eines Kundenbeziehungsmodells:

- **Kundensegmente und Kundengruppenmerkmale**
  Beschreibung der Zielkunden mit unterschiedlichen Merkmalen Das können soziodemografische Daten sein. Besser sind jedoch Problemlagen und Verhalten. Die Frage ist: Für wen schaffen wir herausragenden Wert?
- **Kundenerlebnis**
  Welches Kundenerlebnis wollen wir vermitteln?
- **Kundenlebenszyklus**
  Der typische Verlauf einer Kundenbeziehung vom Beginn bis zum Ende.
- **Kundenwert**
  Der Wert, den ein Kunde für das Unternehmen generiert, häufig gemessen über Customer Lifetime Value.
- **Beziehungsqualität**
  Art und Nähe des Kontaktes, von persönlich bis zu anonym.
- **Kundeneinbindung**
  Möglichkeiten und Stärke, Kunden in die Leistungserbringung einzubinden, z. B. über Co-Creation.
- **Emotionale Beziehung**
  Welche Emotionen entwickeln Kunden in Interaktion mit dem Unternehmen, bzw. welche sollten sie entwickeln?
- **Vertrauensverhältnis**
  Welches Vertrauensniveau wird angestrebt?
- **Kommunikationswege**
  Über welche Medien findet der Kontakt statt?
- **Akquisitionswege und Customer Journey**
  Wie werden Kunden auf uns aufmerksam? Wodurch erkennen Sie, dass unsere Leistung für sie einen Wert schafft? Wie wird das kommunikativ vermittelt? Wie kommen sie zu uns?
- **Wege der Leistungserbringung**
  Über welche Wege wird die Leistung erbracht (digital, als Versand, am Point of Sale, als Leistung vor Ort,…)?
- **Leistungen und Wege der Betreuung**
  Welche Serviceleistungen bieten wir? Wie sieht die Betreuung nach dem Kauf aus? Welche Feedback- und Beschwerdewege gibt es? Wie wird mit Feedback und Beschwerden umgegangen?

Die zentralen Charakteristika der Kundenbeziehung, werden in die Felder Kundenbeziehungen bzw. Kanäle eingetragen.

10.2.8 Das Ertrags- und Preismodell

Es gibt zahlreiche digitale Angebote, die für ihre Betreiber noch nie eine Rendite abgeworfen haben. Das kann nicht das langfristige Ziel sein. Beim Entwurf des

Geschäftsmodells sollte von Anfang an darüber nachgedacht werden, wie ein Ertrag erwirtschaftet wird. Nur mögliche Einnahmequellen aufzulisten, reicht nicht. Letztendlich geht es darum einen Prozess zu beschreiben, der einen Zufluss von Einnahmen dauerhaft sichert. Das Kundenbeziehungsmodell beschreibt bereits wichtige Eckpunkte. Weitere Aspekte sind:

- **Kundengewinnung**
  Welche Aktivitäten müssen wir und welche der Kunde unternehmen, damit es zu einem Kauf kommt? Welche Schritte machen aus einem Interessenten einen Kunden?
- **Transaktionen**
  Finden einmalige, abgeschlossene Transaktionen statt (z. B. Textilversand) oder entstehen regelhaft wiederholte Transaktionen (z. B. Abonnement, Mitgliedsgebühren, Lizenzen) oder nicht regelhafte, aber wiederholte Transaktionen (Kosten nach Verbrauch).
- **Preise**
  Welche Preisniveaus werden akzeptiert? Welche Preisniveaus bieten wir an? Wird nach Kundengruppen, Kanälen, Tageszeiten oder saisonalen Einflüssen differenziert? Ist Preisfraktionierung sinnvoll?
- **Wiederkehrende Transaktionen generieren**
  Wie werden Erstkäufer betreut und zu Wiederholungskäufern gemacht? Welche (exklusive) Bindung kann erzeugt werden? Welche Vorteile erhalten Kunden, wenn sie Kunden bleiben? Welches Churn-Management ist möglich?
- **Mehrseitige Erträge**
  Wie können wir von mehreren Beteiligten unseres Geschäftsmodells profitieren? Lassen sich Netzwerkeffekte nutzen, die unser Angebot interessanter machen, je mehr Personen beteiligt sind?
- **Zeitliche Dimension**
  Wann werden Einnahmen generiert? Gibt es Möglichkeiten, den Zeitpunkt weiter nach vorne zu verlegen?
- **Wertbeitrag**
  Wie viel trägt jede einzelne Einnahmequelle zum Wert des Unternehmens bei?

Gerade digitale Geschäftsmodelle bieten weitaus mehr Möglichkeiten, Preise zu bilden, zu variieren und optimieren als es bisher der Fall war. Dynamische Preisbildung sollte getestet werden. Oftmals lässt sich der Ertrag einfach und signifikant durch Preisoptimierung erhöhen.

Das Ertragsmodell wird aus den Rubriken Einnahmequellen, Kanäle und Kundenbeziehungen gespeist. Daraus entsteht der erste Wert zur Beurteilung der Wirtschaftlichkeit.

10.2.9 Das Kostenmodell

Ist das Geschäftsmodell erstellt, wird eine Bewertung der Kosten der Elemente vorgenommen, indem die Schätzungen der einzelnen Posten in einen ersten groben Kostenplan überführt werden. Daraus entsteht ein Kostenmodell, das deutlich macht, wie viel Aufwand betrieben werden muss, um das Wertangebot zu realisieren. Mit ihm liegt der zweite Wert zur Beurteilung der Wirtschaftlichkeit vor.

10.2.10 Das Wachstumsmodell

Als letzte Ebene sei das Wachstumsmodell genannt. In Kap. 12 wird näher darauf eingegangen, wie Wachstum durch Design des Geschäftsmodells und validiertes Lernen erzeugt wird. Das Geschäftsmodell sollte daraufhin durchforstet werden, ob es Mechanismen enthält, die einen Motor für Wachstum darstellen können. Folgende Fragen helfen:

- Steigen Nutzen und Attraktivität für einzelne Kunden, wenn sie länger Kunden sind?
- Steigen Nutzen und Attraktivität, wenn Kunden weitere Kunden anwerben?
- Gibt es Incentivierungen für das Anwerben neuer Kunden?
- Hat die Lösung einen Coolness-Faktor, der Kunden einlädt, darüber zu sprechen oder in sozialen Medien zu posten?
- Hat die Lösung das Potenzial, Gewohnheiten zu verändern?
- Ist die Lösung überraschend und begeistert sie Menschen?
- Ist die Einstiegshürde so niedrig wie möglich?
- Gibt es nach dem Einstieg angemessene und für Kunden akzeptable Upgrading-Möglichkeiten, die direkt damit verbunden sind, dass der Wert des Angebots spürbar steigt?
- Wie werden Partner aus dem Wertschöpfungs-Ökosystem zu Promotoren?

Wer schon erste Erfahrungen mit validiertem Lernen und Business-Experimenten gesammelt hat, liest aus den Fragen sofort heraus, dass vieles davon am besten in Experimenten mit Kunden getestet, gemessen und ausgewertet wird.

10.3 Muster digitaler Geschäftsmodelle: Der Geschäftsmodellbaukasten

Bisher wurde nur die Methodik der Entwicklung digitaler Geschäftsmodelle dargestellt. Mittlerweile liegen mehr als zwei Jahrzehnte Erfahrungen mit Geschäftsmodellen im Internetzeitalter vor. Es muss nicht alles neu erfunden werden, sondern vieles ist bereits erprobt. Bewährte Muster können neu kombiniert, getestet und genutzt werden.

Entflechtung digitaler von physischer Leistung und Rekombination von Modellmustern

Ein Kennzeichen digitaler Geschäftsmodelle ist, dass sie nicht mehr auf integrierten Modellen beruhen. Im Gegenteil werden bestehende Geschäftsmodelle auseinandergenommen und neu zusammengesetzt. Durch Rekombination entstehen neue Möglichkeiten, die bisher nicht denkbar gewesen wären. Insofern hat es wenig Sinn, nach fertigen Geschäftsmodellen zu suchen. Vielmehr ist es sinnvoll, aus unterschiedlichen Elementen neue Geschäftsmodelle zu rekombinieren, zu testen und zu optimieren. Insofern findet das Prinzip des validieren Lernens und Experimentierens auch in der Entwicklung des Geschäftsmodells eine Verwendung. Ein Beispiel für Rekombination, das in den letzten Jahren für Aufsehen gesorgt hat, ist Uber mit seinem Taxiservice. Physischer und digitaler Leistungsanteil sind komplett getrennt worden und die digitale Leistung besitzt einen großen Anteil der Wertschöpfung.

Der Netzwerkeffekt: The winner takes it all

Unternehmen, die in irgendeiner Form vermittelnd zwischen Personen oder Unternehmen tätig werden – sei es, indem sie Kommunikation erleichtern, Kollaboration fördern oder Geschäfte vermitteln –, sind davon abhängig, dass eine ausreichende Zahl von Nutzerinnen und Nutzern nicht nur auf der Plattform registriert, sondern auch aktiv sind. Ein soziales Netzwerk, das nur aus der Gründerin und ihrem Entwickler besteht, ist komplett wertlos. Wenn sich aber in kurzer Zeit Tausende von Personen anmelden und intensiv diskutieren, Bilder teilen usw., wächst der Wert des Geschäftsmodells exponentiell an. Das gilt nicht nur im finanziellen Sinne. Gerade für Nutzer und Nutzerinnen entsteht ein Wert erst durch die Anwesenheit anderer. Die Attraktivität steigt und damit steigen auch die Anmeldezahlen. Ein sich selbst verstärkender Kreislauf entwickelt sich. Facebook ist dadurch groß geworden.

Der Netzwerkeffekt entsteht nicht im luftleeren Raum. In den meisten Fällen konkurrieren mehrere ähnliche Netzwerk-Geschäftsmodelle um die Aufmerksamkeit und das Engagement der Kunden. Mit dem exponentiellen Wertanstieg eines Netzwerkes verlieren die anderen. Es gibt keinen Anreiz mehr, woanders zu sein, wenn alle in einem Netzwerk zu finden sind. Damit stellt sich ein weiterer Effekt ein, der unter dem Namen ‚The Winner Takes it All' bekannt geworden ist.

Netzwerkeffekte können Geschäftsmodelle beflügeln, sie werden aber zu einer Bedrohung, wenn es nicht gelingt, in kurzer Zeit eine kritische Masse an Nutzern und Nutzerinnen zu gewinnen. Geschwindigkeit zählt.

Plattformen

Der Begriff Plattform wird heterogen gebraucht. Einerseits werden komplexe IT-Systeme als IT-Plattformen bezeichnet. Der Automobilsektor versteht unter Plattformen Modellreihen, die gemeinsam auf technische Basiskomponenten aufsetzen und im digitalen Raum werden Plattformen in der Regel als komplexe digitale Strukturen, die unterschiedliche Elemente eines digitalen Services integrieren und unterschiedliche Nutzer zusammenbringen verstanden. Sie gehören zu den wichtigsten Elementen einer Digital-Strategie. Neben einer Rechner-Infrastruktur gehören vielfältige Schnittstellen dazu, so zum Beispiel unterschiedliche Nutzerschnittstelle, Bezahlsysteme, manchmal Verbindungen zu Hardwaresystemen (IoT) und vieles mehr (Abb. 10.5).

Der wichtigste Aspekt einer Plattform im Sinne eines Geschäftsmodells besteht darin, dass der Betreiber Kunden auf der einen Seite und Anbieter bestimmter Produkte und Leistungen auf der anderen zusammenbringt. Durch diese Vermittlung und die Abwicklung von Interaktionen über die Plattform entsteht für beide Seiten ein Wert, von dem ein Anteil vom Betreiber als Einnahme abgeschöpft werden kann.

Plattformen gehören nicht umsonst zu den wichtigsten Mustern digitaler Geschäftsmodelle. Sie bieten eine ganze Reihe Vorteile für Plattformbetreiber, Anbieter auf Plattformen und Kunden.

Wert einer Plattform für Betreiber

- Abschöpfen von Wert, der durch Interaktion auf der Plattform entsteht
- Binden der Plattformnutzer an das eigene Unternehmen
- Technologische Dominanz: Standards können selbst gesetzt werden
- Zugang zu einem großen Datenpool
- Zentrale Rolle im Wertschöpfungs-Ökosystem (Kundenzugang) und damit Kontrolle der Spielregeln
- Generieren von Einnahmen über die Plattformnutzung
- Generieren von Einnahmen durch Vermarktung der Erkenntnisse aus Daten

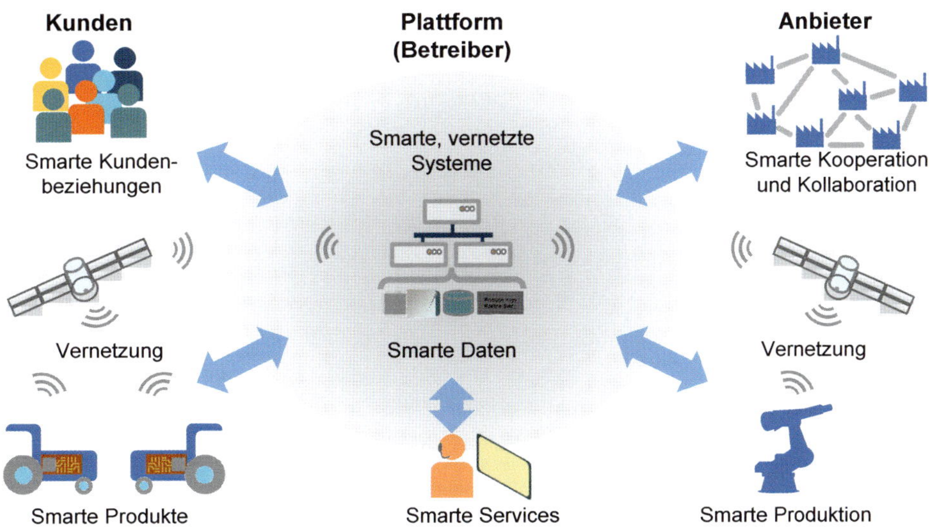

Abb. 10.5 Beispiel einer Plattformstrategie. (Quelle: Uwe Weinreich, CoObeya.net)

Wert einer Plattform für Leistungsanbieter

- Leichter Zugang zu komplexer und konsistenter Technologiebasis, ohne sie selbst aufbauen zu müssen
- Verlässliche Standards
- Leichter Zugang zu Kunden und ggf. Wertschöpfungspartnern

Wert einer Plattform für Kunden

- Schneller Marktüberblick und Preisvergleich
- Einfacher Zugang zu Produkten und Anbietern
- Preisvorteile durch plattforminternen Wettbewerb

Stellen Plattformen eine digitale Lösung dar, mit der alle nur gewinnen können? Leider nicht. Sie besitzen auch gravierende Risiken und Nachteile. Für Betreiber ist das Investitionsrisiko nicht unerheblich. Der technische Aufwand ist enorm und jeden Tag erscheinen neue Plattformen, die nach Kunden suchen. Plattformen stehen genauso im Wettbewerb miteinander wie Produkte und nur die überzeugenden werden überleben.

Eine besonders kniffelige Konstruktion sind Plattformen für Anbieter, die über die Plattform Produkte und Leistungen vertreiben wollen. Der leichte Zugang zu Kunden wird damit bezahlt, dass sich Anbieter enormem Wettbewerbsdruck aussetzen. Das kannibalisiert Angebote z. B. im eigenen Webshop. Dennoch, viele Händler, die beispielsweise über die Plattform Amazon vertreiben, machen respektable Gewinne. Und einige wären ohne Amazon gar nicht lebensfähig. Doch gerade am Beispiel Amazon zeigt sich, wie sehr Anbieter der Marktmacht des Betreibers ausgeliefert sind. Amazon fällt es leicht, Anfragen von Kunden und Käufe zu analysieren. Der Datenschatz zeigt genau, welche Produkte sich zu Rennern entwickeln und welche Nischenware bleiben. Mittlerweile hat Amazon seine Strategie darauf hin ausgerichtet, Verkaufsschlager in das eigene Angebot zu übernehmen und mit exklusiven Vorteilen für Kunden zu versehen. Damit ist Amazons Angebot wettbewerblich überlegen. Der Konzern schöpft die Sahne des Geschäfts ab und lässt den anderen die Krümel. Das ist nur möglich durch die Marktmacht von Amazon als Plattformbetreiber.

Wenn eine Digital-Strategie wie gemacht ist für eine Plattform, fällt die Abwägung nicht leicht, selbst eine zu entwickeln und anzubieten oder sich in eine bestehende Plattform einzuklinken. Die Entscheidung setzt genaue Analysen voraus. Wird der Schritt in eine eigene Plattform gewagt, so wie es kürzlich Bosch mit seiner Industrie-4.0-Plattform getan hat, ist es wichtig, zeitnah Leben auf die Plattform zu holen, indem Produkte und Services angeboten werden und Anbieter auf interessierte Kunden treffen. Das erfordert ein intensives Marketing gerade in der Anfangszeit.

Plattformen können in unterschiedlichen Varianten auftreten:

- **Einseitiger Marktplatz**
  Anwendung: Klassischer E-Commerce, E-Service
  Ziele: Kundenbindung, Marketing, Verkauf, Effizienzsteigerung in Serviceprozessen.
  Umsetzung: Internetpräsenz, Shopsystem, Smartphone-App, Anbindung an Warenwirtschaft etc.
  Hürden: Bekanntheit, Reputation, Vertrauen, Usability
  Begrenzung: Reine Webshops sind nur im technischen Sinne Plattformen, nicht jedoch als Geschäftsmodell, da sie nicht das Merkmal des Verbindens von Kunden und Anbietern aufweisen.
- **Mehrseitiger Marktplatz**
  Anwendung: Auktionsplattform, Vermittlungsplattform, Marktplatz.
  Ziele: Wertschöpfung durch Vernetzung, Kombinieren mehrerer Einnahmequellen
  Umsetzung: Internetpräsenz, Shopsystem, Smartphone-App, Anbindung an Warenwirtschaft etc.
  Hürden: Bekanntheit, Reputation, Vertrauen, Usability, Netzwerkeffekt
- **Informations- und Integrationsplattform**
  Anwendung: Wissensportale, Preisvergleiche etc.
  Ziele: Wertschöpfung durch Abonnenten und Werbefläche
  Umsetzung: Interaktive Internetpräsenz, Smartphone-App
  Hürden: Bekanntheit, Reputation, Usability, Erreichen von Relevanz und Rentabilität
- **Community-Plattform**
  Anwendung: Social Media.
  Ziele: Wertschöpfung durch Abonnenten und Werbeplätze, Kundenbindung oder Kundeninteraktion (Involvement).
  Umsetzung: Interaktive Internetpräsenz, Smartphone-App
  Hürden: Bekanntheit, Reputation, Vertrauen, Usability, Netzwerkeffekt
- **Sourcing-/Kollaborationsplattform**
  Anwendung: Social Intranet, E-Collaboration, Crowdsourcing, Shared Service, Open Innovation
  Ziele: Prozessoptimierung, Kulturentwicklung, Wertschöpfung durch Service
  Umsetzung: Interaktive Internetpräsenz, Smartphone-App
  Hürden: Akzeptanz, Usability
- **Dienste-Plattform (XaaS)**
  Anwendung: Cloud Service, Software as a Service, Platform as a Service, etc.
  Ziele: Wertschöpfung durch automatisierte Services.
  Umsetzung: Aufwendige Server- und Dienstestruktur mit entsprechenden Frontends und API
  Hürden: Funktionalität, Akzeptanz, technische Hürden
  Begrenzung: Auch Dienste-Plattformen sind in der Regel nur im technischen Sinne Plattformen.

- **Industrie 4.0/IoT-Plattform**
  Anwendung: Cloud Service für Prozessautomatisierung, Industrie 4.0 und IoT-Anwendungen
  Ziele: Wertschöpfung durch automatisierte Services für Industrie 4.0
  Umsetzung: Aufwendige Server- und Dienstestruktur mit entsprechenden Frontends, API und Hardware-Integration
  Hürden: Funktionalität, Akzeptanz, technische Hürden, Investitionsbereitschaft.

Frage
Wichtigstes Kriterium einer Plattformstrategie: Schafft die Plattform eine Infrastruktur, die unser Geschäft unterstützt?

Digitale Wertschöpfungsmuster
Bisher setzen viele traditionelle Unternehmen noch darauf, das Offline-Geschäft einfach online umzusetzen, meistens als reines transaktionsorientiertes Modell. Das bringt selten den erhofften Erfolg. Geschäftsmodelle können unterschiedliche Ausgangspunkte für die Wertschöpfung haben. So stammen einige Geschäftsmodelle aus dem Handel und sind im digitalen Raum noch transaktionsorientiert. Im besten Falle gibt es wiederholte oder sogar regelhaft wiederholte Modelle (Abonnements). Andere Modelle haben ihren Ursprung in der Idee, Prozesse zu verändern oder zu optimieren und dadurch Wert zu erzeugen. Eine dritte Gruppe – die technologieorientierten Modelle – setzt darauf, primär bestimmte Technologien zu vermarkten.

In der Praxis kommt es zu Überschneidungen. So haben prozess- und technologieorientierte Wertschöpfungen auch einen Transaktionsanteil, transaktionsorientierte und prozessorientierte setzen auf eine technologische Basis auf und transaktions- und technologieorientierte Modelle verändern, wenn sie gut gemacht sind, auch Prozesse. Insofern dient die Übersicht nur zur Anregung, den Denkhorizont für das eigene Digitalisierungsprojekt auszuweiten.

Transaktionsorientierte Wertschöpfung

- E-Commerce (Online-Shop, Online Dienstleister)
- Matching (Auktionen, Vermarktungsplattform)
- Peer2Peer-Services/Sharing (Kredite, Taxi, Couchsurfing, Carsharing, Maschinenring)
- Finanzdienstleistungen (Banking, Payment, Crowdfunding).

Prozessorientierte Wertschöpfung

- Mass-Customization (Digital Content, On Demand Production, Shop Floor 3-D-Druck)
- Online-Dienstleister B2B (Digitales Prozessmanagement, Predictive Maintenance, Security Management, On-Demand-Production)
- Datenmanagement (Datenhaltung, Datenanalyse, Datenbroker)

- Tele-Experten (Diagnostik, Beratung, Coaching, Analyse)
- Crowdsourcing (Micro Working, User Designed Products)
- Remote-Services (Diagnostik und Management technischer Geräte und Anlagen)
- Marketing- und Vertriebsunterstützung (Kreation, Vertriebsservices, Werbeplatzvermarktung)
- Agenten (Tourismus, Travelmanagement, Infoservice)
- Content Anbieter (Journalismus-Bots, Informationsaggregatoren, automatische Content Produktion).

Technologieorientierte Wertschöpfung

- Robotik (Entwicklung, Wartung, Steuerung)
- Cloud Service Provider (XaaS: Software, Speicher, Rechenleistung, Analytik, etc.)
- Digital Wearables (Augmented Reality, Gesundheit/Fitness).

Muster für Erlöse und Preisbildung
Weg, Frequenz und Kriterium von Zahlungen sowie Preisbildung bieten vielfältige Möglichkeiten, digitale Geschäftsmodelle zu gestalten und zu optimieren. Manchmal sind es kleine Änderungen in diesem Bereich, die gewaltige Auswirkungen auf die Rentabilität des Unternehmens haben.

- **Verkaufserlös**
  Die klassische Erlösform für transaktionsorientierte Modelle (Online-Shop/Online-Service). Im digitalen Raum lässt sich Verkaufserlös jedoch nicht für alle potenziellen Anwendungsbereiche durchsetzen. Beispiele sind Zeitungsartikel und Musik, bei denen es schwer ist, die Kostenlos-Erwartung der Kunden zu durchbrechen. Genutzt wird die Einnahmequelle Verkaufserlös vorwiegend für Waren und Software. Sonderformen sind:
  - Pay-per-Use: Der Kunde zahlt für einzelne Services.
  - Performance based payment: Die Bezahlung ist an bestimmtes Leistungsniveau (Service-Level) gekoppelt.
- **Abo-Modell/Flatrate**
  Kunden zahlen periodisch einen festen Preis für eine beschriebene Leistung (Konnektivität, SaaS, schwer zugängliche Informationen, regelmäßige Warenlieferungen)
- **Transaktionsgebühr**
  Ein Transaktionspartner zahlt dafür, dass die Transaktion durchgeführt wird (Kreditkarte, Auktionsplattformen).
- **Preisfraktionierung**
  Die Grundversionen des Angebots gibt es kostenlos (siehe ‚Freemium‘) oder zu sehr geringem Preis. Für Erweiterungen muss gezahlt werden (Add-On-Produkte, Spielefeatures).

- **Dynamisches Pricing**
  Preise werden kontextbezogen generiert (Tageszeit, Endgerät, Kundenprofil).
- **Werbebasierte Finanzierung**
  Nicht der Kunde zahlt, sondern ein Werbetreibender. Das Modell wird breit genutzt, z. B. von Facebook und Google.
- **Freemium**
  Ein Modell für Angebote, die in der Grundversion kostenfrei sind, deren Premiumvariante allerdings kostenpflichtig wird. Voraussetzungen sind Grenzkosten nahe Null und eine große Kundengruppe (Beispiel: Dropbox).
- **Pay per Link/Pay per Data**
  Kunden zahlen nicht mit Geld, sondern durch Weiterempfehlung oder Preisgabe von Daten.
- **Spendenfinanzierung**
  Besonders für soziale und gemeinnützige Projekte geeignete Erlösform. Bekanntestes Beispiel ist Wikipedia. Spendenfinanzierung setzt große Reichweite, hohen Nutzen und makellose Reputation voraus.

10.4 Geschäftsmodelle kopieren

Rocket Internet ist eines der größten Internet-Unternehmen in Deutschland. Die Gründer, die Samwer-Brüder, haben bewusst ein Modell gewählt, das darin besteht, nur Unternehmen zu gründen, die bereits erprobte Geschäftsmodelle realisieren. Aus der Start-up-Community werden sie kritisiert, nur Copycats, also Nachahmer zu sein. Der ehemalige Kommunikationschef des Unternehmens Andreas Winiarski hält in einem Interview dagegen, dass die Gründung von digitalen Geschäftsmodellen per se schon ein Risiko darstellt und so das Konzentrieren auf erprobte Modelle ein sinnvoller Weg ist. Die Argumentation ist richtig, sie verschweigt allerdings, dass das Kopieren von Geschäftsmodellen durchaus auch Probleme mit sich bringt, wie die derzeitigen Bilanzen des Konzerns zeigen.

Natürlich kann es sinnvoll sein, ein Geschäftsmodell zu kopieren. Beispielsweise, wenn ein Unternehmer auf Reisen in Asien, Lateinamerika oder den USA feststellt, dass ein bestimmter Service eine große Anhängerschaft hat, in seinem Heimatmarkt allerdings komplett inexistent ist. Es kann reizvoll sein, das Geschäftsmodell auf lokale Märkte zu adaptieren. Ein reines Kopieren wird allerdings nicht funktionieren. In der Regel unterscheiden sich Märkte und vor allem die Präferenzen von Kunden deutlich voneinander. Um es an einem einfachen, nicht-digitalen Beispiel deutlich zu machen: Gillette investierte 3000 Mitarbeiterstunden in Beobachtungen und Kundeninterviews, um zu verstehen, wie indische Männer sich rasieren, bevor es gelang eine Rasierer-Klingen-Kombination auf den Markt zu bringen, die perfekt zu indischen Anforderungen passt.

Das Kopieren eines Geschäftsmodells befreit nicht davon, Kunden und Markt zu verstehen. Lean Digitization liefert durch validiertes Lernen sukzessive die Antworten, die eine Adaption ermöglichen (Kap. 3) Die Vor- und Nachteile kopierter Geschäftsmodelle listet Tab. 10.2 auf.

Tab. 10.2 Vorteile und Nachteile kopierter Geschäftsmodelle

Vorteile	Nachteile
Geringer Entwicklungsaufwand	Andere betreiben das Geschäftsmodell bereits und besitzen Know-how-Vorsprung
Geschäftsmodell ist geprüft	Keine Chance mehr, ein alleiniges Alleinstellungsmerkmal zu generieren
Geringeres Investitionsrisiko	Erhöhtes Wettbewerbsrisiko
Grundsätzliches betriebswirtschaftliches Gerüst ist bekannt	Risiko eines übersteigerten Sicherheitsgefühls. Übertragen des Modells auf andere Regionen oder Branchen kann das Funktionieren des Modells komplett verändern
Bekannte Geschäftsmodelle können Kunden gegenüber leichter argumentiert werden	Überraschungsmoment fehlt

10.5 Checkliste ‚Digitale Geschäftsmodelle‘

☐	Unser Geschäftsmodell ist in allen Aspekten durchdacht und stimmig
☐	Unser Geschäftsmodell erfüllt die drei Kriterien Erwünschtheit, Wirtschaftlichkeit und Machbarkeit
☐	Wir wissen klar, wer unsere Kunden sind
☐	Wir haben ein Wertangebot, das in Experimenten bewiesen hat, dass Kunden begeistert davon sind und es deutlich besser ist als Konkurrenzangebote
☐	Unser Wertangebot trifft ein drängendes Kundenbedürfnis, einen Wunsch oder ein Problem, das bisher nicht ausreichend bedient wird
☐	Kunden erleben den Mangel und sehen einen hohen Wert darin, wenn diese Lücke gefüllt wird
☐	Kunden sind bereit, für die Lösung einen hohen Preis zu zahlen
☐	Wir erreichen Kunden auch emotional und sozial
☐	Unser Angebot unterscheidet sich in mindestens einem für Kunden relevanten Punkt signifikant von Konkurrenzangeboten
☐	Wir haben Trends, gesellschaftliche Entwicklungen, Markt, Wettbewerb und Regulierungsrahmen im Blick
☐	Wir haben ein überzeugendes Kundenbeziehungsmodell und wissen, welche Kanäle wir brauchen
☐	Wir haben Know-how aufgebaut und uns so organisiert, dass alle Schlüsselaktivitäten von uns und Partnern sicher ausgeführt werden können
☐	Wir haben ein Technologie- und Datenmodell, dass die Wertschöpfung maximal unterstützt.
☐	Kollaborationen im Wertschöpfungs-Ökosystem werden aktiv gemanagt
☐	Unser Geschäftsmodell enthält Aspekte, die nicht kopierbar sind

☐	Erlöse und Preisgestaltung werden in validierten Lernzyklen optimiert
☐	Es können regelhaft wiederkehrende Erlöse erzielt werden
☐	Unsere Kostenstruktur übertrifft bisherige Angebote in Kosteneffizienz um den Faktor 10
☐	Wir bieten Leistungen an, die Grenzkosten nahe Null generieren
☐	Unser Geschäftsmodell ist skalierbar

Literatur

Bruhn M (2012) Kundenorientierung. DTV-Beck, München

Christensen CM (2000) The innovator's dilemma: the evolutionary book that will change the way you do business. Harper Business, New York

Gürtler J, Meyer J (2013) 30 minuten design thinking. GABAL, Offenbach

Kreutzer RT (2016) Kundenbeziehungsmanagement im digitalen Zeitalter: Konzepte, Erfolgsfaktoren, Handlungsideen (Kundenzentrierte Unternehmensfuhrung). Kohlhammer, Stuttgart

Osterwalder A, Pigneur Y (2010) Business model generation: a handbook for visionaries, game cangers, and challengers. Wiley, New York

o.V. (o.J.) Creative Commons – Attribution-ShareAlike 3.0 Unported (CC BY-SA 3.0). https://creativecommons.org/licenses/by-sa/3.0/. Zugegriffen: 20. Febr. 2016

Porter ME (1985) Competitive advantage. Free Press, New York

Strategisches Vorgehen 11

Zusammenfassung

Es reicht nicht, Prozesse zu digitalisieren, die Fertigung zu automatisieren und smarte Produkte auf den Markt zu bringen, sondern die einzelnen Aktivitäten müssen miteinander und vor allen Dingen mit dem bestehenden Geschäft sinnvoll verbunden werden. Eine Landkarte der Digitalisierung gibt Orientierung und beschreibt unterschiedliche strategische Räume, die Unternehmen betreten können. Eine Positions- und Zielbestimmung steht am Anfang. Klare Fokussierung macht den Erfolg einer Strategie möglich und die Einbettung in ein Wertschöpfungs-Ökosystem sorgt für Leistungsfähigkeit und Stabilität. Dennoch, digitale Geschäftsmodelle sind selten Gebilde aus einem Guss. Sie unterliegen selbst einer kontinuierlichen Veränderung, die gemanagt werden muss. Unterschiedliche Elemente – vom Produkt über die Plattform bis hin zum Preis Management – befinden sich in dauernder Rekombination und Weiterentwicklung. Immer wieder kann es geschehen, dass die Strategie selbst auf den Prüfstand gestellt und die Richtung korrigiert werden muss.

Schlüsselwörter

Digitalisierung · Digitale Transformation · Strategie · Pivot · Richtungswechsel · Agiles Management · Agiles Unternehmen · Strategieentwicklung · Wertschöpfungs-Ökosystem · Kollaboration · Kooperation · Wertschöpfungsnetzwerk · USP · Alleinstellungsmerkmal · Unique Selling Proposition

Die Luft im Konferenzraum ist zum Schneiden. Vertriebsleiter Sven Hermann hat gerade eine Präsentation über seine Vertriebsstrategie für das industrielle 3-D-Druck-Servicepaket gehalten. „Noch Fragen?“

U. Weinreich, *Lean Digitization*, DOI 10.1007/978-3-662-50502-1_11

Stille. Anna hat das Gefühl, dass das einzige Ziel des Vortrages darin bestand zu zeigen, dass ihr Projekt, das sie die letzten sieben Monate so liebevoll gepflegt hatte, eine einzige Sackgasse ist.

Jetzt platzt Tarik Yilmaz in die Stille: „Sven, was soll der Mist? Willst du uns erzählen, dass das gesamte Geschäftsmodell falsch ist? Dass Gessler nichts anderes ist als ein hoffnungsloser Spinner, weil er unsere Lösung übernommen hat? Und dass wir alle Schwachsinn produzieren?“ So aufgebracht kannte Anna Tarik nicht. „Oder ist es so, dass ihr im Vertrieb nicht in der Lage – oder noch schlimmer – nicht willens seid, daraus Geschäft zu machen?“

„Moment, meine Herren, nicht in diesem Ton“, ging Sattler dazwischen. „Lassen Sie mich mal kurz zusammenfassen: Also, wir haben ein Modellprojekt mit einem Kunden auf den Weg gebracht, der wirklich ein Freund der Firma ist. Mit wem sollte es funktionieren, wenn nicht mit Gessler. Wir haben jetzt eine neue Aufgabe vor uns, nämlich das Konzept in der Breite in den Markt zu bringen. Dass das ein anderes Kaliber ist, ist auch klar.“ Hermann nickt heftig. „Trotzdem“, setzt Sattler seine Ausführungen mit Blick in Richtung Sven Hermann fort, „sollten wir nicht so schnell aufgeben. Wenn ich eine Sache aus dem Projekt von Frau Jacobi gelernt habe, dann dass für jede Situation, für jede Annahme ein Experiment gestartet werden kann und sollte. Erst danach sind valide Aussagen möglich. Herr Hermann, gestalten Sie doch mal so ein Vertriebs-Experiment. Bevor Sie es umsetzen, sprechen wir noch mal drüber.“

Anna kann sich ein Grinsen nicht verkneifen, bemüht sich aber, es vor dem Vertriebsleiter zu verstecken.

Sven Hermann ist nicht überzeugt: „Ich glaube nicht, dass das der richtige Weg ist. Im Endeffekt geht es doch darum, dass wir über den Preis gewinnen. Das war bisher immer so. Wenn der Kunde unser Angebot nicht annehmen will, kalkulieren wir noch mal niedriger, wenn das nicht reicht, gehen wir mit dem Preis runter, und, wenn das auch nicht reicht, geben wir Rabatt. Diese komplizierte 3-D-Druck-Geschichte passt da nicht rein. Gessler, ok. Aber die anderen Kunden werden damit nichts anfangen können. Es ist im Vertrieb verdammt schwer zu argumentieren, dass das nicht nur ein Gerät ist, sondern Service und Beratung dazugehören.“

„Sven, nun sei doch nicht so negativ“, fällt Yilmaz ein, „aus Marketingsicht ist das eine riesige Chance. Klar, müssen wir uns umstellen, neu lernen und das Geschäftsfeld geschickt aufstellen. Wir können viel mehr als früher eine für beide Seiten profitable Partnerschaft mit Kunden eingehen. Das ist doch genial. Die binden sich viel stärker an uns.“

Sattler unterbricht: „Meine Herren, Sie wissen, dass ich nicht der Vorreiter für das Thema 3-D-Druck war. Jetzt haben wir beschlossen, in diese Richtung zu gehen, und ich sehe in der technischen Entwicklung deutliche Fortschritte, wenn auch noch nicht das Ende. Und“, er wendet sich an Anna, „das kleine Sicherheitsproblem scheint jetzt ja gelöst zu sein.“

Anna merkt, wie sie ganz kurz errötet, fasst sich aber schnell: „Ja, schon lange. Glücklicherweise haben wir jetzt eine sicherere Cloud-Umgebung für das Projekt.“ Es ärgerte sie, dass der Vorfall noch nach Wochen mit ihrem Projekt in Verbindung gebracht wurde.

11.1 Strategien entwickeln

Wenn agiles Management gelebt wird, reicht es dann nicht, den Markterfolg iterativ weiter zu steigern? Das Argument kommt immer wieder von Verfechtern agiler Methoden. Eine Strategie würde zu sehr einschränken und validiertes Lernen (Kap. 3) führt sicherer zum Erfolg. So einfach ist es leider nicht. Auch bei einem schlanken Vorgehen ist Strategie nicht obsolet. Es reicht nicht, sich vom Strom treiben zu lassen. Start-ups können so beginnen, aber wenn sie ihr Geschäftsmodell gefunden haben, werden sie genauso wie etablierte Unternehmen darüber entscheiden müssen, wohin sie wollen, und dann alle Kräfte darauf konzentrieren.

Validiertes Lernen ist ein mächtiges Werkzeug, mit dem Innovationen schnell, kundenorientiert, ressourcenschonend und sicher entwickelt werden. Es ebnet den Weg für eine kluge Strategie, ersetzt sie aber nicht. Strategie findet auf einer anderen Handlungsebene statt. Ein Ziel wird ins Auge gefasst, eine Vision entworfen und es gilt, alle Kräfte darauf hin zu bündeln. Gelingt das nicht, ist die Gefahr groß, dass das Unternehmen mit seinem Vorhaben scheitert.

Nur im frühen Stadium einer Unternehmensgründung bilden Strategie, Produkt und Team eine Einheit. Es ist der Zeitpunkt, wenn wenige Personen beseelt von einer Idee an einem Produkt oder Service arbeiten und alles daran setzen, mit ihrer Idee erfolgreich zu sein. Bereits, wenn weitere Personen dazu kommen, ändert sich das Bild. Neue Mitarbeiterinnen und Mitarbeiter brauchen eine Orientierung, eine Art Leitfaden für das eigene Handeln. Noch deutlicher wird es, wenn nicht mehr nur ein einziges Produkt entwickelt wird, sondern weitere hinzukommen. Welches Projekt erhält Priorität? Wie werden Geld- und Zeitressourcen verteilt? Gibt es keine klare Linie, führt das dazu, dass das Unternehmen an Schlagkraft verliert. Wenn zwanzig Personen mit aller Kraft an einem Strang ziehen, gelingt es, selbst starke Gegner zu schlagen. Wenn jeweils vier bis fünf Personen an zehn unterschiedlichen Strängen ziehen, ist die Wahrscheinlichkeit groß, dass einfach nur Energie verschwendet wird.

> ▶ Digitale Geschäftsmodelle bieten unendliche Möglichkeiten. Nur wer es schafft, sich auf den Kern zu fokussieren, hat langfristig überdurchschnittlichen Erfolg.

Die Strategie unterliegt denselben Gesetzmäßigkeiten, wie der Entwicklungsprozess von Produkten und Services. Das, was zählt, ist die tatsächliche, messbare Wirkung, nicht eine gut gemeinte Idee, an der krampfhaft festgehalten wird.

Kaufmännische Aspekte und Investitionsentscheidungen
In vielen Unternehmen ist ein Standardprozess für Innovationen etabliert, meistens ein Stage-Gate-Modell, das nach und nach Ideen herausfiltert. Die Prozesse funktionieren, haben aber auch ihre Tücken. Sie sind nicht besonders agil. Das heißt, sie sind nicht offen dafür, dass sich Innovationsansätze im Durchlauf von Stage-Gate-Prozessen radikal verändern können. Dementsprechend sind die kaufmännischen Bewertungs- und Investitionsmethoden nicht unbedingt passend. Immer noch werden hervorragende innovative Ideen bereits in den ersten Prozessschritten aussortiert, da die Ideengeber keine Aussage machen können, wie hoch der Return on Investment für die Idee sein wird. Für inkrementelle Innovationen bei bestehenden Prozesse und Produkten kann der Wert geschätzt werden. Für disruptive Innovationen, die komplett neue Geschäftsfelder öffnen, ist das per definitionem nicht möglich.

▶ Über einen Markt, der noch nicht existiert, können keine Daten vorliegen.

Daten können aber sukzessive *generiert* werden, indem die Entwicklung mit validiertem Lernen stattfindet. Experimente und iterative Lernzyklen liefern zunehmend verlässliche Daten. Erfolgsmöglichkeiten können abgeschätzt werden und Risiken sinken. Mit Fortschreiten der Entwicklung wird es immer risikoärmer, in digitale Innovationen zu investieren (siehe auch Abb. 3.8).

Bei agiler Strategieentwicklung helfen folgende Anpassungen des betriebswirtschaftliche Kennzahlen-, Entscheidungs- und Steuerungssystems:

- Verzicht auf Kennzahlen wie ROI bei der frühen Beurteilung von Innovationen, die neue Geschäftsmodelle schaffen
- Nutzen von Daten und Kennzahlen, die einerseits Befähiger-Variablen messen (z. B. Grad der Wertschöpfung für Kunden) und andererseits durch Experimente validiert werden (z. B. Verkaufszahlen eines MVP)
- Verankern neuer, adäquater Scores im Analysesystem des Unternehmens
- Sukzessives Ausweiten der Nutzung von Big Data und erweiterter Analytik für die Unternehmenssteuerung
- Abkehr von der klassischen Business-School-Sicht, dass Kapital *die* knappe Ressource des Unternehmens ist. Zeit und innovative Kraft sind in digitalen Strategien meistens viel knapper.

11.2 Position und Ziel bestimmen

Wenn die Finanzierung stimmt, ist Kapital nicht die begrenzende Ressource, sondern die Kapazität des Teams. Eine Strategie macht den Kern des Geschäfts deutlich und zeigt den Weg für die Weiterentwicklung, nicht im Sinne einer Schritt-für-Schritt-Anleitung, sondern wie ein Kompass. Nach umschiffen von Hindernissen, wird die Richtung wieder gefunden. Sie wirkt wie ein Leitstern, der jedem zeigt, wofür Arbeit eingesetzt wird und wo sie zu Verschwendung wird.

Das Zielbild

Mit der agilen Entwicklung von Geschäftsmodellen, wie sie in Kap. 10 dargestellt wurde, entsteht bereits ein wichtiger Baustein für die Strategie. Daraus ergibt sich das Zielbild bzw. die Vision. Darüber hinaus braucht es eine Art Landkarte (schematisch in Abb. 11.1 angedeutet), die zeigt, wie das Gelände rund um das Unternehmen aussieht, und wo das Unternehmen steht. Es ist eine Positionsbestimmung, aus der deutlich wird, welcher Weg vor einem liegt und welches Gepäck mitzunehmen ist.

Egal welche Zukunftsvorstellung ein Unternehmen von seiner digitalen Transformation entwickelt, es ist hilfreich, sich deutlich zu machen, in welchem Umfeld man sich bewegt und wie groß das Delta zum heutigen Stand ist. Je stärker sich die digitale Zukunft in einer VUCA-Umwelt (Abschn. 1.1) befindet, desto weniger konkret wird der Zielzustand zu beschreiben sein, sondern es wird in Richtung einer Zukunftsvision tendieren. Leitfragen sind:

- **Folgerungen aus dem Geschäftsmodell**
  Im Geschäftsmodell sind bereits im Business Model Canvas und den sechs Umgebungsfaktoren wichtige Elemente beschrieben, die in das Zielbild einfließen. Welche Vorgaben des Geschäftsmodells prägen das Zielbild?
- **Die Rolle des Unternehmens**
  Welche Rolle wird unser Unternehmen in fünf, zehn oder zwanzig Jahren spielen? Welche Produkte, Dienstleistungen und Partnerschaften sind zentral? Welche

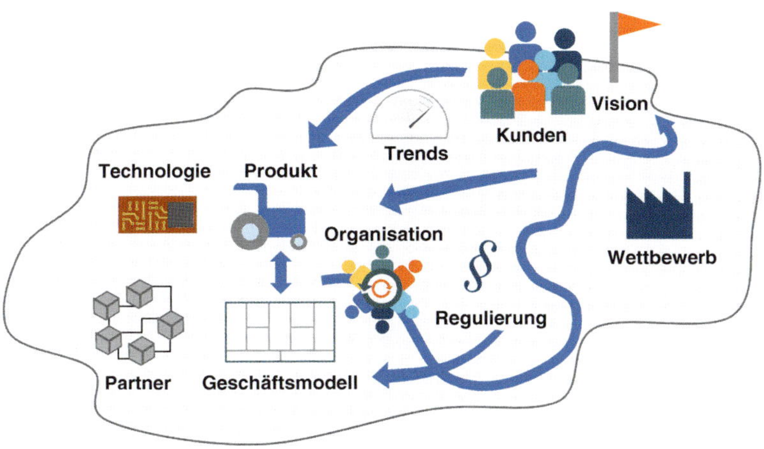

Abb. 11.1 Eine gute Strategie bündelt die Kräfte, um in einem komplexen Umfeld, eine Vision zu verwirklichen. (Quelle: Uwe Weinreich, CoObeya.net)

Bedeutung soll das Unternehmen künftig für seine Kunden haben? Welche Position strebt es im Wertschöpfungs-Ökosystem an?

- **Technologie der Zukunft**
  Welche technologischen Innovationen und Trends fördern neue Lösungen oder gefährden unsere bestehenden? Was wird in zwei, drei oder fünf Jahren technisch möglich sein? Wie zukunftssicher und anschlussfähig ist die eingesetzte Technik?
- **Die digitale Basis des Unternehmens**
  Welches Maß der Digitalisierung wird notwendig und sinnvoll sein? Welche Produkte, Services und Prozesse werden vollständig digitalisiert sein? Welche werden digital unterstützt? Welche Auswirkungen hat das auf Organisation, Management, Personalplanung?

Mithilfe der Fragen lassen sich das Umfeld und ein Zukunftsbild beschreiben. Für ein gemeinsames Verständnis und die Kommunikation des Zukunftsbildes ist es hilfreich, es zu visualisieren. Die klassischen Powerpoint-Charts helfen nur begrenzt. Wirksamer ist eine bildhafte Visualisierung im Sinne des visuellen Erzählens (visual Storytelling). Solche Bilder verankern sich besser in den Köpfen und mit ihrer Hilfe lässt sich Mitarbeitern, Mitarbeiterinnen, Investoren und anderen die Vision eingängig darstellen.

Der Ausgangspunkt
Es ist tatsächlich sinnvoll, die Beschreibung der aktuellen Situation erst nach der Vision zu erstellen. Zu leicht wird die Visionsentwicklung sonst von den Begrenzungen des heutigen Zustandes eingeengt.

Der aktuelle Zustand kann sehr konkret beschrieben werden. Folgende Aspekte sollten erfasst werden:

- **Die Marktsituation**
  Wo stehen wir aktuell? Welche Trends sind erkennbar? In welche Richtung treibt der Markt? Welche Bedrohungen entwickeln sich für unser Geschäft? Welche neuen Chancen tun sich gerade auf? Welche Wettbewerber existieren und welche tauchen gerade neu auf? Welche Regulierungshürden existieren?
- **Kunden und Leistungen**
  Wie entwickelt sich der Kundenstamm? Welches Feedback bekommen wir von Kunden? Welche Produkte und Services haben den größten Erfolg? Wo gibt es Schwierigkeiten? Welche Kundenerwartungen erfüllen wir (noch) nicht?
- **Der Stand der Organisation**
  An welchen Stellen existiert bereits eine funktionierende digitale Umsetzung von Prozessen? Wo ist der größte Entwicklungsbedarf? Wo ist die Organisation dysfunktional geworden?
- **Die digitale Landkarte**
  Welche digitalen Systeme haben wir im Betrieb? Wie sind sie miteinander verbunden? Welche Prozesse werden unterstützt? Welche Daten sind wo gespeichert? Wie werden sie genutzt? Welche Projekte gibt es bereits, die Digitalisierung unterstützen?

Erfahrungsgemäß löst eine schonungslose Aufnahme des aktuellen Zustandes heftige Diskussionen aus, nicht nur im Management, sondern auch bei Mitarbeiterinnen und Mitarbeitern. Schnell wirken aufgedeckte Lücken wie ein Schuldvorwurf. So ist es zwar nicht gemeint, aber die meisten Menschen sind bei Kritik darauf konditioniert, sie erst einmal zurückzuweisen.

Es ist eine Aufgabe des Top Managements dafür zu sorgen, dass das nicht zu einem Kleinreden von Erkenntnissen und zu selbstzufriedenem Zurücklehnen führt. Das Management selbst sollte vorleben, dass es bereit ist, kritische Punkte ungeschönt anzuschauen, zu lernen und Konsequenzen daraus abzuleiten. Sinnvollerweise ist eine Bestandsaufnahme bereits in ein professionelles Kommunikationskonzept des Change-Managements eingebunden (Abschn. 8.6).

Fokussieren

> Eine der wichtigsten Fragen bei der Strategieentwicklung ist: Was wollen wir nicht machen?

Unternehmen, die sich fokussieren, gelingt es leichter, in ihrem Spezialgebiet Herausragendes zu leisten. Sie gewinnen höheres Vertrauen bei Kunden, besitzen treuere Kunden und könne bessere Margen erzielen. Marketing und Vertrieb werden durch eine Fokussierung einfacher. Abb. 11.2 zeigt ein fiktives Beispiel, an dem Leserinnen und Leser selbst überprüfen können, ob Fokussierung eines Unternehmens eine Auswirkung auf die eigene Entscheidung hätte.

Fokussierung klingt logisch, doch fällt es selbst erfahrenen Managerinnen schwer, sich auf den wirklichen Kern des Geschäfts zu konzentrieren. Andere Bereiche erscheinen ja auch attraktiv. Vielleicht ist schon eine Menge Geld investiert worden und mit Sicherheit hängt irgendwer mit ganzem Herzen an einem Angebot, das zur Disposition steht. Es hilft nichts. Die Empirie ist eindeutig. Unternehmen, die sich fokussieren, erzielen höhere Gewinne, bilden eine stärkere Marke aus und sind langfristig erfolgreicher.

Abb. 11.2 Die Wirkung von Fokussierung: Wenn jemand wirklich Probleme mit seinem Flachdach hat, wen wird er anrufen? (Quelle: Uwe Weinreich, CoObeya.net)

Bedeutet das jetzt, dass nur noch ein einziges Produkt oder ein einziger Service verfolgt wird? Für kleine Unternehmen kann das durchaus ein sinnvoller Weg sein. Für große und mittelständische sicher nicht. Diversifizierung und ein Portfolio an Produkten schaffen nicht nur Sicherheit, sondern sie steigern bei einer durchdachten Portfolio-Strategie den Wert des Unternehmens deutlich. Das ist möglich, wenn die Angebote sich gegenseitig ergänzen und stützen. Fokussierung bedeutet nicht, nur auf ein Produkt zu setzen, sondern das Portfolio so auszurichten, dass es die Gesamtstrategie des Unternehmens unterstützt und nicht auf Nebenschauplätze ausweicht.

Ein anschauliches Beispiel bietet die Firma Evernote, deren Kernprodukt eine App zur Verwaltung von Notizen ist. Im Laufe der Zeit wurden weitere Angebote kreiert: Eine Handschrifterkennung für iPads, ein passender Eingabestift, ein Lernkartensystem, eine Scan-App, Spezialanwendungen für Ernährung und Kontaktmanagement sowie verschiedene Merchandising-Produkte, wie Rucksäcke, Socken, T-Shirts. Als besonders wertvoll stellte sich ein Aufkleber für Notebookdeckel und Smartphone-Rücken heraus, auf dem stand: „Ich bin nicht unhöflich, ich mache mir nur Notizen mit Evernote." Alle Produkte zahlen auf dieselbe Strategie ein: Nutzerinnen von Evernote ein unvergleichlich einfaches und wertvolles Erlebnis im Umgang mit dem zu ermöglichen, an das sie sich erinnern wollen.

Fokussieren ist essenziell. Parallel ist es dennoch sinnvoll – sobald das Unternehmen ausreichend Kapazität besitzt –, kontinuierlich Innovationsprojekte zu initiieren, die sich mit anderen Dingen beschäftigen und auch einmal über den bestehenden Fokus des Unternehmens hinaus gehen dürfen. Aus diesen kreativen Prozessen erwachsen oftmals die wirtschaftlich tragenden Konzepte der Zukunft. Allerdings dürfen die Innovationsprojekte nicht den operativen Betrieb behindern. Dafür haben sich separate Organisationsformen bewährt, die Innovationen den nötigen Freiraum bieten (Kap. 9).

11.3 Der agile Weg in die Digitalisierung

Ist die Position bestimmt, wird der Weg zur Realisierung angegangen. In traditionellen Strategieprozessen wird dafür eine Roadmap mit Teilzielen, Meilensteinen, Zeitplänen, Abhängigkeiten, Ressourceneinsatz etc. erstellt. Also ein Wasserfall-Diagramm. Das ist wunderbar, wenn es sich um einen klar beschriebenen Prozess handelt, der nur umgesetzt werden muss. Das ist aber selten der Fall.

Es spricht vieles dafür, Strategieprozesse agil mit validierten Lernzyklen anzugehen. Das passt übrigens besser zum Vorgehen, wie es bereits von vielen Unternehmen beim Weg in die Digitalisierung gewählt wird, als es auf den ersten Blick erscheinen mag. Nur selten werden digitale Strategien sofort komplett entworfen. Unternehmen nehmen oftmals einen Weg, der fünf Stufen umfasst (Abb. 11.3). Am Anfang steht ein einzelnes Testprojekt oder Produkt, mit dem die ersten Schritte in Richtung Digitalisierung unternommen werden (Kap. 4). Den Schritt sind viele Unternehmen bereits erfolgreich gegangen. Lean Digitization bietet in der Phase Möglichkeiten, schnell zu experimentieren und zu lernen (Kap. 3).

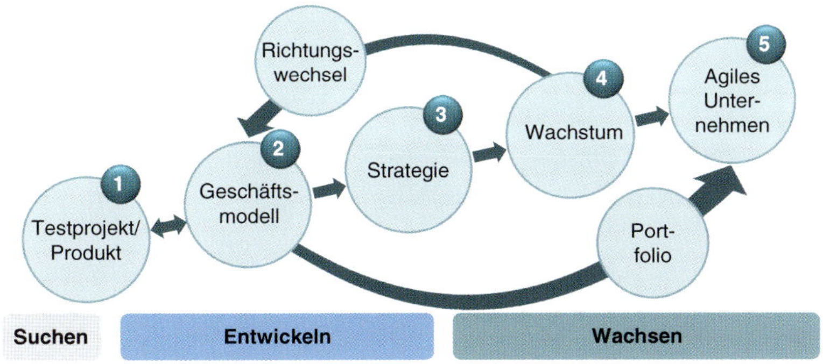

Abb. 11.3 Der oft gewählte Weg zur Digitalisierung und zum agilen Unternehmen. (Quelle: Uwe Weinreich, CoObeya.net)

Im zweiten Schritt werden die Möglichkeiten ausgelotet, wie aus dem digitalen Angebot ein funktionierendes Geschäftsmodell entsteht (Kap. 10). Der Schritt ist essenziell, denn nur mit einem passenden Geschäftsmodell wird Wert für das Unternehmen selbst geschaffen. Firmen, die bereits erfahren sind in professioneller Entwicklung von Geschäftsmodellen, setzen den Schritt sogar an den Anfang und beginnen danach erst mit der Entwicklung von Lösungen.

Im dritten Schritt wird das Geschäftsmodell zu einer umfassenden Strategie ausgebaut. Es gehört dazu, den Entwicklungspfad von der jetzigen Situation zum neuen Geschäftsmodell zu beschreiben, die Zielorganisation zu entwerfen, die Einbettung in das Wertschöpfungs-Ökosystem auszugestalten und ein Veränderungsmanagement anzustoßen, das in der Lage ist, Kunden, Mitarbeiter, Führungskräfte und weitere Beteiligte mitzunehmen (Abschn. 8.6). Gerade durch veränderte Arbeitsbedingungen und agile Vorgehensweisen ändert sich die Kultur des Unternehmens zwangsläufig.

Der vierte Schritt überschneidet sich in der Regel mit dem dritten – jedenfalls dann, wenn die entwickelte Lösung am Markt Erfolg hat. Das Wachstum muss zu einem Zeitpunkt gestaltet werden, in dem der interne Umbau noch gar nicht abgeschlossen sein kann. Dafür wird im Lean Management auf agile Methoden zurückgegriffen, die das Wachstum intensivieren (Abschn. 11.8).

Langfristig verändern Unternehmen sich als Ganzes. Je mehr Produkte, Services und Lösungen digital werden und je stärker auf agile Umsetzung mit Lean Digitization gesetzt wird, desto stärker wird sich das Unternehmen zu einem agilen Unternehmen mit leistungsfähigem System 2 (Kap. 1) entwickeln, das immer besser in der Lage ist, auf plötzliche Veränderungen zu reagieren. Einzelne Lösungen und darauf aufbauende Geschäftsmodelle fließen zu einem Geschäftsmodell-Portfolio zusammen, das dem gesamten Geschäft höhere Stabilität gibt.

In dem Prozess spielen die agilen Vorgehensweisen von Lean Digitization eine entscheidende Rolle. Vor allem die Grundprinzipien der Vermeidung von Verschwendung und des validierten Lernens können immer wieder in den verschiedenen Stufen und auf die unterschiedlichen Aspekte angewendet werden. Für den Strategieprozess als Ganzes ist es förderlich, wenn das Prinzip des validierten Lernens im Top-Management als zusätzliche Option zu den bereits vorhandenen Steuerungsmethoden verankert wird.

▶ Manager, die verstanden haben, wie viel aussagekräftiger durch Experimente erhobene Fakten im Vergleich zu Plandaten sind, werden darauf drängen, den strategischen Entwicklungspfad mit Evidenz zu untermauern.

11.4 Fünf digitale Entwicklungsräume für etablierte Unternehmen

Einen Orientierungsrahmen für ein strategisches Vorgehen bei der Digitalisierung bietet eine Landkarte digitaler Entwicklungsräume (Abb. 11.4). Digitalisierung wird in zwei Dimensionen abgebildet. Auf der Y-Achse wird unterschieden, ob Digitalisierung sich auf existierende, auf Erweiterungen existierender oder auf neue Produkte und Leistungen bezieht. Auf der X-Achse wird die Kundendimension abgebildet: links Bestandskunden, in der Mitte neue Kundensegmente, die den bisherigen Kundengruppen ähnlich sind, und rechts neue Kundensegmente, die sich deutlich von bisherigen Bestandskunden unterscheiden.

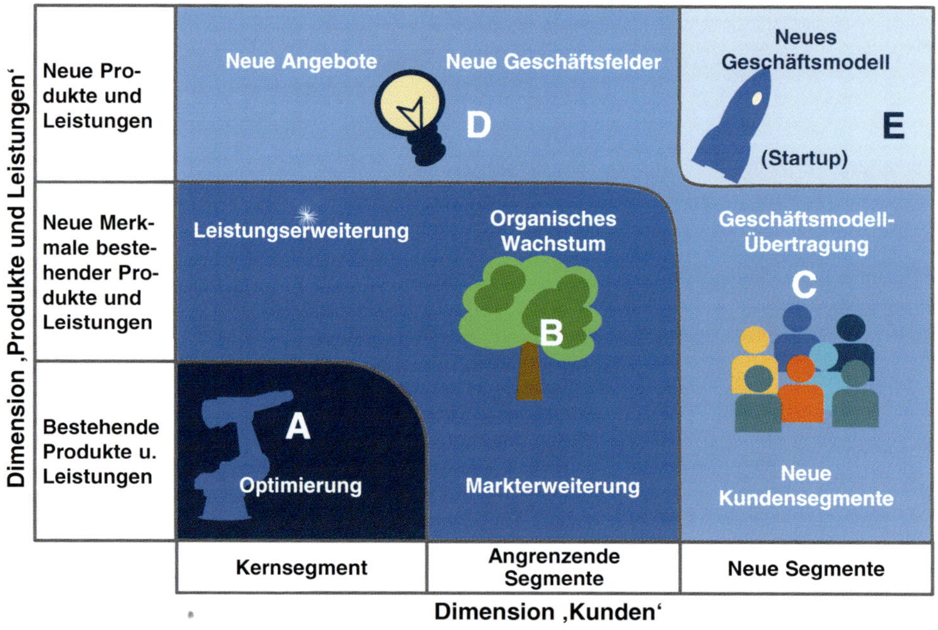

Abb. 11.4 Entwicklungsräume für Digitalisierungsstrategien. (Quelle: Uwe Weinreich, CoObeya.net. Verwendung lizensiert unter Creative Commons BY-SA v 3.0)

Der Weg etablierter Unternehmen lässt sich in fünf Entwicklungsräumen beschreiben, die jeweils unterschiedliche Voraussetzungen, Vorteile und Risiken haben.

Raum A: Effizienzgewinn und höherer Produktreife durch digitale Optimierung
Raum A, beschreibt den Zustand, in dem bestehende Produkte weiterhin an bestehende Kunden vertrieben werden und Digitalisierung dazu dient, Fertigung zu automatisieren. In diesem Feld ist es möglich, ein großes Potenzial an Effizienz zu aktivieren und insbesondere die Qualität von Produkten zu optimieren. Bestehende Geschäftsmodelle werden durch CRM-Aktivitäten, digitale Service-Angebote, effizienz- und qualitätssteigernde Maßnahmen in der Produktion selbst digital optimiert. Etablierte Unternehmen fühlen sich in Raum A zu Hause und sicher – nicht selten zu sicher. Dringen unerwartete Wettbewerber mit disruptiven Lösungen erfolgreich in das Kerngeschäft ein, ist der Schock groß und das Unternehmen wenig vorbereitet. Über Jahrzehnte hatte die Musikindustrie Hörerlebnisse intensiviert, Vertriebswege optimiert und neue verlustärmere Tonträger entwickelt. Dass der Markt durch zunächst illegale, dann legale Downloads und später Streaming-Dienste komplett umgewälzt wird, damit hatte kein Manager der Musikkonzerne gerechnet.

Vorteile von Raum-A-Strategien:
Unternehmen, die ihre Digitalisierungsstrategie zunächst in Raum A halten, realisieren damit den Vorteil, dass das unternehmensinterne Know-how umfänglich genutzt wird. Digitalisierungsprojekte in diesem Raum verändern nicht die Beziehungen zu Kunden und können gut gesteuert werden. Sie sind oftmals sicherer als andere. Wenn die zugrunde liegende Gesamtstrategie des Unternehmens stimmig ist und Erweiterungen der Kundensegmente und des Leistungsportfolios in der aktuellen Version nicht zielführend sind, ist eine Raum-A-Strategie eine fokussierte und ressourcenschonende Vorgehensweise, die den Markenkern des Unternehmens stärkt, Qualität steigert und Effizienz erhöht.

Risiken von Raum-A-Strategien:
Digitalisierungsprojekte in Raum A können umfangreich sein. Gerade dann, wenn komplexe Fertigungseinheiten und Logistik digitalisiert werden, entsteht eine Komplexität, die herausfordernd ist und bei einem Scheitern die Kernprozesse des Unternehmens gefährdet.

Häufig greifen Raum-A-Projekte zu kurz. Es sollte stets geprüft werden, ob mit gleichem oder minimal höherem Aufwand nicht zusätzliche Werte durch neue Leistungsaspekte oder durch Ansprache angrenzender Kundensegmente geschaffen werden (Raum-B-Strategie). Darüber hinaus sollte stets der Markt daraufhin sondiert werden, ob neue oder unerwartete Wettbewerber auftauchen.

Erfolgsfaktoren in Raum A:
Alle Raum-A-Digitalisierungsprojekte betreffen Kernprozesse und Kernkompetenzen. Die Handlungsfähigkeit des Unternehmens ist direkt betroffen. Während in anderen Strategien durchaus durch Kooperationen oder Dienstleister digitale Teilleistungen dauerhaft beigestellt werden können, sollte bei Raum-A-Projekten sorgfältig geprüft werden, ob Marktstellung und Know-how durch Outsourcing zu sehr nach außen verlagert würden. In der Regel werden Raum-A-Projekte verlangen, dass früher oder später die für den Betrieb notwendigen digitalen Kompetenzen im Unternehmen selbst verankert werden. Darüber hinaus sollten präzise Kenntnis und Beschreibung der betroffenen Prozesse vorliegen. Nur auf der Basis ist abschätzbar, ob ein Digitalisierungsprojekt die Organisation u. U. überfordert. Damit das nicht geschieht, ist ein schrittweises, auf Lernen ausgerichtetes Vorgehen empfehlenswert.

Raum B: Neue Angebote und Kundensegmente testen
Fast zwangsläufig eröffnet die Digitalisierung von Fertigung, Logistik, Service und Marktschnittstellen neue Möglichkeiten. Mancher zusätzliche Nutzwert zeigt sich erst in der Erprobung. So kann eine Flexibilisierung der Produktion dazu führen, dass Massengüter auf eine Art und Weise individuell konfektionierbar werden, wie es sonst nur mit erheblichem Mehraufwand und nicht mehr marktfähigen Kosten möglich war. Darin steckt ein Grundgedanke von Industrie 4.0. Inwieweit er umsetzbar ist, hängt von den jeweiligen Prozessen ab, beispielsweise, ob Individualisierung rein digital gesteuert wird, wie z. B. bei 3-D-Druck, oder doch noch nennenswerte Rüstzeiten erfordert, wie bei CNC-Zerspanungsmaschinen.

Es ist leichter, Erfahrungen mit Digitalisierung zu sammeln, wenn nicht die Kernprozesse angefasst, sondern ergänzende Produktmerkmale und Services in Angriff genommen werden. In vielen Industrieunternehmen ist das bereits geschehen. So ist es Standard, z. B. technische Datenblätter digital bereit zu stellen und Kunden über Customer-Self-Service-Plattformen zu unterstützen. Die meisten Unternehmen besitzen Erfahrungen damit, ergänzende Leistungen zu digitalisieren und über digitale Kanäle erweiterte Kundensegmente anzusprechen. Dennoch führen neue technische Möglichkeiten dazu, dass Angebote signifikant ausgebaut werden können. Beispielsweise sind Sensoren mittlerweile in hoher Qualität und zu Preisen verfügbar, die den Preis einer Maschine kaum erhöhen.

Digitalisierung kann ein Weg sein, um im Sinne einer Markterweiterung neue Kundengruppen anzusprechen, die den Kernkundengruppen des Unternehmens ähnlich sind. So lassen sich durch automatisierte Kaufprozesse mit Online-Konfigurator Kundengruppen gewinnen, die an niedrigpreisigen Angeboten interessiert sind und für die sich der frühere, umfangreiche Vertriebs- und Beratungsprozess nicht gelohnt hat.

In den meisten Fällen werden beide Entwicklungen Hand in Hand gehen. Neue Produkt- und Leistungsmerkmale durch Digitalisierung führen dazu, dass neue Kundengruppen angesprochen werden können, die bisher nicht oder nur in Ausnahmefällen zur Kundschaft des Unternehmens gehörten. Gelingt die Entwicklung, ist organisches Wachstum die Folge.

Vorteile von Raum-B-Strategien:
Raum B-Strategien sind praktisch in allen Industrien ohne große Probleme möglich. Kernprozesse sind meist nur marginal betroffen, sodass wenige Risiken entstehen und ausreichend Freiheit für Experimente besteht. Raum-B-Strategien sind nicht kostenlos, aber Investitionen können in einem überschaubaren Rahmen gehalten werden. Die meisten Unternehmen besitzen Erfahrungen mit Raum-B-Projekten, sodass durch die gewonnenen Kompetenzen eine gewisse Sicherheit gegeben ist.

Risiken von Raum-B-Strategien:
Die Risiken von Raum-B-Projekten sind gering, solange nicht ballistisch, sondern iterativ vorgegangen wird. Leider gibt es einen gewissen Automatismus, der bewirkt, dass ballistische Pläne entstehen. Der Vorstand macht Renditevorgaben für Projekte, die kurzfristig mit Digitalisierung nicht zu erreichen sind. Das Controlling möchte einen dezidierten Projekt- und Ressourcenplan über zwei Jahre und der Bereichsleiter kann sich mit Vielem anfreunden, aber nicht damit, dass experimentiert werden soll. In einer solchen Situation sind Projektverantwortliche dazu gedrängt, auf eine Art und Weise zu planen, die sie unnötig einschränkt und in vielen Fällen nur zu minder guten Ergebnissen führt. Die Folge: Projektbudgets werden groß gerechnet, Varianten ausgeschlossen und es geht nur noch um den Nachweis der Erreichung von Projektmeilensteinen. Dort, wo Innovation erprobt wird, ist das Vorgehen ein Garant dafür, nicht das zu erreichen, was erreicht werden könnte. Gerade, weil Raum-B Strategien relativ risikolos sind, sollte ihnen viel Freiraum zum Experimentieren gelassen werden.

Das größte Risiko, gerade bei ballistischem Vorgehen, besteht darin, an den Kunden vorbei zu entwickeln und keine Lösung zu produzieren, die einen Mehrwert schafft, weder für Kunden noch für das Unternehmen. Von Anfang an eine kundenorientierte Perspektive einzunehmen und auf validiertes Lernen zu setzen, schützt vor dem Risiko. Kunden sollten von Entwicklungsschritt zu Entwicklungsschritt direkt eingebunden werden, sodass ihr Feedback zeitnah zu Korrekturen führt.

Erfolgsfaktoren in Raum B:
Raum-B-Projekte leben von einer gewissen Ergebnisoffenheit. Durch das Beschäftigen mit neuen digitalen Möglichkeiten entstehen regelhaft Entwicklungsperspektiven, die vorher nicht absehbar waren. Insofern ist es sinnvoll, für ein Raum-B-Projekt, im Prozess der Umsetzung eine Refokussierung zuzulassen und die Prüfung im Prozessverlauf zu verankern.

Die beiden wesentlichen Erfolgsfaktoren sind Kundenorientierung und Lernen aus Experimenten (Abschn. 3.1). Beide hängen eng zusammen, denn das Experimentieren bezieht die Kunden mit ein.

Raum C: Der Sprung in bisher unbekannte Kundensegmente

In seltenen Fällen gelingt es, mit unveränderten Produkten ganz neue Kundensegmente anzusprechen, die bisher nicht im Fokus des Unternehmens standen. Voraussetzung dafür ist, dass das betreffende Produkt einen Nutzwert in sich trägt, der bisher nicht erkannt und vermarktet wurde. Auch wenn es nicht häufig vorkommt, so liegen trotzdem enorme Potenziale darin verborgen. Die ersten Mobiltelefone waren teure, schwere Geräte für Geschäftsleute aus den Top-Etagen. Die Geräte wurden kleiner, telefonieren blieb aber teuer. Mit Nutzung des SMS-Kanals, der ursprünglich zu Wartungszwecken erfunden wurde, erhielten auf einmal ganz neue Kundengruppen Zugang zu bezahlbarer mobiler Kommunikation, für die sie vorher unerreichbar war. Ein Milliardenmarkt war geboren.

Vorteile von Raum-C-Strategien:
Kaum eine andere Strategie bietet so verlockende Möglichkeiten zu skalieren, wie die Erschließung komplett neuer Kundensegmente. Gelingt es, bereits etablierte Leistungen oder Produkte in ausreichend großem Maße in einem neuen Markt zu verkaufen, wirkt sich das unmittelbar auf die Rentabilität aus, insbesondere bei rein digitalen Angeboten, deren Grenzkosten gegen Null gehen. Der Aufwand ist mit Blick auf Produktentwicklung bzw. -anpassung gering, stellt aber Anforderungen an das Marketing.

Risiken von Raum-C-Strategien:
Kundenbedürfnisse und Chancen auf einen Markterfolg können bei komplett neuen Kundensegmenten noch schwerer abgeschätzt werden als bei Raum-B-Projekten. Tiefes Verstehen der Kunden und Experimente bleiben unverzichtbar.

Der Eintritt in einen komplett neuen Markt ist risikoreich. Die Reaktionen von Wettbewerbern, Kommunikationskanäle, Vertriebswege, Usancen im Umgang mit Kunden und anderes mehr können deutlich vom bisher Gewohnten abweichen und Anpassungen in der Organisation erfordern. So erforderte die Popularisierung der Mobiltelefonie nicht nur eine Erweiterung des Vertriebs von VIP-Businesskunden auf niederschwellige Filialnetze, sondern einen zügigen Ausbau des Sendemastennetzes, der erhebliche Kosten verursachte.

Nicht zuletzt ist der Eintritt in einen neuen Markt eine Frage der Markenführung. Trägt die bestehende Marke im neuen Segment? Wird sie gegebenenfalls verwässert und für Bestandskunden weniger glaubwürdig? Die Fragen müssen diskutiert werden. Im Zweifelsfall kann eine Zweitmarke, ggf. ein neues Unternehmen oder Joint Venture gegründet werden.

Erfolgsfaktoren in Raum C:
Marktkenntnis, tiefes Verstehen der Kunden (Customer Insights) und Tests sind essenziell. Wer komplett neue Märkte erobern will, ist gut beraten, jemanden einzustellen, der den Markt genau kennt. Wenn das nicht möglich ist, kann ggf. eine spezialisierte Beratung helfen. Darüber hinaus wird niemand darum herum kommen, den Lebens- und Erlebnisraum der neuen Kunden gründlich zu erkunden. Interviews und teilnehmende Beobachtung sind geeignete Verfahren. Und natürlich sollten neue Kunden so früh wie möglich mit Prototypen des Angebots konfrontiert und Feedback eingeholt werden.

Raum D: Das Kerngeschäft bewahren und mit Neuem begeistern
Etablierte Unternehmen kennen ihre Märkte und Kunden gut und pflegen sehr enge und vertrauensvolle Beziehungen. Das gilt insbesondere für B2B-Unternehmen. Aufgrund der engen Bindung und mit einem überschaubaren Aufwand an zusätzlicher Kundenforschung gelingt es, Probleme der Kunden zu identifizieren, für die es bisher keine Lösung gibt, und Produkte und Leistungen zu entwickeln, die genau diese Lücke füllen. Derartige neue Lösungen auf digitale Art und Weise zu entwickeln ist, ist ein logischer nächster Schritt.

Vorteile von Raum-D-Strategien:
Der größte Vorteil einer Raum-D-Strategie ist, dass die dazugehörenden Projekte ‚Heimspiele' sind. Selbst, wenn die Lösungen zu Anfang etwas holprig sein mögen, so werden doch mit ausgewählten und wohlmeinenden Kunden wertvolle Erfahrungen gesammelt, an die Marktneulinge nur schwer herankommen. Das ist ein ideales Umfeld für minimal verkaufbare Produkte (Abschn. 3.1). Die Marktstellung des Unternehmens stützt die digitale Strategie und schützt – zumindest eine Zeit lang – vor allzu schnellem Eindringen branchenfremder Konkurrenz.

Risiken von Raum-D-Strategien:
Es kommt vor, dass Lösungen weit hinter den Erwartungen zurück bleiben. Hilfreich ist iteratives Vorgehen, bei dem Kunden eng in die Entwicklung mit eingebunden werden. Tests können zunächst mit wohlwollenden Kunden vorgenommen werden.

Erfolgsfaktoren in Raum D:
Das A und O ist es, die Kunden und ihre bisher ungelösten Probleme bestens zu kennen. Es lohnt sich, zu Beginn eines Raum-D-Projektes eine Phase intensiver Auseinandersetzung mit den Bedürfnissen, Anforderungen und dem Erleben der Kunden einzuplanen. Je tiefer Kunden verstanden werden, desto besser und überzeugender wird die Lösung.

Agiles Vorgehen sorgt durch Experimente für schnelles Feedback. Tests und Prototypen sollten offen als solche kommuniziert werden, um falsche Erwartungen zu reduzieren. Vielleicht gelingt eine Kooperation mit einem Kunden, der ganz besonders unter dem bisher nicht gelösten Problem leidet. Er wird nicht nur der beste Feedbackgeber sein, sondern zumindest Teile der Entwicklung werden sofort bezahlt.

Raum E: Start-up ohne Netz und doppelten Boden
Der Eintritt in einen komplett neuen Markt mit völlig neuen Produkten ist der größte Sprung, den ein Unternehmen machen kann. Anforderungen, Aufwand und Risiko sind wesentlich höher als in anderen Strategien. Dennoch kann es sich lohnen, wenn ein Unternehmen das richtige Produkt hat. Ein Musterbeispiel dafür war bis zu dessen Niedergang Nokia, das über mehrere Sprünge von der Papiermühle zum Gummistiefel- und Reifenproduzenten, zum Fertiger von Elektronikkomponenten und dann zum Weltmarktführer für Mobiltelefone und deren Betriebssystem wurde. Vielleicht wär der Niedergang vermeidbar gewesen, wenn Nokia rechtzeitig zum nächsten großen Sprung angesetzt hätte.

Vorteile von Raum E-Strategien:
Die wenigsten Unternehmen, die auf ein auskömmliches Geschäft blicken können, werden den Sprung zur kompletten Transformation wagen wollen. Ist der bisherige Markt jedoch substanziell gefährdet, öffnet ein Strategiewechsel die Chance für einen Neuanfang.

In den meisten Fällen werden Raum-E-Strategien am Rande gefahren. Es werden Arbeitsgruppen, Innovationslabore oder Corporate Start-ups gegründet (Kap. 9). Der Zukauf von jungen, spannenden Unternehmen kann ebenfalls eine Tür in Raum E sein. Der Vorteil der neben dem Kerngeschäft laufenden Programme liegt darin, an aktuellen Entwicklungen aktiv teilhaben und daraus lernen zu können. Längst nicht alle Versuche sind erfolgreich, aber diejenigen, die es im Endeffekt sind, sichern das Überleben des Unternehmens über Jahre.

Risiken von Raum E-Strategien:
Wer Raum-E-Strategien fahren will, braucht eine gut ausgestattete Kriegskasse. Von allen vorgestellten Vorgehensweisen ist sie die teuerste. Darin liegt aber nicht die größte Gefahr. Viel verheerender ist es, die Anforderung an die Systematik des Vorgehens zu verkennen. Wenn Raum-E-Strategien nur halbherzig verfolgt werden, scheitern sie. Geben Manager einer Arbeitsgruppe zu wenig Geld, besetzen sie das Team nicht mit den kompetentesten Leuten, sondern mit denjenigen, die gerade etwas Zeit haben, und unterwerfen sie das Projekt den bürokratischen Prozessen, Reporting-Pflichten und Ertragserwartungen des Gesamtkonzerns, können sie sicher sein, dass sie nicht nur eine Menge Geld verbrennen, sondern auch frustrierte Mitarbeiterinnen und Mitarbeiter produzieren.

Erfolgsfaktoren in Raum E:
Wie aus den Risiken bereits deutlich wird, ist es essenziell, das Team richtig zu besetzen, das Umfeld für das Team so zu gestalten, dass die Leute arbeiten können, und das Budget angemessen zu planen (Abschn. 9.1). Außerdem hilft validiertes Lernen, das Risiko zu minimieren.

Auch Raum-E-Projekte brauchen ein Controlling. Die Herausforderung besteht darin, aussagekräftige Indikatoren für die Entwicklung des Projektes zu finden. Darüber hinaus sollte klar sein, wann ein Projekt beendet werden sollte. Für Start-ups ist es ganz selbstverständlich: Wenn die entwickelten Lösungen nicht innerhalb akzeptabler Zeit überzeugen, gibt es keine Weiterfinanzierung und das Start-up scheitert. Raum-E-Projekte etablierter Unternehmen – gerade in Konzernen – laufen im Gegensatz dazu manchmal Gefahr, zu lange durchgeschleppt zu werden. Im Vergleich zur Konzernbilanz sind die Kosten marginal und irgendein Vorstand hat vielleicht sein Herz daran gehängt. Hilfreich ist es daher, bereits zu Anfang Prüfpunkte für das Projekt festzulegen, die im Versagensfall einen schnellen und billigen Ausstieg ermöglichen (Abschn. 2.5).

11.5 Das Wertschöpfungs-Ökosystem managen

Der Erfolg von Unternehmen ist in hohem Maße davon abhängig, wie sehr es gelingt, sich strategisch innerhalb eines Wertschöpfung-Ökosystems zu positionieren. Ein Wertschöpfungs-Ökosystem leistet mehr als reine Kunden-Lieferanten-Beziehungen, ist im Management aber auch wesentlich anspruchsvoller. Das Partnermanagement wird zu einer strategischen Aufgabe. Neben einem Kooperationsmodell (Abschn. 10.2), das einen allgemeinen Rahmen herstellt, werden für einzelne Beziehungen innerhalb des Ökosystems komplexe Vereinbarungen und Verhandlungen notwendig werden.

In der Praxis werden Unternehmen manchmal in mehreren Ökosystemen gleichzeitig aktiv sein. Das zu managen ist nicht trivial. Für jedes Ökosystem, an dem ein Unternehmen beteiligt ist, wird die strategisch zentrale Frage sein, welche Rolle es spielen möchte. Die Frage sollte beantwortet werden, denn sonst wird das Unternehmen implizit eine Rolle zugewiesen bekommen und es wird wahrscheinlich nicht die sein, die es gerne innehaben möchte.

Mögliche Rollen im Wertschöpfungs-Ökosystem

- **Integrator:**
  Unternehmen, die die volle Wertschöpfungskette selbst abbilden und so Transaktionskosten minimieren. Vertikal voll integrierte Unternehmen sind in der digitalen Wirtschaft praktisch nicht existent.
- **Spezialisierter Leistungserbringer/Schichtenspezialist:**
  Trägt in einem definierten Teil zur Gesamtwertschöpfung bei, bietet bestimmte Services oder Produkte (Beispiele: Einzelhändler, Outsourcing-Dienstleister, Prozessspezialist, Micro-Business)
- **Orchestrator:**
  Koordiniert/dirigiert Wertschöpfungsnetzwerke, häufig in Kombination mit ‚Vermarkter', oft gleichgesetzt mit ‚virtuellem Unternehmen'
- **Aggregator:**
  Sammelt, vergleicht, bewertet und aggregiert Content und Service, sodass aus der Rekombination ein Mehrwert entsteht (Beispiele: Moovel, Google, Preisvergleiche)
- **Vermarkter:**
  Bringt Anbieter und Kunden zusammen, besitzt die ‚Kundenhoheit' (Beispiele: Ebay, Amazon Marketplace, Google)
- **Infrastrukturdienstleister:**
  Stellt überwiegend technische Lösungen für andere Geschäftsmodelle zur Verfügung (Beispiele: Plattform-Provider, Anbieter von Cloud-Services)
- **Trust Center:**
  Steht als neutraler Dritter zwischen Kunden und Anbietern um beiden Seiten eine faire Abwicklung der Transaktion zu ermöglichen und Vertrauen zu fördern (Beispiele: PayPal, Zertifikatsdienstleister, Notar)

Eine besondere Herausforderung in Kollaborationen: Geistiges Eigentum
Kollaboration führt unweigerlich dazu, das Wissen geteilt wird. Nun steckt bei vielen Unternehmen erheblicher Wert im geistigen Kapital (Intellectual Property – IP). Nicht alles davon kann über Patente geschützt werden. Wird geistiges Eigentum in Kollaborationen eingebracht, ergeben sich schwierige juristische Fragestellungen. Die Klärungen erfordern Gespräche, Vereinbarungen usw. Alles Dinge, die Zeit kosten. Zeit, die manchmal nicht vorhanden ist. Es gibt Kooperationsvereinbarungen zwischen großen Unternehmen, bei denen allein das Zusammentragen der Unterlagen über schützenswertes geistiges Eigentum schon mehr als ein halbes Jahr gedauert hat. Für digitale Geschäftsmodelle ist das eine Ewigkeit. Ein Grund, warum selbst große Unternehmen mittlerweile nach anderen Lösungen suchen. Selbst der Verzicht auf Schutz ist eine Option. Durch Zeitverzug wird wirtschaftlich manchmal mehr riskiert, als wenn Intellectual Property gestohlen wird.

Vertrauen ist eine gute Basis, um Ökosysteme schneller produktiv zu machen. Zu einem gewissen Grade basiert jede Zusammenarbeit auf Vertrauen. Je größer das Vertrauen der Netzwerkpartner untereinander ist, mit desto weniger Vorbehalten kann kollaboriert werden. Je länger und intensiver kollaboriert wird, desto verlässlicher wird die Vertrauensbasis. Das ist einer der Gründe, warum Wertschöpfungs-Ökosysteme – wenn sie sich einmal etabliert haben – über die Zeit relativ stabil sind. Partner fluktuieren längst nicht so sehr wie bei reinen Kunden-Lieferanten-Beziehungen.

Vertrauen entsteht nicht dadurch, dass durch Verträge mit tausenden Seiten alle Eventualitäten behandelt und Risiken ausgeschlossen werden. Abgesehen davon, dass solche Vertragswerke auch wieder Monate Vorarbeit brauchen, entsteht trotzdem kein Vertrauen, höchstens ein höherer Grad an Sicherheit. Vertrauen entwickelt sich im nicht geregelten Raum der Zusammenarbeit. Die Vorstellung vertrauensbasierter Zusammenarbeit ist für viele Manager und insbesondere Juristinnen und Juristen nur schwer aushaltbar. Das Unsicherheitsgefühl wird erhöht. Dennoch bleibt es in vielen Fällen der einzige Weg, schnell zu einer produktiven Kollaboration zu kommen.

Eine Zwischenstufe können Absichtserklärungen darstellen, wie sie bei Firmenfusionen und -käufen genutzt werden, z. B. als Letter of Intent (LOI) oder Memorandum of Understanding (MoU). Sie sind meistens schneller zu erstellen und liefern bereits eine Basis für Kooperation, die im Konfliktfall auch rechtliche Bedeutung erlangen kann.

Das Management stabiler und vertrauenswürdiger Partnerbeziehungen gehört in komplexen Wertschöpfungs-Ökosystemen zu den Schlüsselaktivitäten von Unternehmen.

11.6 Gewinnen im Wettbewerb

Jeder Business-School-Student lernt als erstes, dass das Wichtigste eines Geschäftsmodells das Alleinstellungsmerkmal (Unique Selling Proposition, USP) gegenüber dem Wettbewerb ist. In der digitalen Wirtschaft gilt das in verschärftem Maße. Grenzen, die früher Schutz boten, seien es Landes-, Branchen-, Sprach- oder regulatorische Grenzen existieren nur noch rudimentär. Das nächste Angebot ist immer nur einen Klick entfernt. Daher ist es wichtig, einen Platz zu besetzen, den bisher niemand eingenommen hat.

Das ist schwierig. Jeder, der irgendwann einmal eine wirklich tolle Geschäftsidee digital umgesetzt hat und erfolgreich war, wird erlebt haben, dass binnen Kurzem Wettbewerber auftauchen, die mit dreisten Kopien oder Abwandlungen des Geschäftsmodells Kasse machen. Zumindest in Europa lassen sich Geschäftsmodelle nicht rechtlich schützen. Wie kann überhaupt über einen Zeitraum hinweg Geschäft gemacht werden, der lang genug ist, um mit dem Modell das Geld wieder hereinzuholen, das die Entwicklung gekostet hat, plus etwas oben drauf, um daran zu verdienen? Einfach ist es nicht.

Den Wettbewerb beobachten

In Schulungen und Workshops zur Entwicklung digitaler Geschäftsmodelle entsteht in schöner Regelmäßigkeit immer wieder dieselbe Situation. Die Teilnehmerinnen und Teilnehmer sind mit Begeisterung dabei. Die Ideen sprühen. Ein Geschäftsmodell formt sich. Wir betrachten es kritisch, gehen die einzelnen Punkte durch. Ein paar Hinweise reichen und die Teilnehmer optimieren das Modell, machen es wasserdicht und finden einen Motor, der kontinuierlich erfreuliche Erträge erwirtschaftet. Und dann wirft jemand ein: Das gibt es schon. Einige laufen sofort zu ihren Notebooks, um die entsprechenden Seiten aufzurufen. Obwohl es nur eine Übung war, ist die Enttäuschung oftmals groß. ‚Aber, das war doch eine so tolle Idee'. Das ist richtig. Die Tatsache, dass jemand anderes sie bereits umgesetzt hat, ist eine Bestätigung.

Was in Trainingsworkshops passiert, kommt auch in der realen Entwicklung von Geschäftsmodellen vor. Es ist besser, wenn das in einer frühen Phase und nicht erst nach einem langen aufreibenden Prozess geschieht. Markt- und Wettbewerbsbeobachtung gehören von Anfang an zur Entwicklung von Geschäftsmodellen dazu. Nicht nur Wettbewerber aus der Branche sollten betrachtet werden, sondern auch branchenfremde, die mit neuen und unkonventionellen Ideen dieselben Probleme lösen wie die etablierten Unternehmen.

Eine hervorragende Methode, sich über das Wettbewerbspotenzial anderer Anbieter klar zu werden, besteht darin, für deren Modell ein Business Model Canvas (Kap. 10) anzulegen. Wer darin erfahren ist, erkennt in kurzer Zeit die Stärken, Schwächen und Entwicklungspotenziale. Der Vergleich mit dem eigenen Modell wird möglich, es können Konsequenzen gezogen und die eigene Lösung verbessert werden.

Rechte sichern

Gibt es Details des Geschäftsmodells, die sich patentrechtlich schützen lassen? Dann sollte dafür Schutz beantragt werden.

Ein einmaliges Wertschöpfungs-Ökosystem schaffen

Das Wertschöpfungs-Ökosystem bietet Möglichkeiten, das eigene Modell einmalig zu halten. Ein einzelnes Angebot zu kopieren ist leicht. Ein ganzes Wertschöpfungs-Ökosystem zu kopieren, in dem die Prozesse wie Teile eines Uhrwerks schnurren, ist praktisch unmöglich. Je perfekter und effizienter das Zusammenspiel klappt, desto schwerer, aufwendiger, teurer und uninteressanter wird es für Wettbewerber, das zu kopieren.

Prozesse und Kultur entwickeln
Manchmal muss es gar nicht das gesamte Ökosystem sein, das schützt. Schon viele Nachahmer haben sich die Zähne daran ausgebissen ein erfolgreiches Geschäftsmodell zu kopieren. Wenn es nicht möglich ist, die Prozesse mindestens genauso effizient und zuverlässig zu gestalten und genauso engagierte und ideenreiche Mitarbeiter zu haben, gelingt die Kopie nicht, wird zu teuer oder überzeugt in der Leistung nicht. Ein Produkt lässt sich kopieren, ein Prozess lässt sich vielleicht angleichen. Unternehmenskultur, Know-how der Mitarbeiter und Motivation sind im Gegensatz dazu nicht kopierbar.

Schnell sein im Aufbau von Communities
Geschäftsmodelle, die auf Netzwerkeffekte setzen, bauen ganz natürlich eine Markteintrittshürde für Nachahmer auf, wenn es gelingt, schnell eine große Community aufzubauen. Der Wert des Angebots steigt mit der Zahl der in der Community vertretenen Mitglieder. Es entsteht ein selbstverstärkender Effekt. Wer vor dem Aufbau einer Community steht, tut gut daran, nicht nur auf virale Effekte zu setzen, sondern gerade in der Initialphase mit signifikanten Budgets für konventionelles Werben in den raschen Aufbau der Mitgliederschaft zu investieren.

Marke aufbauen
Menschen kaufen nicht nur Produkte oder nutzen Services, Menschen lieben starke, sympathische Marken. Warum? Solche Marken erleichtern Entscheidungsprozesse erheblich, lösen angenehme Emotionen aus und färben im besten Falle positiv auf das eigene Image ab. Gibt es zwei vergleichbare Angebote, wird das Unternehmen mit der stärkeren Marke mehr Kunden finden und die sind auch noch bereit, mehr zu zahlen. In Markenaufbau investieren lohnt sich.

Kontinuierlich herausragende Wertangebote schaffen
Selbst Marktführer mit Netzwerkeffekten bekommen Probleme, wenn ein Wettbewerber auftaucht, dessen Angebot in den Augen der Kunden exorbitant besser ist. Eine der wichtigsten Strategien, um die eigene Wettbewerbsposition zu halten, bleibt die kontinuierliche Weiterentwicklung des Angebots mithilfe validierter Lernzyklen (Kap. 3). Dabei sollte ruhig versucht werden, das eigene Geschäftsmodell zu disrumpieren oder zu kannibalisieren. Wer das nicht selbst in die Hand nimmt, wird erleben, dass es früher oder später ein Wettbewerber tut. Das wird schmerzhaft.

Das nächste überzeugende Geschäftsmodell in der Tasche haben

> **Geschäftsmodelle laufen ab wie Joghurt im Kühlschrank (Alexander Osterwalder).**

Es ist einfach so. Auch das beste Geschäftsmodell wird irgendwann von einem besseren abgelöst werden. Unternehmen, die innovationsstark sind, sorgen vor, indem sie sich ein ganzes Portfolio von Geschäftsmodellen zulegen, die sukzessive auf den Markt gebracht werden. Das Vorgehen ist nicht neu, nur die Geschwindigkeit ist gestiegen. Toyota hat als Webstuhlhersteller angefangen, Nokia hat mal Gummistiefel produziert und Wrigley's begann mit dem Verkauf von Seife statt Kaugummi. Alle Unternehmen haben irgendwann erkannt, dass ein anderes Geschäftsmodell mehr verspricht.

11.7 Die Strategie überprüfen und korrigieren

Agiles Vorgehen und das Experimentieren mit Lösungen sind auch für strategisches Handeln selbst geeignet. Im engen Wechselspiel zwischen Entwicklung des digitalen Angebots und der Strategie sollten Ergebnisse aus Experimenten in die Weiterentwicklung einfließen.

Bereits am Anfang, wenn neue digitale Geschäftsmodelle entwickelt werden, werden Zeitpunkte festgelegt, an denen die Strategie einer kritischen Revision unterzogen wird. Langfristig geplante Termine wirken anders als anlassbezogene. Sie werden als reguläre und unbelastete Momente für eine tief gehende Reflexion des eigenen Handelns erlebt. Anlassbezogene Termine werden dagegen meistens anberaumt, wenn etwas aus dem Ruder gelaufen ist. Dann ist die Gesprächssituation bereits vor dem Meeting belastet und die Ergebnisse werden signifikant andere sein als in geplanten Besprechungen.

Strategie-Meetings sollten mindestens die folgenden Elemente umfassen:

- **Kurze Darstellung des Zielbildes**
  Als Einstieg und um den Stand der Entwicklung einordnen zu können, ist es sinnvoll, sich noch einmal das Zielbild vor Augen zu führen.
- **Qualitative Beschreibung des Standes und Kennzahlen**
  Die Entwicklungen sollen angemessen bewertet werden. Fakten wiegen schwerer als Meinungen und geben sicherere Hinweise auf möglichen Erfolg oder Misserfolg als Vermutungen. Gemessene Werte in sinnvollen Metriken schlagen visionäre Entwürfe. Es ist Aufgabe des Teams, das die digitale Innovation vorantreibt, dafür zu sorgen, dass die Informationen in gut aufbereiteter und visualisierter Form vorliegen. Sinnvollerweise werden vom Controlling die relevanten Maßzahlen beigesteuert, sodass die Darstellung eine verlässliche Faktenbasis bekommt.
- **Erkenntnisse aus Lernzyklen**
  Experimente werden wertvolle Erkenntnisse zutage gefördert haben, die für die Strategie wichtig sind. Sie können komprimiert dargestellt werden. Eine fruchtbare Quelle sind die Protokolle im Experiment Board (Abb. 3.1).
- **Weiterentwicklungen des Geschäftsmodells**
  Das Team sollte anhand des Business Model Canvas darstellen können, welche Anpassungen und Weiterentwicklungen aufgrund welcher Erkenntnisse vorgenommen werden. In Form einer Story kann das überzeugend erzählt werden.

- **Entwicklungsoptionen und Vorschlag**
  Das Team sollte für die Diskussion seine Ideen für Strategieänderungen als nebeneinander zur Diskussion gestellte Entwicklungsoptionen aufbereiten und einen Vorschlag für die Entscheidung unterbreiten.

Im angenehmsten Falle führt ein strategisches Review zu Begeisterung bei allen Beteiligten und zu einer schnellen Entscheidung. Das ist nicht immer so. Bei digitalen Innovationen ist es nicht selten, dass Ansätze den Test im Markt nicht bestehen. Scheitern ist keine Schande. Verfehlt wäre es jedoch, aus ideologischen Gründen oder weil der Projektplan nun mal so aufgesetzt war, am Bestehenden festzuhalten, selbst wenn alle Erfahrungen und Daten dagegen sprechen. Wenn sie eindeutig sind, ist es der bessere Weg ein Projekt zu beenden oder radikal in seiner Ausrichtung zu verändern. Wenn das geschieht, muss geprüft werden, ob die dahinterstehende Strategie bestehen bleiben kann oder einer radikalen Änderung unterworfen werden muss.

Der Richtungswechsel
Es ist nicht schön, aber es passiert: Die ursprüngliche Idee stellt sich als nicht durchführbar heraus, Kunden reagieren ablehnend oder ein Wettbewerber veröffentlicht eine Lösung, die den Markt so sehr verändert, dass die Prämissen des eigenen Projektes über den Haufen geworfen werden. In solchen Situationen gibt es zwei verführerische Chancen, Verschwendung in großem Maße zu produzieren: Starres Festhalten an den ursprünglichen Planungen (das gelingt am leichtesten mit der Wasserfall-Logik) oder kompletter Abbruch des Projektes. Letzteres kann wirklich eine sinnvolle Lösung sein. Sie sollte aber erst nach gründlicher Abwägung und nach Experimentieren mit Alternativen erwogen und dann als Lernprozess für das Unternehmen gestaltet werden. Immerhin sind wahrscheinlich im Verlauf des bisherigen Entwicklungsprozesses wertvolle Erfahrungen gesammelt worden, deren Verlust schade wäre.

Eine angemessene agile Reaktion wäre ein Richtungswechsel. Für Start-up-Unternehmen, die mit agilen Managementmethoden arbeiten, ist es normal, erwartungsgemäß und einkalkuliert dass ein Richtungswechsel aufgrund belastbarer Erfahrungen früher oder später eintreten kann und in den meisten Fällen eintreten wird. Die Neuorientierung und Neuausrichtung der Strategie wird auch als Pivot bezeichnet. Fast alle Start-ups – und ebenso Innovationsprojekte in etablierten Unternehmen – kommen irgendwann an den Punkt, an dem das Geschäftsmodell grundsätzlich überprüft werden muss. Ein Richtungswechsel ist oftmals nicht nur unvermeidlich, sondern eröffnet neue Perspektiven. So ist es z. B. einem Unternehmen gelungen, das kurz davor war, mit Überwachungssystemen für Windparks zu scheitern, durch einen klugen Richtungswechsel das Wissen, das im Unternehmen vorhanden ist, neu zu verwerten und zu einem der weltweit führenden Unternehmen in der Bewertung und Planung von Windkraftprojekten zu werden. Die Entwicklung und Produktion der Überwachungstechnologie wurde komplett aufgegeben.

Tritt ein solcher Fall ein, ist es nicht mit einer einfachen Vorstandsentscheidung getan. Die in validierten Lernzyklen gesammelten Daten sind ein Schatz, selbst dann, wenn eine Idee nicht weiter verfolgt wird. Bevor das Team die Arbeit einstellt oder in eine völlig neue Richtung losstürmt, sollten die Erfahrungen ausgewertet und die Frage beantwortet werden: Welche Grundannahme für unsere bisherige Strategie ist so falsch, dass wir jetzt nicht mehr weiterkommen. Es ist langfristig erfolgsentscheidend für das Unternehmen, der Frage nachzugehen. Sonst besteht das Risiko, dass eine ähnliche Fehlentwicklung noch einmal stattfindet. Erst muss der Punkt gefunden werden, der alle, ohne dass es bemerkt wurde, in die Irre geleitet hat.

Leicht ist es nicht, diese Phase zu meistern. Manager und Mitarbeiter erleben, dass viel Zeit, Arbeit und Geld in den letzten Wochen und Monaten umsonst investiert war. Teilweise entsteht ein Gefühl persönlichen Versagens oder von Schuld. Das ist für ein agiles Vorantreiben eines Richtungswechsels nicht gerade förderlich. Manager, die die Verantwortung für den Prozess tragen, sollten darauf achten, dass solche Gefühle nicht verstärkt werden. Eventuell ist es sogar sinnvoll, einen externen Moderator mit der Begleitung des Pivots zu beauftragen.

Der Richtungswechsel wird nicht in wenigen Stunden oder Tagen abgeschlossen sein. Es müssen mehrere Schritte durchlaufen werden, um aus genügend Sicherheit für eine Neuausrichtung zu gewinnen:

- **Lessons learned Workshop**
  Die Erfahrungen aus der Entwicklungsphase, insbesondere aus Experimenten sollten durchgesehen werden. Zeichnen sich Muster ab? Gibt es Wissenslücken? Was muss außer den bisherigen Fakten in Betracht gezogen werden? Um die Fragen beantworten zu können, ist es förderlich, eine Außenperspektive in den Workshop einzubeziehen. Das können Kolleginnen aus anderen Abteilungen sein, die bisher nicht mit dem digitalen Geschäft befasst waren, oder Expertinnen von außen.
- **Infrage stellen der Perspektive**
  Irgendetwas muss im Verstehen der Situation, der Kundenanforderungen oder des Marktes schief gelaufen sein. Eventuell handelt es sich um einen kollektiven blinden Fleck, der aufgedeckt werden sollte. Sind die Grundannahmen falsch? Adressieren wir die falschen Kunden? Ist der Nutzen geringer oder ein anderer als wir gedacht haben? Zu den Fragen können lange Diskussionen entstehen. Sie sollten aber kurz gehalten und die Gedanken in prüfbare Hypothesen überführt werden (Abschn. 3.1).
- **Zurück zu Beobachtung und Verstehen der Kunden**
  Es können neue Beobachtungen von Kundenverhalten durchgeführt und Experimente mit den gesammelten Hypothesen durchgeführt werden, um Ideen für den Richtungswechsel abzusichern. Was ist uns entgangen bei der bisherigen Interaktion und Beobachtung potenzieller Kunden? Ist unser Anwendungsszenario überhaupt relevant für die Zielgruppe? Präferieren Kunden ein anderes Anwendungsszenario? Der Prozess der Suche sollte bewusst zeitlich begrenzt werden. Es droht sonst die Gefahr, dass er ausufert.
- **Prüfen der Strategie**
  Mit den neuen Erkenntnissen wird im Strategie-Meeting überprüft, ob die bisherige Strategie noch passend ist. Manchmal reichen kleinere Kurskorrekturen und die

Gesamtrichtung kann im Wesentlichen beibehalten werden. Häufiger ist es jedoch so, dass zentrale Annahmen der Strategie betroffen sind und angepasst werden müssen. An welcher Stelle gibt es Abweichungen? Reicht eine Nachsteuerung oder ist ein grundsätzlicher Richtungswechsel erforderlich?

- **Erneute Strategieentwicklung**
  Sollte im Prozess deutlich werden, dass die strategische Ausrichtung neu definiert werden muss, bietet sich – ggf. in verkürzter Form – ein Strategieentwicklungsprozess in der beschriebenen Form an (Abschn. 11.1).
- **Entscheidung**
  Vom Management kann aufgrund der neuen Erkenntnisse nun eine Entscheidung über das weitere Vorgehen getroffen werden.

11.8 Das agile, digitale Unternehmen

Es gibt sie schon, die vollständig digitalen Unternehmen. Ein gutes Beispiel ist Amazon. Jeff Bezos hat das Unternehmen aus der Erkenntnis heraus gegründet, dass sich die Geschäftswelt durch das Internet verändern wird. Er hat nicht nur Recht behalten, sondern die neue Welt aktiv mitgestaltet. Von Anfang an hat er sein Unternehmen auf digitale Prozesse ausgerichtet. Amazons Kundenansprache und Kundenkommunikation sind vollständig digital, Händler und Partner werden digital eingebunden. Die Software, die die gesamte Wertschöpfung des Unternehmens steuert, ist von Amazon selbst entwickelt worden und wird kontinuierlich in hunderten bis tausenden von Tests täglich perfektioniert. Im Unternehmen selbst ist eine hohe Kompetenz im Umgang nicht nur mit digitalen Lösungen, sondern mit den Möglichkeiten und Chancen einer digitalen Welt entstanden. Daraus ist mit AWS sogar eine der größten Webservice-Plattformen entstanden, die weltweit tausende von Unternehmen nutzen. Kaum ein anderes Unternehmen hat so genau verstanden, nach welchen Prinzipien und Regeln die digitale Wirtschaft funktioniert und welche Rolle digitale Lösungen, digitale Kompetenz und schnelle, validierte Lernzyklen spielen.

Wie adaptieren sich Unternehmen an die digitale Welt, die nicht in sie hinein geboren wurden, sondern eine lange Tradition, gewachsene Prozesse und Kultur besitzen und nicht alles mit einem Wisch über den Haufen werfen können? Es ist ein Lernprozess, der iterativ vonstattengeht. Validiertes Lernen bildet eine stabile Grundlage (Kap. 3).

Der Anstoß für digitale Transformation kommt aus einer der drei Richtungen:

1. **Marketing, Vertrieb und Kundeninteraktion**
   Kunden erwarten digitale Kommunikation, Marketing und Vertrieb sehen Chancen in Omni-Channel-Marketing oder der Wettbewerb droht mit digitalen Angeboten vorbeizuziehen. Unternehmen investieren in digitale Möglichkeiten für Vertrieb, Marketing und Kundeninteraktion.

2. **Produktion und Prozesse**
   Effizienzpotenziale sollen gehoben und Produktion insgesamt flexibler werden.
3. **Produkte und Services**
   Marktchancen und eventuell komplett neue Geschäftsmodelle entstehen durch smarte Produkte und Serviceangebote.

Egal von welcher Seite ein Unternehmen kommt, es ist vollkommen in Ordnung und sinnvoll, sich auf das primäre Feld zu konzentrieren. Marketingorientierte Unternehmen werden mit einer Steigerung von Präsenz und Sichtbarkeit im digitalen Raum, mit Gestalten einer überzeugenden Customer Journey und Customer Experience und dem Ausbau digitaler Kundendialoge starten. Unternehmen, die Effizienz der Prozesse priorisieren, werden mit Prozessoptimierungen und dem Ausbau von Industrie-4.0-Verfahren beginnen. Und Unternehmen, die auf der Suche sind nach innovativen Angeboten und neuen Geschäftsmodellen, werden sich mit den Chancen beschäftigen, die die Digitalisierung in der Entwicklung neuer Produkte und Services bietet. Bei allen drei Ansätzen hilft es, auf Lean Digitization zu setzen und durch validiertes Lernen aus Experimenten den Weg sicher, ressourcenschonend und schnell zu gestalten.

Alle drei Wege gleichzeitig zu beschreiten, führt schnell zu einer Überforderung. Statt sich mit heterogenen Aktivitäten zu verzetteln, ist es besser, wenn das Management sich zunächst auf eine Stoßrichtung konzentriert, sie mit Engagement und Geschwindigkeit voran treibt und gleichzeitig die Lernfähigkeit des Unternehmens steigert, indem validiertes Lernen zur Routine wird. Sobald die zuerst eingeschlagene Richtung in sicherem Fahrwasser ist, kann der nächste Block in Angriff genommen werden. Im besten Falle ist die Umsetzungsgeschwindigkeit bereits durch die gesteigerte Lernfähigkeit des Unternehmens wesentlich höher.

Agile Kultur

In traditionellen Unternehmen wird die operative Tätigkeit in klaren, geradlinigen Prozessen geleistet und in einer Abteilungsstruktur hierarchisch kontrolliert. Der große Vorteil einer hierarchisch-linearen Organisation ist Schnelligkeit. Das gilt allerdings nur für klar definierte und sichere Prozesse. Die goldene Regel heißt hier: Keine Experimente. Mitarbeiter schätzen die Kultur oftmals:

- Klar definierte Prozesse geben Sicherheit: Jeder weiß, was zu tun ist.
- Hierarchie entlastet von Verantwortung.
- Binnenorientierung schützt vor Verunsicherung.

Sobald ein Prozess verändert und angepasst werden muss, geht der Geschwindigkeitsvorteil durch Kommunikation, Umstellung, Training und Bearbeiten von Widerständen verloren.

Agile Management-Systeme setzen hingegen auf Teams, die weitgehend selbstorganisiert arbeiten. Unternehmen mit agiler Kultur sind schneller in Anpassungen und bringen kreative Lösungen in einer rascheren Folge hervor. Google als digitales und Procter & Gamble als traditionelles Unternehmen zeigen, welche Produktivität und Geschwindigkeit bei Entwicklungen möglich ist.

Mit der digitalen Transformation holen sich Unternehmen eine zweite Kultur des Arbeitens ins Haus (Abschn. 9.9). Beide haben ihre Berechtigung und dennoch gibt es häufig Animositäten zwischen Mitarbeiterinnen und Mitarbeitern. Auf die Problematik weist bereits Christensen (2000) hin.

Kultur des Experimentierens und validierten Lernens

Dort, wo Lernen aus Experimenten und Fehlern durch alte Strukturen begrenzt wird, ist das Unternehmen herausgefordert, auch Management und Organisation den neuen Anforderungen anzupassen. Das ist in der Regel schwerer als die Einführung und Nutzung neuer Technologien. Menschen und Kultur müssen sich wandeln.

► Agile Kultur ist das organisationale Betriebssystem digitaler Unternehmen.

Die in Kap. 3 dargestellte Vorgehensweise ist essenziell für agile Unternehmen. Lernen maximal zu beschleunigen ist eine Grundvoraussetzung, um langfristig handlungs- und reaktionsfähig zu bleiben, selbst bei schnellsten Veränderungszyklen.

Für viele Unternehmensbereiche bis hinein in das strategische Management ist es sinnvoll, agile Kultur zu adaptieren. Ein solcher Kulturwandel löst fast regelhaft große Vorbehalte, Ängste, Widerstände und Verhaltensunsicherheiten aus. Das liegt daran, dass Menschen nur ungern vertraute Prinzipien zugunsten einer neuen Kultur aufgeben.

Wird die gewohnte Kultur zugunsten einer neuen, experimentorientierten verlassen, sehen Mitarbeiterinnen und Mitarbeiter sich neuen Herausforderungen gegenüber:

- Experimente verändern die Grundlagen und fordern zu Anpassung auf.
- Kundenmeinungen und beobachtetes Kundenverhalten sorgen dafür, dass eigene Vorstellungen dessen, was ein gutes Produkt oder ein guter Service ist, revidiert werden müssen.
- Eigenverantwortung und Selbstorganisation können drücken. Ein Abbiegen in energiesparende Routine fällt schwer.
- Lernen ist anstrengend.

Führungskultur

Der kulturelle Wandel wird besonders für Führungskräfte anstrengend. Sie müssen nicht nur selbst neu lernen, Vertrautes verlassen und sich auf Ungewohntes einstellen, sondern sie sind gleichzeitig in Verantwortung, Mitarbeiter auf diesem Weg zu führen und ein Vorbild zu sein. Die Führungsrolle verändert sich fundamental. Mehr dazu in Kap. 8.

Fehlerkultur

Ein besonders wunder Punkt ist der Umgang mit Fehlern und Scheitern. Wir haben alle gelernt, dass man keine Fehler machen sollte und dass Scheitern etwas Schlimmes ist. Scheitern ist peinlich und jeder kennt Fälle, in denen ein Fehler ein echter Karrierekiller war.

Wenn wir uns in der Kultur des Experimentierens und validierten Lernens bewegen, sieht das jedoch anders aus. Was ist ein Fehler? Wann ist man gescheitert? Edison hat mehr als tausend Experimente gebraucht, um eine praxistaugliche Lösung dafür zu finden, wie aus Strom Licht wird: Die Glühbirne. Er selbst hat das nicht als Scheitern aufgefasst sondern nur kommentiert: „Ich habe nur 999 Wege gefunden, wie es nicht geht."

Nicht jedes Experiment wird die erwarteten Ergebnisse liefern. Wäre das der Fall, könnten wir uns das Experimentieren sparen. Es ist nicht nur wahrscheinlich, dass Experimente einen unerwarteten Ausgang haben, sondern es ist integraler Teil des Systems. Solange daraus Schlüsse gezogen werden können, Hypothesen verworfen oder verändert werden und so der gesamte Lernprozess gefördert wird, ist ein unerwarteter Ausgang eines Experiments, oft fälschlich ‚Scheitern' genannt, ein wichtiger Beitrag zur Anpassungsfähigkeit des Unternehmens.

Die Betrachtungsweise kann als kulturelles Gut des Unternehmens auf andere komplexe Fragestellungen ausgedehnt werden:

- Die Integration des zugekauften Unternehmens XYZ ist nicht ‚gescheitert', sondern der Weg, wie wir es versucht haben, hat sich als nicht effektiv herausgestellt. Versuchen wir einen anderen.
- Die Einführung des neuen digitalen Angebots ist nicht ‚gescheitert', sondern wir haben erfahren, dass unsere Hypothesen über Markt und Kunden nicht richtig waren. Versuchen wir, mehr darüber zu lernen.
- Der Versuch, das Team durch Boni zu motivieren ist nicht ‚gescheitert', sondern wir haben gelernt, dass Sonderzahlungen nicht der Weg sind, mit dem Motivation nachhaltig gesteigert werden kann.

Die Beispiele zeigen, dass Wechsel der Sichtweise von Fehlern und Scheitern hin zu einem Verständnis von Ergebnissen innerhalb einer Reihe von Experimenten dazu führt, dass sich neue Handlungsmöglichkeiten auftun. Außerdem werden die Durchführenden des Experiments (frühere Sprechweise: ‚Verantwortlichen', noch schlimmer ‚Schuldigen für den Fehler') nicht als Versager abgestempelt.

Es lohnt sich also, die Fehlerkultur im Unternehmen weiterzuentwickeln zu einer Kultur des Experimentierens und Lernens. Natürlich gibt es Grenzen:

- In der Buchhaltung für einen Buchungsposten 3,15 € einzugeben statt 3,25 € bleibt ein Fehler,
- Bilanzfälschung bleibt ein Vergehen und es gibt sogar Schuldige und

- Experimente aus Angst vor Fehlern nicht durchzuführen, wird zum neuen Kardinalfehler, der zum – dann tatsächlich so zu benennenden – Scheitern eines Lernprozesses führt.

Netzwerkstrukturen aus Teams und interne Servicestruktur

Je größer eine Organisation wird, desto schwerer wird es sie zu steuern. Kleine Organisationen sind per se schneller, agiler und entscheidungsfreudiger. Das ist einer der Gründe, warum Start-ups in ihrem Feld oftmals weiter sind, als etablierte Konzerne. Große Organisationen verlieren tendenziell an Produktivität, da mehr und kompliziertere Abstimmungen stattfinden müssen.

Kleinen Teams – idealer Weise bis zu einer maximalen Größe von 12, besser sogar nur 8 Personen – fällt es leichter, den Überblick zu behalten, Entscheidungen schnell zu treffen und sich abzustimmen. Sie sind wesentlich besser gerüstet, um auf VUCA-Umgebungen zu reagieren (Abschn. 1.1).

Wenn digitale Projekte wachsen, mehr Kompetenzen notwendig sind und die Arbeit längst nicht mehr von einem kleinen Team geleistet werden kann, ist dann die Zeit gekommen, auf eine hierarchische, abteilungsgegliederte Organisation umzustellen? Das muss nicht sein. Es ist eine Frage dessen, wie Arbeitsteilung möglich ist. Sind Teilaufgaben genügend voneinander zu trennen, kann das gewachsene Team in kleinere Teil-Teams aufgegliedert werden. Jedes Team ist für seine eigenen Ziele und Ergebnisse verantwortlich.

Größe von Organisationen senkt tendenziell Agilität und Produktivität. Die Summe der Einzelleistungen wird weniger als die Gesamtleistung. Es gibt eine Organisationsform, bei der die Gesamtleistung im Verhältnis zur Summe der Einzelleistungen bei Wachstum konstant bleibt oder sogar wächst. Das ist der Fall bei serviceorientierten Strukturen. Gerade digitale Geschäftsmodelle eignen sich für Strukturen bei denen Teams als Dienstleister für Kunden und füreinander agieren (Abschn. 9.9). Zusammenhalt kann über eine digitale Plattform generiert werden.

11.9 Checkliste ‚Strategisches Vorgehen'

☐	Wir haben ein klares Bild von dem, wo wir stehen und wo wir hin wollen
☐	Unsere Strategie ist fokussiert auf die Leistungen, die einen hohen Wert für Kunden und Unternehmen liefern
☐	Wir sondieren kontinuierlich neue Entwicklungen in den Feldern Technologie, Markt, Wettbewerb, gesellschaftliche Trends, Regulierungsrahmen und Wertschöpfungs-Ökosystem
☐	Wir sind im kontinuierlichen Dialog mit unseren Kunden
☐	Wir optimieren laufend unser Wertangebot und unsere Kundenbeziehungen
☐	Wir schaffen eine Unternehmenskultur, interne Prozesse und eine Vernetzung im Wertschöpfungs-Ökosystem, die es Wettbewerbern schwer macht, unsere Leistung zu kopieren
☐	Wir haben wichtige Rechte gesichert

- ☐ Wir haben eine Strategie für das Teilen von Geistigem Eigentum
- ☐ Unsere Strategie unterstützt den Aufbau einer starken Marke
- ☐ Wir sorgen intern sukzessive für den Ausbau digitaler Prozesse
- ☐ Wir entwickeln eine Unternehmenskultur, die agiles Management, Experimente und validiertes Lernen unterstützt
- ☐ Wir haben regelmäßige Strategie-Meetings festgelegt, um unsere Strategie zu überprüfen und ggf. einen Richtungswechsel einzuleiten

Literatur

Christensen CM (2000) The innovator's dilemma: the revolutionary book that will change the way you do business. Harper Business, New York

o.V. (o.J.) Creative Commons – Attribution-ShareAlike 3.0 Unported (CC BY-SA 3.0). https://creativecommons.org/licenses/by-sa/3.0/. Zugegriffen: 20. Febr. 2016

Exponentielles Wachstum 12

Zusammenfassung

Jedes Unternehmen strebt nach Wachstum. Im digitalen Umfeld ist Wachstum in erstaunlichem Maße möglich, wie die Unternehmensgeschichten von Internetkonzernen zeigen. Es kann exponentiell sein. Wachstum geschieht aber nicht von allein, sondern ist ein Ergebnis geschickten Managements. Digitale Möglichkeiten in Marketing und Vertrieb, auch viraler Natur, können genutzt werden. Kern für exponentielles Wachstum bleiben aber eine besondere Unternehmenskultur und ein herausragendes Wertangebot. Damit Wachstum nicht zur Überforderung von Unternehmen führt, müssen rechtzeitig die Grundlagen für Skalierbarkeit geschaffen werden. Das geschieht nicht nur im eigenen Unternehmen, sondern auch durch geschicktes Nutzen von Technologien, und Einbinden von Partnern. Gelangt ein Unternehmen an eine Wachstumsgrenze, können auch Unternehmensakquisitionen und das Erschließen ganz neuer Märkte ins Auge gefasst werden.

Mit dem Wachstum verändern sich auch die Anforderungen an die Organisation und das Management. Agiles Management wird weiter im Vordergrund bleiben, klar definierte Prozesse können aber auch von traditionell linearem Management profitieren, das Effizienzpotenziale hebt. Beide Managementansätze müssen eine Koexistenz im Unternehmen finden.

Schlüsselwörter

Digitalisierung · Digitale Transformation · Wachstum · Wachstumsstrategie · Digitales Marketing · Digitaler Vertrieb · Growth Hacking · Customer Development · Wertangebot · USP · Alleinstellungsmerkmal · Unique Selling Proposition · Skalieren · Skalierbarkeit · Unternehmensakquisition · Neue Märkte · Unternehmenswachstum · Virales Marketing

U. Weinreich, *Lean Digitization,* DOI 10.1007/978-3-662-50502-1_12

„Und ganz besonders möchte ich Frau Jacobi und ihrem Team danken. Wir – und ich darf auch für meine Mitarbeiterinnen und Mitarbeiter im Projektteam sprechen – haben eine Qualität der Zusammenarbeit mit Zemec kennen gelernt, die wir so noch nicht erlebt haben. Herr Sattler, Frau Jacobi, Ihnen und allen Mitwirkenden gilt der große Dank für den gelungenen Vorstoß in die weitere Digitalisierung unserer Prozesse."

Während Gesslers Dankesrede bei Sattler und Anna aufrichtige Freude auslöst, ärgert sich Sven Hermann, ohne etwas zu sagen. Es war sein Vertriebsteam, das Gesslers Unternehmen überhaupt erst zu so einem wichtigen Kunden aufgebaut hat. Heute wäre er noch nicht einmal dabei gewesen, wenn er Sattler nicht überredet hätte, ihn mitzunehmen.

Zwei Mitarbeiterinnen von Gessler führen die Gäste durch die Produktion, um zu sehen, wie die 3-D-Drucker von Zemec eingesetzt werden. Anschließend gibt es einen Umtrunk und ein paar Häppchen. Sattler, Hermann und Anna stoßen auf den Erfolg an.

„Respekt!" beginnt Sattler, „das war wirklich ein großer Schritt. Was mich besonders freut, ist, dass es uns gelungen ist, mit den 3-D-Druckern nicht wie sonst nur Technik zu verkaufen, sondern wir haben einen ganz neuen Service-Markt für uns eröffnet. Wir bleiben in Fernwartung und sogar technische Vorbereitung neuer Werkstücke eingebunden. Herr Hermann, wie geht es denn weiter? Jetzt müssen wir das Angebotspaket auch an andere verkaufen und so richtig durchstarten."

Hermann fühlt sich überrumpelt: „Ja, so einfach ist das nicht. Mit Gessler, das ist schon eine besondere Konstellation. Das lässt sich nicht eins zu eins wiederholen. Allein schon die Festlegung von Preisen ist eine große Aufgabe."

„Na ja, Sie machen das schon. Lassen Sie sich mal was einfallen!" Sattler schien bester Laune zu sein, als er die beiden verlässt, um ein Wort mit Gessler zu wechseln.

Intuitiv ließ Anna ihren Blick schweifen, um andere Gesprächspartner zu finden. Sie fühlte sich auf einmal sehr unwohl in Hermanns Nähe.

12.1 Wachsen mit herausragenden Wertangeboten

Es hilft nichts. Die alte Marketingwelt ist kaputt. Unwiederbringlich. Es waren schöne Zeiten. Unternehmen konnten Produkte entwerfen, das Marketing bekam den Auftrag, dafür Werbung zu machen, und der Vertrieb wurde in die Pflicht genommen, möglichst viel zu verkaufen, ohne Wenn und Aber. Der lineare Prozess (Abb. 12.1) funktioniert immer weniger. Während die weltweiten Werbeausgaben zwischen 2010 und 2015 geschätzt um 24 % gestiegen sind, wuchs die Weltwirtschaftsleistung nur um 14,3 %. Die Methode, mehr und mehr Werbung zu schalten, um Umsätze zu erzielen, ist teuer und immer weniger wirksam.

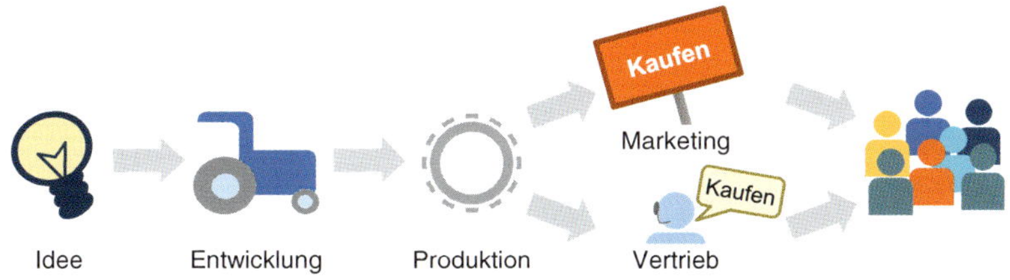

Abb. 12.1 Der lineare Absatz-Prozess funktioniert nicht mehr. (Quelle: Uwe Weinreich, CoObeya.net)

Woran liegt das? Der wichtigste Faktor ist, dass viele Märkte überversorgt sind. Es ist schwer, jemandem eine Pizza zu verkaufen, dem fast schon schlecht ist, weil er so viel gegessen hat. Ein höherer Werbeaufwand bringt nichts. Ein zweiter Faktor ist, dass in entwickelten Ländern Kunden informierter und kritischer geworden sind. Wahrnehmung und Verhalten passen sich dem ständig steigenden Werbedruck an. Fernsehwerbung wird weggezappt, Banner im Internet werden durch Blocker unterdrückt oder es wird darüber hinweggesehen, E-Mail-Werbung landet automatisch im Spam-Ordner und Werbebriefe überleben nicht den Filter in der Firmenpoststelle.

Wer auf Werbung vertraut, um zu wachsen, muss mit herben Enttäuschungen rechnen. Wie ist Markterfolg dann möglich? Der Schlüssel zu wirklichem Markterfolg und überdurchschnittlichem Wachstum liegt an anderer Stelle. Es ist ein begeisterndes Produkt mit einem herausragenden Wertangebot.

▶ Der Schlüssel zu Wachstum liegt in Lösungen, die begeistern.

Unternehmen, denen es gelingt, Produkte und Services zu entwickeln, die den Wettbewerb in den Schatten stellen, oder noch besser wettbewerbsfrei sind, gelingen Wachstumsraten, die tatsächlich exponentiell sein können. Darüber hinaus zeichnen folgende Merkmale die Unternehmen und ihre Leistungen aus:

- **Radikale Kundenorientierung**
  Herausragende Unternehmen sind ganz nah am Kunden. Kunden besitzen einen hohen Stellenwert im Denken und Handeln und es wird alles daran gesetzt, für Kunden herausragende Leistungen zu erbringen. Für den japanischen Autohersteller Toyota ist diese Haltung zum Markenzeichen geworden.
- **Relevante Bedürfnisse erkennen und bedienen**
  Leistungen mit exponentiellem Wachstum treffen ein relevantes Bedürfnis bei ihren Kunden, das bisher nicht befriedigt wurde, lösen drückende Probleme, die bisher ungelöst waren, oder ermöglichen Erlebnisse, die es bisher nicht gab. Dropbox ist mit seiner Cloud-Speicherlösung ein typisches Beispiel dafür, eine riesige, ungefüllte Lücke gefunden zu haben.

- **Hingabe**
Begeisternde Leistungen sind nie halbherzig gedacht und gemacht, sondern mit äußerster Akribie, Liebe zum Detail und Perfektion entwickelt und produziert. Evernote, der kalifornische Hersteller von Notiz-Apps für verschiedene Betriebssysteme, vermeidet beispielsweise Entwicklerplattformen, mit denen in einem Arbeitsgang für mehrere Systeme entwickelt werden kann. Für jedes System und Geräteversion wird per Hand entwickelt. Ein riesiger Aufwand, der zu herausragendem Nutzererlebnis beiträgt.
- **Fokussieren**
Unternehmen mit exponentiellem Wachstum sind fokussiert. Sie konzentrieren sich auf eine Aufgabe, ein Problem, eine Lösung und treiben sie mit Feuereifer voran. Erst wenn der Motor des Kerngeschäfts auf Hochtouren läuft, weitet sich der Blick für Neues.
- **Große und radikale Lösungen**
Unternehmen mit exponentiellem Wachstum denken in großen Dimensionen und streben radikale Lösungen an. Nicht kleine Schritte, sondern große Sprünge sind das Ziel. Legendär ist das 10×-Denken der Google Labs. Der Faktor 10 spielt eine entscheidende Rolle. Die Frage ist nicht, wie der Nutzen eines Produkts um 10 % gesteigert oder wie es 10 % billiger wird, sondern wie er zehnmal nützlicher wird, zehnmal mehr Nutzer erreicht, die ihn zehnmal öfter anwenden und das zu einem Zehntel der Kosten. Ein Anhänger dieses Denkens ist auch der visionäre Unternehmer und Tesla-Gründer Elon Musk.
- **Große Märkte**
Alle Unternehmen mit exponentiellem Wachstum bedienen sehr große Märkte. Facebook hat klein begonnen, versucht mittlerweile aber die gesamte Menschheit zu bedienen, auch wenn dafür Regionen der Welt erst noch mit Internetzugang per Drohne oder Satellit versorgt werden müssen.
- **Verantwortung und Sympathie**
Exponentiell wachsende Unternehmen machen es ihren Kunden leicht, sie zu lieben. Ihre Lösungen sprechen Emotionen an und sie tragen soziale Verantwortung. Dadurch ist es leicht, sie zu mögen und niemand schämt sich dafür, die Produkte zu nutzen oder weiterzuempfehlen.
- **Einzigartigkeit**
Die Geschäftsmodelle hinter den Lösungen, die das Wachstum der Unternehmen antreibt sind nur schwer zu kopieren.
- **Überlegenheit im Wettbewerb**
Unternehmen, die exponentiell wachsen, haben zumindest zeitweise keine Wettbewerber. Durch die Besonderheit ihres Wertangebotes schaffen die Unternehmen es, über längere Zeit konkurrenzlos zu sein. Googles Suchalgorithmus ist seit mehr als fünfzehn Jahren um Längen besser als alles, was die Konkurrenz bietet.

Validiertes Lernen (Kap. 3) ist hervorragend geeignet, Lösungen zu entwickeln, die Kunden derart begeistern. Der größte Vorteil ist, dass in kurzen Abständen immer wieder Feedback von Kunden genutzt wird, um daraus zu lernen und besser zu werden.

Exponentielles Wachstum ist kein Selbstzweck. Wenn Unternehmen eine Plattform aufbauen, die zumindest in Teilen vom Netzwerkeffekt lebt, muss Wachstum so schnell wie irgend möglich geschehen, um eine führende Stellung erreichen zu können.

Einen Wachstumsmotor gestalten

Ist eine überzeugende Lösung für ein Kundenproblem gefunden (Problem-Lösungs-Passung) und das Angebot so ausgestaltet, dass es Kunden überzeugt und im Wettbewerb besteht (Produkt-Markt-Passung), ist es Zeit, dafür zu sorgen, dass sich das Angebot im Markt verbreitet und Wert für Kunden und Unternehmen gleichzeitig schafft. Reicht es bei einem wirklich überzeugenden Produkt auf virales Marketing zu setzen und einfach darauf zu bauen, dass Kunden es weiterempfehlen? Viele – gerade unterfinanzierte Startups – hoffen, dass mit einer einzigen genialen viralen Marketingaktion die Welt von ihrer Lösung begeistert ist. Die Enttäuschung ist meistens groß. Natürlich gibt es wunderbare Geschichten, wie virales Marketing funktioniert hat, vom Johnnie Walker Moorhuhn-Spiel bis zu Dropbox. Es sind Leuchttürme in einem Meer von zigtausend untergegangenen Versuchen. Bisher hat niemand die Zauberformel für virales Marketing gefunden. Aber virales Marketing kann funktionieren. Nur ist es dann ein kontinuierlicher Prozess, in dem der Erfolg erarbeitet werden muss.

Selbst für herausragende Produkte gilt, dass sie erst aus dem immensen Grundrauschen all derer, die um Aufmerksamkeit buhlen, auftauchen müssen. Dafür ist die gesamte Palette des Marketings einsetzbar. Von klassischer Werbung bis hin zu digitalen Kommunikationsformen. Als besonders wirksam hat es sich herausgestellt, wenn potenzielle Kunden kostenlosen Nutzen bekommen, der so gestaltet ist, dass er das Bedürfnis weckt, mehr davon zu haben. Freemium-Modelle bauen auf diesen Effekt. Genauso gehören Whitepaper, kostenlose Downloads, Fachartikel etc. dazu. Unternehmen zeigen damit Kompetenz, befriedigen teilweise ein Bedürfnis der Kunden, bauen Vertrauen auf und bringen sich in Position für den Fall, dass Kunden doch mehr wollen als das kostenlose Angebot.

Das Wirksamste ist jedoch der enge Kontakt zu Kunden. Teil der gleichen Community zu sein, direkte Kommunikation und Einbinden von Kunden wo immer es geht, ist unschlagbar. In Zeiten vor dem Internet war das nicht realisierbar, schon gar nicht, wenn ein sehr großer Markt adressiert werden sollte. Mit digitalen Kommunikationswegen ist es möglich geworden.

Abb. 12.2 zeigt, wie lineares Marketing aufgebrochen und ein Wachstumsmotor aufgebaut wird:

1. **Wertangebot**

   Ohne überzeugendes Wertangebot läuft nichts. Um den Wachstumsmotor am Laufen zu halten und die Geschwindigkeit zu steigern, sollte das Wertangebot ständig weiterentwickelt werden. Validiertes Lernen ist die Grundlage dafür.

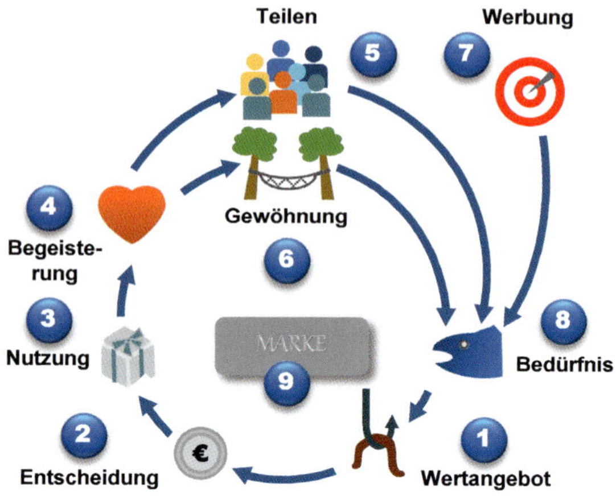

Abb. 12.2 Der Wachstumsmotor. (Quelle: Uwe Weinreich, CoObeya.net. Verwendung lizensiert unter Creative Commons BY-SA 3.0)

2. Entscheidung
Kunden entscheiden sich für das Produkt. Die Entscheidung für die kostenlose Version der Lösung gehört dazu. Es fließt kein Geld, dafür Daten und eine Beziehung beginnt. Alles, was den Entscheidungsprozess erleichtert, reibungsloser und angenehmer macht, stärkt den Wachstumsmotor.

3. Nutzung
Ein kritischer Punkt in der Kundenbeziehung. Kann das Angebot überzeugen? Für Kunden ist die Nutzung der Moment, an dem die direkteste Beziehung zum Angebot entsteht. Exponentiell wachsende Unternehmen investieren unaufhörlich in das Nutzererlebnis. Was kann verbessert werden? Gibt es einen Service nach dem Kauf? Gibt es positive Überraschungen bei der Nutzung? Wird das Nutzererlebnis mit jedem Mal intensiver und besser?

4. Begeisterung
Die Bezeichnung ist einseitig. Natürlich kann Enttäuschung entstehen. Das wäre aber kein Treibstoff für den Motor, sondern der Ausstieg aus dem Kreislauf. Daher sollten Unternehmen sich fragen, was Begeisterung steigert und wie die Begeisterung kultiviert und genutzt werden kann.

5. Teilen
Gelingt Begeisterung, steigt die Wahrscheinlichkeit, dass Kunden Inhalte teilen. Zu teilen sollte Kunden so leicht wie möglich gemacht werden und integraler Bestandteil der Funktionalität des Produktes sein.

6. Gewöhnung
Sind Kunden begeistert und füllt die Lösung tatsächlich eine Lücke, die bisher offen blieb, gewöhnen Menschen sich sehr schnell an die Lösung. Sie wird unverzichtbar und findet einen Platz im Alltag. Hier lässt sich der Motor schmieren, indem es Kunden so leicht wie möglich gemacht wird, sich daran zu gewöhnen, z. B. durch Einfachheit und automatische Komfortfunktionen.

7. **Werbung**
   Für die Zielgruppe geeignete Werbung sorgt für Aufmerksamkeit und ist gerade für exponentielle Wachstumsphasen unerlässlich, z. B. beim Aufbau einer Plattform. Wichtig: Wirksame Werbung ist auf das Bedürfnis der Kunden, nicht auf die Funktionalität der Leistung abgestimmt.
8. **Bedürfnis**
   Gewöhnung steigert das Bedürfnis. Die Dosis muss erhöht werden. Irgendwann wird ein kostenpflichtiges Upgrade fällig. Genauso entsteht Bedarf bei Kunden, die neu geworben worden sind. Das Gefühl des Bedarfs kann durch geschickte Kommunikation gestärkt werden und so den Wachstumsmotor weiter antreiben.
9. **Marke**
   Alle gennannten Elemente zahlen auf die Markenbildung ein. Die Marke wiederum stärkt die Funktionsfähigkeit des Motors langfristig erheblich.

Sind die ersten Kunden gefunden, beginnt die Arbeit am Wachstumsmotor. Mit jedem Lernzyklus sollte die Traktion am Markt steigen: höhere Konversionsraten, mehr Verkäufe, steigende Zahl von Upgrades, mehr Weiterempfehlungen.

Das ist noch kein Marketingkonzept, aber eine Übersicht, an welchen Stellen der Wachstumsmotor geschmiert werden kann. Die Mittel selbst können vielfältig sein. Das Marketing- und Vertriebsteam kann kontinuierlich Hypothesen zu jedem der neun Punkte aufstellen und die Effekte am Markt testen. Die kleinen Optimierungen werden schnell zu signifikanter Beschleunigung des Wachstums führen.

12.2 Marketing und Vertrieb digitalisieren

Die Digitalisierung hat mächtige Mittel hervorgebracht, mit denen Unternehmen Kunden gewinnen und den Wachstumsprozess beschleunigen können. Die Reichweite ist enorm und digitale Wege sind in der Regel kostengünstiger als in der Offline-Welt. Manches ist nur im digitalen Raum möglich. Diese Klaviatur gekonnt zu spielen ist eine Kunst.

In den letzten Jahren sind zahlreiche Bücher zum Thema digitaler Vertrieb und digitales Marketing geschrieben worden. Die Vielzahl der Möglichkeiten kann verwirrend werden. Für die optimale Gestaltung eines digitalen Marketings und Vertriebs werden Unternehmen Experten brauchen, die die Vielfalt so orchestrieren können, dass sie auf den individuellen Fall passt. Hier ein paar Grundzüge der digitalen Möglichkeiten:

- **Sichtbarkeit erhöhen**
  Optimierung von Inhalten für Suchmaschinen (Search Engine Optimization – SEO), Suchmaschinen-Anzeigen (Search Engine Advertising – SEA) und die Verbreitung interessanter Inhalte (Content Marketing) gehören zum Standard.
- **Anzeigenschaltung im Internet und in Newslettern**
  Die Anfänge der digitalen Werbung waren statische Internetauftritte, Newsletter und Banner. Kaum jemand konnte sich vorstellen, dass etwas grundsätzlich Anderes

möglich ist als bei klassischen Anzeigen, Werbebriefen und Produktkatalogen. Die Möglichkeiten gibt es immer noch. Sie stellen aber nicht mehr die Speerspitze der Entwicklung dar.

- **Interaktive Angebote**
  Rasch wurden interaktive Möglichkeiten entwickelt: Formulare, automatisierte interaktive Anwendungen, Chatfenstern in Webshops Flashanimationen u. a. Mit interaktiven Angeboten gelingt es leichter, Aufmerksamkeit zu erreichen und Kunden länger zu binden.
- **Social Media**
  Einen qualitativen Sprung hat digitales Marketing mit der Entwicklung der sozialen Medien gemacht. Es wurde möglich, in längere und intensivere Dialoge mit einer Vielzahl von Kunden einzutauchen, selbst über große Distanzen hinweg. Ein besonderer Verstärker für Marketing wurde, dass Nutzer Inhalte und Links teilen. Reichweiten werden vervielfacht und virales Marketing wird möglich. Social Media sind auch ein reicher Kanal, um Informationen zu sammeln und Kunden näher kennen zu lernen.
- **CRM**
  Auch die im Unternehmen eingesetzten Systeme haben sich gewaltig weiterentwickelt. CRM-Systeme bündeln Interaktionsdaten mit Kunden, ermöglichen Analysen und sorgen dafür, dass dem richtigen Kunden zum richtigen Zeitpunkt das perfekte Angebot unterbreitet wird
- **Programmatic Advertising**
  Mittlerweile ist es möglich, digitale Werbeflächen maßgeschneidert in Echtzeit zu buchen und zu bespielen. Meistens geschieht das über Auktionsplattformen wie Google Adwords. Damit ist Automatisierung in Marketingprozesse eingezogen
- **Retargeting**
  Weitere Automatisierung findet aufgrund von Analysen des Kundenverhaltens im Internet statt. Dadurch, dass in Echtzeit Interessenlagen analysiert werden, können Kunden nach dem Besuch einer Website, individualisierte und verbesserte Angebote angezeigt werden.

Das sind längst nicht alle Möglichkeiten und es werden in den nächsten Jahren weitere entstehen. Deutlich geht der Trend zu Automatisierung und datengetriebenem Marketing und Vertrieb. Customer Journey Analysen, Big Data und fortgeschrittenes Profiling von Kunden stärkt die Möglichkeiten, schnell und zielgenau Marketing zu betreiben.

12.3 Wachstum agil gestalten

Junge Start-up-Unternehmen haben nicht nur agile Methoden des Managements entwickelt, sondern auch agile Wachstumsstrategien. Sie stehen seit jeher vor gravierenden Problemen in Marketing und Vertrieb: Sie haben ein großartiges Produkt, aber keine Kundenbasis, keine Erfolgshistorie und kein Geld, um mit Werbung auch nur in die Nähe der klassischen werbetreibenden Unternehmen zu kommen. Also mussten für das Wachstum kreative Lösungen entwickelt werden.

Ein Vorteil der jungen Unternehmen ist: Die Gründer und Gründerinnen sind in der Regel mit dem Internet aufgewachsen, mit dessen Möglichkeiten vertraut und in sozialen Medien gut vernetzt. Das ist ein Vorteil gegenüber den meisten Managern in traditionellen Unternehmen. Was liegt näher, als das zu nutzen.

Agiles Management und soziale Medien wurden zum Ausgangspunkt agiler Wachstumsstrategien und legten den Grund für den Erfolg vieler junger Unternehmen. Die Vorgehensweisen sind für etablierte Unternehmen ungewohnt, funktionieren aber auch dort und das Interesse daran wächst, nicht zuletzt, weil konventionelle Werbung immer teurer wird.

Wachstum im Entwicklungsverlauf des Geschäftsmodells

Je nach Phase, in der sich ein digitales Geschäftsmodell befindet, sind andere Methoden sinnvoll, um Wachstum zu fördern (Abb. 12.3). Bereits in der Entwicklung einer Lösung sollte Skalierbarkeit mitgedacht werden. Mit dem Markteintritt verändert sich die Lage manchmal über Nacht dramatisch und erfolgreiche Unternehmen müssen Wege finden, ein beginnendes exponentielles Wachstum zu managen. Gelangt es an Grenzen, kann Wachstum über neue Märkte und Akquisitionen erreicht werden.

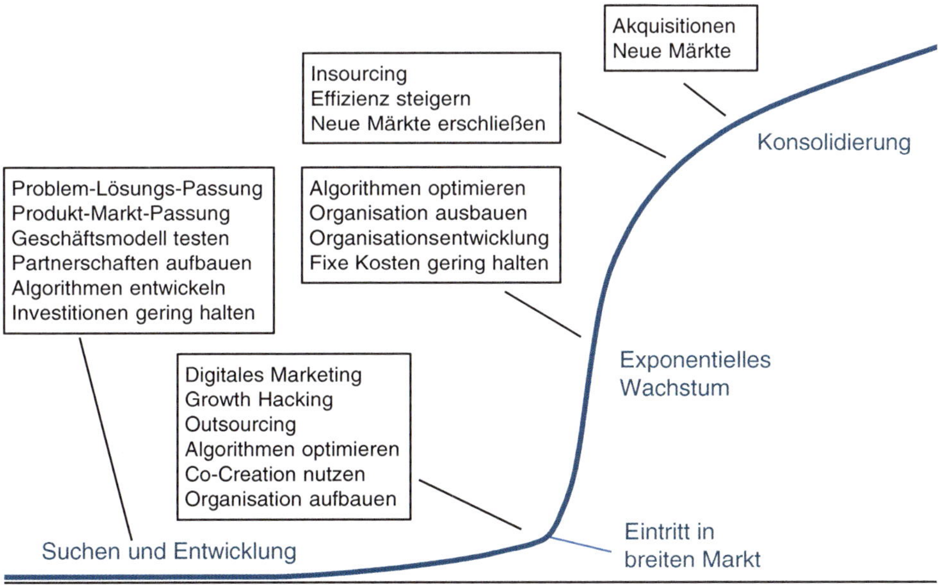

Abb. 12.3 Wachstum ermöglichen in unterschiedlichen Phasen des Geschäftsmodells. (Quelle: Uwe Weinreich, CoObeya.net)

Gerade die engen Budgets von Gründern haben dazu geführt, dass agile Methoden für Wachstum entwickelt wurden. Die bekanntesten sind Customer Development und Growth Hacking.

Customer Development

Steve Blank hat mit seinem Buch ‚The Four Steps to the Epiphany' (2006) nicht nur den Grundstein für die Lean Startup-Bewegung gelegt, sondern auch einen agilen Weg für die Gewinnung von Kunden aufgezeigt. Er besteht aus vier Schritten: Customer Discovery, Customer Validation, Customer Creation und Company Building (Abb. 12.4). In deutschsprachigen Publikationen werden in der Regel nur die englischen Bezeichnungen verwendet, da sie nur schwer ins Deutsche zu übertragen sind, ohne das Modell zur Unkenntlichkeit zu verstümmeln. Die Phasen im Einzelnen:

- **Customer Discovery (Suchen)**
  Der Schritt entspricht dem in Kap. 3 beschriebenen Phase ‚Suchen'. Das Team befasst sich intensiv damit, Kunden und ihre Situation zu verstehen, Hypothesen aufzustellen und durch Experimente die Hypothesen und Grundannahmen zu verifizieren. Das Ergebnis besteht aus einem tiefen Verständnis für Kunden und einer Idee für die Produktentwicklung.

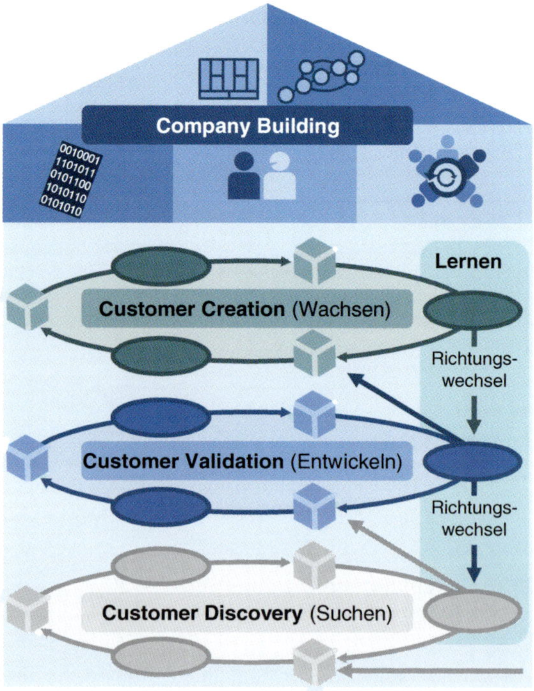

Abb. 12.4 Die Phasen des Customer Developments im Gebäude des agilen Managements. (Quelle: Uwe Weinreich, CoObeya.net)

- **Customer Validation (Entwickeln)**
  Produkt und Geschäftsmodell werden entwickelt, in Experimenten getestet und perfektioniert. Das entspricht der Phase ‚Entwickeln'. Customer Development testet insbesondere Preismodelle, Marketingansätze, Vertriebswege und Skalierbarkeit des Geschäftsmodells. Ein wichtiger Punkt ist, dass noch nicht auf den Massenmarkt geschaut wird, sondern gezielt nur für Early Movers entwickelt wird. Das schafft radikalere Lösungen.
- **Customer Creation (Wachsen)**
  Sobald Produkt und Geschäftsmodell validiert sind, startet das Unternehmen in die Phase ‚Wachsen' und zwar mit voller Macht. Es wird gearbeitet und investiert, um ein wirklich schnelles Wachstum realisieren zu können. Der Erfolg des Geschäftsmodells wurde in den Vorphasen validiert und selbst große Investitionen in Marketing und Vertrieb werden dadurch relativ risikoarm. Die Effekte werden weiter validiert und optimiert. Langsam wird auch der Mainstream-Markt adressiert.
- **Company Building (Organisation, Management und Strategie)**
  Für Start-ups tritt ein Wandel ein. Das Unternehmen hat seine Position gefunden und entwickelt Strukturen, die optimalen Betrieb sicherstellen. Das ist für Start-ups mit teils gravierenden Veränderungen der Organisation und manchmal sogar des Führungsteams verbunden.

  Für Innovationen in etablierten Unternehmen bedeutet die Phase, dass das neue Geschäftsfeld aus seiner Sonderstellung im Unternehmen herauswächst und zum integralen Teil der Organisation wird, oder als Ausgründung startet.

Customer Development setzt konsequent auf agiles Vorgehen in validierten Lernschleifen und bleibt sehr dicht am Kunden und an Fakten.

Ein Wort von Steve Blank an Vertrieb und Marketing:

> **Hört auf zu verkaufen, fangt an zuzuhören!**

Growth Hacking
Der Begriff Growth Hacker wurde von Sean Ellis erstmals (2010) in einem Blog verwendet. Als Growth Hacker definiert er darin jemanden, der als einziges Ziel skalierbares Wachstum vor Augen hat und jede Aktion danach bewertet, ob sie zum Wachstum des Unternehmens beiträgt. Mittlerweile ist eine umfangreiche Growth-Hacker Szene entstanden und es sind Bücher zum Thema erschienen, z. B. Holiday (2014).

Wodurch zeichnet sich Growth Hacking aus? Primär ist es die klare Fokussierung auf Wachstum, der ggf. Gewinne geopfert werden. Gerade, wenn Unternehmen für ihr digitales Geschäftsmodell den Netzwerkeffekt nutzen wollen, ist das ein absolut vernünftiges und notwendiges Vorgehen. Darüber hinaus zeichnet sich Growth Hacking dadurch aus, dass versucht wird möglichst kostengünstig und selbstverstärkend (Abb. 12.2) vorzugehen. Geeignete Wege sind:

- **Produkt-Markt-Passung**
  Der Product-Market-Fit ist Grundvoraussetzung für gelingendes Growth-Hacking (Kap. 3).
- **Aufmerksamkeit erzeugen**
  Alle Wege können genutzt werden. Im Growth-Hacking werden vornehmlich überraschende und provokante Beiträge in sozialen Medien genutzt, die virale Effekte auslösen sollen.
- **Aura von Exklusivität nutzen**
  Dropbox hat es in seiner Anfangszeit praktiziert. Man konnte nur auf Einladung Nutzer werden. So lag der Fokus auf Early Adopters.
- **Lokal starten**
  Wer seine Marketingaktivitäten zunächst lokal konzentriert, kann durch sein eigenes Netzwerk, genaue Kenntnis der lokalen Besonderheiten und direktes Feedback viel schneller Markttraktion entwickeln als bei einem überregionalen oder globalen Start. Die Erkenntnisse aus dem lokalen Beginn helfen bei der weiteren Expansion.
- **Empfehlen und Dabeisein leicht machen**
  Es ist ein wesentlicher Punkt in Growth Hacks, Empfehlungen massiv zu provozieren, leicht zu machen und die Schwelle für neue Kunden niedrig zu halten, z. B. über kostenlose Erstangebote.
- **Viralität erzeugen und stärken**
  Es wird eine Vielfalt von Aktivitäten entfaltet, die Nutzer anregen, die Erfahrungen mit dem und Links zum Angebot zu teilen. Aufforderungen, eigene Empfehlungen, vorbereitete Links, witzige Spots etc. regen dazu an. Die Liste lässt sich beliebig fortsetzen.

Kein Growth Hack ist wirklich neu, sondern alle gehören zum Repertoire etablierter Marketer. Genauso wenig stellt Growth Hacking ein in sich geschlossenes Konzept dar, wie etwa Customer Development. Beides wurde an dem Ansatz kritisiert. Neu sind jedoch die für agile Ansätze charakteristische Verbindung von Produktentwicklung und Marketing und die Pfiffigkeit, mit der neue, kostengünstige Wege gefunden werden.

Jedes Unternehmen muss seinen eigenen Growth-Hacking-Weg und die geeigneten Methoden finden. Das geht am besten über Experimente. Regelmäßig Blogs von Growth Hackern zu lesen, inspiriert. Die Kreativität der Growth-Hacker-Szene ist enorm und es werden noch viele frische Ideen Eingang in das Marketing finden.

12.4 Skalierbarkeit ermöglichen

Nicht nur der Vertrieb, auch die Seite der Leistungserbringung muss skalieren können. Bereits in der Strategieentwicklung sollte im Kollaborationsmodell (Abschn. 10.2) mitgedacht werden, wie das digitale Angebot schnell skaliert. Nicht Sprünge von hundert auf zweihundert Nutzer innerhalb von einem Monat sind gemeint, sondern solche von zehn auf tausend oder eine Million innerhalb einer Woche oder sogar über Nacht. Digitale Angebote können viel schneller wachsen, als klassische. Teilweise lässt sich das nur schwer steuern.

Als 2012 der Facebook-Messenger wegen Sicherheitslücken in Verruf kam, empfahlen etwa zeitgleich die Stiftung Warentest und Verbraucherzentralen das Schweizer Konkurrenzprodukt Threema. Innerhalb von Stunden meldeten sich tausende neue Nutzer an, sodass die IT-Infrastruktur des Anbieters binnen kurzem völlig überlastet war und der Server zusammenbrach.

Partnerschaften, Outsourcing und Cloud-Services

Szenarien dieser Art sind leider nicht selten. Einen Schutz davor bieten leistungsfähige Cloud-Anbieter, bei denen es möglich ist, praktisch über Nacht die Zahl der Server, des Speicherplatzes und der Bandbreite exponentiell zu erweitern (Abschn. 5.3). Ein anderer Weg bleibt praktisch nicht, denn aufs Geratewohl eine derart umfängliche Infrastruktur aufzubauen, wäre in mehr als 90 % der Fälle reine Verschwendung.

Weitere Skalierungsmöglichkeiten bieten Partnerschaften und Outsourcing. Wenn das System von Anfang an so angelegt ist, dass bestimmte Funktionen prinzipiell ausgelagert werden können – zum Beispiel der Kundenservice – ohne dass dadurch Risiken entstehen, ist es einfach, später Tätigkeiten an Partner auszulagern. Deshalb sollte frühzeitig ein entsprechendes Kollaborationsmodell (Abschn. 10.2) entwickelt werden und die potenziellen Partner sollten frühzeitig sondiert und wenn möglich über Rahmenverträge gebunden werden. Das bringt Geschwindigkeit.

Algorithmen und Automatisierung

Wahrscheinlich gibt es nicht ein erfolgreiches digitales Unternehmen auf der Welt, dass nicht in der Wachstumsphase massive Probleme hatte, das Personal zu finden, das gebraucht wird. Das hat nichts mit zu geringen Budgets zu tun. Die Leute sind einfach nicht da, wenn ein Geschäftsmodell schnell wächst. Das Problem wird sich nicht grundsätzlich lösen lassen, aber es kann im Vorfeld abgemildert werden.

Digitale Lösungen leben von Algorithmen, die smart genug sind, großen Ansturm und anspruchsvolle Aufgaben zu bewältigen (Abschn. 7.1). Damit plötzliches, exponentielles Wachstum nicht zum Kollaps des Unternehmens führt, sollte bereits in der frühen Entwicklungsphase vorgesorgt werden. Den Kernalgorithmen der Lösung wird mit Sicherheit genug Aufmerksamkeit geschenkt. Was ist mit den eher unterstützenden Prozessen, die Kundenakquise, Kundeninteraktion und Administration ermöglichen? Auch sie sollten so früh wie möglich mit Algorithmen hinterlegt und getestet werden: Anmeldung, Authentifizierung, Bezahlsysteme, Auslieferung von Content, Nutzerbewertungen, automatische Benachrichtigungen, Administrationsbereiche und so weiter. All das sollte bereits vor dem breiten Markteintritt automatisiert funktionieren. Sonst entsteht enormer manueller Aufwand.

Wertschöpfung durch Kunden / Co-Creation

Es ist eine kniffelige und spannende Aufgabe, das Geschäftsmodell so zuzuschneiden, dass Teile der Leistungserbringung auf Kunden verlagert werden. Die Gefahr ist, dass der Wert des Angebots sinkt. Es kann aber auch ein eigener Reiz dadurch entstehen, wie z. B. bei Spreadshirt. Ikea ist Weltmeister darin, seine Kunden mitarbeiten zu lassen.

Wenn es gelingt, Leistungen durch Kunden erbringen zu lassen, ohne dass dadurch die Attraktivität des Angebots sinkt, ist das ein Puffer für exponentielle Wachstumsphasen. Für Dinge, die Kunden selbst erledigen, braucht es keine zusätzlichen Mitarbeiterinnen und Mitarbeiter.

Insourcing

Insourcing, also dem Verlagern von Leistungen, die vorher von Partnern bezogen wurden, in das Unternehmen hinein, ist ein Weg, um Wachstum und vor allem Rentabilität zu steigern. Insourcing bleibt allerdings den reiferen Phasen der Entwicklung des Geschäftsfeldes vorbehalten.

Immer dann, wenn Aufträge ein bestimmtes Volumen überschreiten und gut kalkulierbar werden, weil die Volatilität gering wird, lohnt sich die Überlegung, die Leistungserbringung ins eigene Haus zu holen und so zusätzliche Wertschöpfung zu generieren. Langfristig können durch eigenes Personal und eigene Produktion Kosten deutlich gesenkt werden.

So hat der Druckdienstleister Flyeralarm zu Beginn seiner Tätigkeit Druckaufträge gesammelt und an Vertragsdruckereien weitergeleitet. Ab einem bestimmten Volumen wurde es jedoch interessant, die Leistung in eigene Verantwortung zu nehmen und zunächst eine, später weitere Druckmaschinen anzuschaffen. Der Haushaltsservicevermittler Book a Tiger hat 2016 bekannt gegeben, entgegen der bisherigen Praxis, bei der nur Aufträge an Selbstständige vermittelt wurden, jetzt eigenes Reinigungspersonal einzustellen.

12.5 Wachsen durch Akquisitionen und neue Märkte

Akquisitionen und das Erschließen neuer Märkte stellen weiter Möglichkeiten dar, Wachstum anzutreiben. Auch schnell wachsende Unternehmen kommen irgendwann an den Punkt, an dem die Wachstumsraten einbrechen und es langsamer voran geht. Dieser sogenannte Stall-Out ist von Managern und Investoren gleichermaßen gefürchtet und trifft fast jedes Unternehmen. Neben einer gründlichen Überarbeitung der Strategie können Akquisitionen und der Eintritt in neue Märkte helfen.

Akquisitionen

Wenn das Wachstum aus eigener Kraft langsamer wird, kann es durch Unternehmenszukäufe weiter angekurbelt werden. Verschiedene Modelle können zielführend sein:

- **Akquisition von Know-how**
  Oftmals existieren bereits junge Unternehmen, die eine hervorragende Lösung entwickelt haben, sich jedoch schwer damit tun, den Markt zu erschließen. Solche Unternehmen können als Lieferanten in das Wertschöpfungs-Netzwerk eingebunden oder gekauft werden. Eine Akquisition ist aufwendiger und teurer, lohnt sich aber, wenn das Know-how langfristig gebraucht wird und zum wettbewerbsrelevanten Vorteil des Unternehmens werden soll.
- **Akquisition von Technologie**
  Ähnlich ist der Erwerb von Unternehmen, die technische Komponenten produzieren oder zur Verfügung stellen, die für die eigene Leistung gebraucht werden. Teilweise sind sie eine Voraussetzung für das Insourcing. Teilweise werden damit die Einflussmöglichkeiten auf zentrale Komponenten erhöht.
- **Akquisition von Kunden, Plattform-Teilnehmern und -Teilnehmerinnen**
  Interessant kann der Kauf eines Unternehmens sein, das über einen Kundenstamm verfügt, der perfekt zum eigenen Angebot passt. Das Vertriebspotenzial wird sprunghaft erhöht. Besonders sinnvoll ist dieses Vorgehen, wenn bei Plattform-Geschäftsmodellen durch Kauf eine der Community-Seiten derart gestärkt werden kann, dass daraus die Attraktivität der Plattform deutlich steigt. Herausfordernd wird in jedem Fall die Integration der Angebote des gekauften Unternehmens.

Alphabet, Googles Mutterkonzern, kauft regelmäßig Unternehmen und integriert sie. Dafür hat das Unternehmen ausgeprägte Routinen entwickelt. Das hilft, das durchaus signifikante Risiko des Scheiterns einer Akquisition zu senken. Für Unternehmen, die die Routinen nicht besitzen, wird eine Akquisition eine Herausforderung sein, die ein eigenes Transaktions- und Integrationsmanagement erfordert.

Neue Märkte

Ist die eigene Lösung im Stammmarkt etabliert, kann der Schritt in neue Märkte gegangen werden (vgl. auch Abschn. 11.4). Es gibt verschiedene Bewegungsrichtungen, die möglich sind.

- **Regionale Expansion**
  Ein neuer Markt kann tatsächlich eine neue Region sein, die erschlossen wird. Regionen schrittweise nacheinander zu erschließen hat sich im agilen Vorgehen als sinnvoll herausgestellt. Aufmerksamkeit und Aktivitäten werden auf jeweils einen neuen Markt konzentriert. Außerdem können die Lernerfahrungen in die nächste Markterweiterung einfließen.
- **Neue Kundensegmente**
  Ein anderer Schritt, um neue Märkte zu erschließen, kann darin liegen, Kundensegmente anzusprechen, für die die Lösung bisher nicht gedacht, nicht erschwinglich oder nicht wertschöpfend genug war. Wie die Aufzählung zeigt, ist das nur möglich,

indem noch einmal in die Phasen ‚Suchen' und ‚Entwickeln' gesprungen wird, um das Wertangebot für die neuen Zielgruppen neu und überzeugend zu gestalten.

- **Neue Anwendungsfälle**
  Ein dritter Weg in neue Märkte besteht darin, die Lösung auf neue Anwendungsfälle zu adaptieren. Oft sind es Kunden, die einem die Augen dafür öffnen, indem sie Produkte auf ungewöhnliche Art und Weise nutzen.

Anna sitzt mit ihrem Mann Frank und ihrer besten Freundin Steffi in der Sonne. Herrlich, das Wochenende so genießen zu können.

„Was ist denn jetzt eigentlich aus deinem Projekt geworden? Ist es gelungen?" fragt Steffi.

„Oh ja, wir haben jetzt schon mehrere Kunden in Deutschland und je einen in Asien und Südamerika für unsere 3-D-Druck-Lösung mit angeschlossenem Service gewinnen können. So langsam nimmt alles Fahrt auf."

„Nein", ruft Steffi dazwischen, „ich meine dein persönliches Projekt: ‚Keine Verschwendung'!"

Anna grinst, „ich weiß, ihr werdet es nicht glauben. Das hat ziemlich gut funktioniert."

„Oh-oh", fällt Frank ein, „da erinnere ich mich aber an so manch einen Abend und so einige Wochenenden, an denen du viel zu sehr in Arbeit versunken bist."

„Ja, das gebe ich zu. Aber du darfst nicht viel Arbeit mit Verschwendung gleichsetzen. Lean vorzugehen heißt ja nicht einfach nur Einsparen, sondern Dinge geschickter machen. Und da habe ich wirklich viel gelernt. Zum Beispiel, dass es niemals eine Verschwendung ist, eine Sache auszuprobieren. Selbst wenn ein Experiment schief geht, hat man eine Erfahrung gemacht, die einen weiter bringt."

Frank lacht, „na, da kenne ich eine Person in unserer Familie, die das noch besser kann als du." Er blickt auf ihre gemeinsame Tochter, die gerade versucht ihren Buggy mit bunten Tupfern aus Erdbeer- und Schokoladeneis zu verschönern.

„Ja, das stimmt", lacht Anna, „von Kindern können wir Erwachsenen in der Beziehung immer noch etwas lernen."

„Wie geht es denn jetzt weiter bei euch in der Firma", fragt Steffi.

„Oh, die Arbeit reißt nicht ab. Wir sind weiter dabei, unser Angebot zu optimieren. Und ich habe eine neue Aufgabe dazu bekommen: Ich darf jetzt ‚Lean-Digitization-Workshops' für andere Mitarbeiter halten. Der agile Weg, digitale Lösungen zu entwickeln, soll ganz breit weiterverfolgt und in der Kultur des Unternehmens verankert werden, wie Sattler sich ausdrückt. Scheinbar hat er einen Narren daran gefressen."

„Du wirst ein Star", wirft Frank lachend ein, um dann zu sticheln: „Ohne Julias Erfahrungen in den Start-ups und ohne Tariks tatkräftige Unterstützung wärst du nie so weit gekommen."

Anna grinst: „Ja klar, na und?"

12.6 Checkliste ‚Exponentielles Wachstum'

- ☐ Wir besitzen ein einmaliges und überragendes Wertangebot
- ☐ Wir entwickeln das Wertangebot kontinuierlich so weiter, dass es an der Spitze des Wettbewerbs steht
- ☐ Wir entwickeln ein Geschäftsmodellportfolio, das uns fit macht für Märkte der Zukunft
- ☐ Inhalte zu teilen und damit den Service für andere potenzielle Kunden reizvoll zu machen, ist integraler Teil unseres Geschäftsmodells
- ☐ Wir ermutigen und unterstützen Kunden, Nutzer und Nutzerinnen, über unsere Leistungen zu berichten und uns aktiv weiterzuempfehlen
- ☐ Wir experimentieren kontinuierlich mit viralen Kommunikationsangeboten
- ☐ Wir nutzen Social Media und sind in relevanten Netzwerken nicht nur präsent, sondern ein wertvoller Teil der Community
- ☐ Wir optimieren kontinuierlich die acht Elemente des Wachstumsmotors
- ☐ Wir nutzen digitales Marketing und digitalen Vertrieb
- ☐ Wir schaffen von Anfang an die Voraussetzungen für Skalierbarkeit durch Partner, Outsourcing, Cloud Services, Co-Creation und Algorithmen
- ☐ Wir bereiten uns darauf vor, Effizienzgewinne durch Insourcing zu generieren, sobald die Umsatzentwicklung das zulässt
- ☐ Wir nutzen die Möglichkeiten durch Akquisitionen und das Erschließen neuer Märkte weiter zu wachsen
- ☐ Wir bauen für unser Unternehmen kontinuierlich ein Geschäftsmodell-Portfolio auf, um für die Märkte der Zukunft gerüstet zu sein

Literatur

Blank S (2006) The four steps to the epiphany. Cafepress.com, Foster City

Ellis S (2010) Find a growth hacker for your startup. startup-marketing.com. 26. Juni 2010. Zugegriffen: 11. Jan. 2015

Holiday R (2014) Growth hacker marketing: a primer on the future of PR, marketing, and advertising. Portfolio/Penguin, New York

o.V. (o.J.) Creative Commons – Attribution-ShareAlike 3.0 Unported (CC BY-SA 3.0). https://creativecommons.org/licenses/by-sa/3.0/. Zugegriffen: 20. Febr. 2016

Stichwortverzeichnis

U. Weinreich, *Lean Digitization,* DOI 10.1007/978-3-662-50502-1

Printed by Printforce, the Netherlands